网络实体身份管理
技术与应用

邹 翔 陈 兵 张琳琳◎著

人民邮电出版社
北 京

图书在版编目（CIP）数据

网络实体身份管理技术与应用 / 邹翔，陈兵，张琳琳著. -- 北京：人民邮电出版社，2023.3
ISBN 978-7-115-60273-2

Ⅰ. ①网… Ⅱ. ①邹… ②陈… ③张… Ⅲ. ①互联网络—身份认证—安全技术—研究 Ⅳ. ①TP393.08

中国版本图书馆CIP数据核字(2022)第198391号

内 容 提 要

当前网络空间与现实社会加速融合，已成为人们社会生活的主要载体，网络空间安全治理的重要性凸显，网络实体身份管理是其中的核心基础和关键环节。本书从网络实体身份管理的概念和对象入手，在对网络实体身份面临的威胁及威胁手段分类归纳的基础上，围绕网络实体身份的标识、管理、服务和评估 4 个主要技术问题进行了说明与分析，重点剖析了个人实体、机构实体身份管理及服务方面的国内外发展现状、关键技术和典型应用实践，分析了网络实体身份管理技术的发展热点，并展望了未来发展趋势。

本书是根据作者近年来在网络实体身份管理方面的研究成果和实践经验写成的，对网络实体身份管理相关研究与开发工作具有指导意义。网络安全工程师和相关安全工作者可以参考本书相关研究成果。

◆ 著　　　　　邹 翔 陈 兵 张琳琳
　　责任编辑　邢建春
　　责任印制　马振武

◆ 人民邮电出版社出版发行　北京市丰台区成寿寺路 11 号
　　邮编　100164　电子邮件　315@ptpress.com.cn
　　网址　https://www.ptpress.com.cn
　　固安县铭成印刷有限公司印刷

◆ 开本：710×1000　1/16
　　印张：17.75　　　　　　　　 2023 年 3 月第 1 版
　　字数：329 千字　　　　　2023 年 3 月河北第 1 次印刷

定价：169.80 元

读者服务热线：(010)81055493　印装质量热线：(010)81055316
反盗版热线：(010)81055315
广告经营许可证：京东市监广登字 20170147 号

随着人工智能、大数据、云计算、5G等技术的加速应用，网络空间已与现实社会的金融、医疗、制造、自动驾驶等领域融合。数字化转型浪潮席卷人们生活的每一个角落，为人们带来全新的社会生活方式。但是，网络空间所面临的威胁、隐患也随之增加，一些违法犯罪行为从线下转移到线上。例如，电信网络诈骗案件高发，其危害性、影响范围日渐增大；同时，与身份信息有关的网络安全事件频发。这些线上违法犯罪大部分涉及非法获取公民身份信息及冒充他人身份，不仅严重威胁个人的隐私和财产安全，也同样影响社会稳定乃至国家安全。因此，要保障网络空间中各项业务安全、高效、稳定地运行，实现网络空间中各类实体（如个人、机构、设备、物品、服务等）身份的准确识别、有效管理与精准服务是基础和前提。网络实体身份的不同特性，如个人网络身份的自主性、机构网络身份的独占性、设备网络身份的交互性、物品网络身份的类别性、服务网络身份的领域性等，使网络实体身份的管理、服务和评估面临诸多挑战。网络实体身份的管理亟须更有针对性、更安全的解决方案，以应对网络实体身份面临的威胁，保障人们在网络空间的安全和合法权益。

在近年的工作实践中，作者深感网络实体身份管理技术与应用的重要性、多样性和复杂性。在网络实体身份管理方面的研究成果和实践经验的基础上，作者整理总结编写了本书。全书共分9章，简单介绍如下。

第1章阐述了网络实体身份管理的概念，分类归纳了网络实体身份面临的各类威胁，将网络实体身份管理的主要技术问题总结为标识、管理、服务和评估4个方面。

第2章阐述了网络实体身份标识的定义与基本特征，并详细介绍了个人、机构、设备、物品、服务的网络身份标识，以及网络实体身份标识的关联关系。

第 3 章介绍和分析了网络实体身份管理架构，并围绕网络实体身份标识管理的各个环节进行介绍和分析，包括核验、处理、发行、维护以及注销等。

第 4 章介绍和分析了与网络实体身份服务相关的各类技术，包括多因子身份鉴别技术，链路层、网络层、传输层、应用层的身份鉴别协议，以及联合身份鉴别与协议框架等。

第 5 章介绍和分析了网络实体身份评估，包括网络实体身份评估概览、可信等级划分、身份属性的可信评价、网络实体身份提供方的信任管理及评估以及异构身份联盟的可信管理、可信评价与风险评估等。

第 6 章主要对网络电子身份标识的发展与应用进行了介绍，阐述了各国网络身份管理及网络电子身份标识战略计划、发行情况与典型应用，以及移动电子身份标识的发展与应用，并总结了我国网络电子身份标识的发展与应用情况。

第 7 章介绍了网络电子身份标识功能、架构、实现方式、隐私保护等，分析了欧洲数字身份规划情况，并对我国网络电子身份标识的标准体系和实现方法进行了论述。

第 8 章对电子印章的管理与应用进行介绍和分析，包括印章管理现状与发展、印章防伪技术与一体化解决方案、电子印章分类与标准、电子印章载体与数据格式、电子印章发行、电子印章应用等。

第 9 章对网络实体身份管理技术与应用的主要论述内容进行总览，介绍和分析网络实体身份管理技术与应用发展热点，并展望未来发展趋势。

本书由邹翔负责策划、编写和统稿；陈兵负责校核和第 6 章、第 7 章主要内容的编写；张琳琳负责编写第 8 章、第 9 章，并参与第 1 章、第 2 章、第 3 章、第 4 章部分内容的编写；葛云涵参与第 3 章、第 6 章部分内容的编写；张亚丽参与第 2 章、第 5 章、第 7 章部分内容的编写；鱼瑾参与第 1 章、第 2 章、第 6 章、第 7 章部分内容的编写；苏晓容参与第 4 章部分内容的编写。

在本书编写过程中，作者广泛收集了国内外相关资料，参考了大量论著，引用了部分资料，在此表示感谢。

作 者

2022 年 5 月于上海

目　录

网络实体身份管理概述

随着人工智能、大数据、云计算带来的认知能力、洞察能力、计算能力的突破性发展，网络空间已与现实世界的经济与社会领域融合，数字化转型浪潮正转变着人们的社会生活方式。

正如文献[1]中所描述的那样，人类生存于一个虚拟的、数字化的空间，即网络空间，在这个空间中的人们应用信息技术从事信息传播、交流、学习、工作等活动，如图 1-1 所示；元宇宙（Metaverse）的概念与上述定义类似，即利用信息科技手段所创造的与现实世界映射和交互的虚拟世界，具备新型社会体系的数字生活空间。

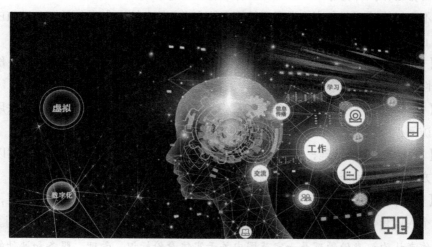

图 1-1　网络空间与现实世界的映射与交互

实现网络空间中各类实体身份的准确识别、有效管理与精准服务是保障网络空间中各项业务安全、高效、稳定运行的基础和前提。

| 1.1 网络实体身份管理的概念 |

1.1.1 实体身份及身份管理的定义

网络空间中的实体身份，被称为数字身份或电子身份。不同机构对其相关定义不同。

【国际标准化组织/国际电工委员会（ISO/IEC）[2]】实体是信息通信系统内部或外部的事物，可以是个人、机构、设备、物品、服务等。实体身份是使实体在特定范围内被识别或区别出来的身份标识或身份信息，一个实体可能有多个身份，多个实体也可能共有一个身份。

【维基百科】数字身份是计算机系统用来表示外部代理的实体的信息。被代理的外部实体可以是个人、机构、应用程序或设备。

作者认为：实体身份是用来识别和区分网络空间中的个人、机构、设备、物品、服务的信息体，由具有唯一性的标识符和特征信息组成。

不同机构从不同角度给出了身份管理的定义，其中较为典型的除了 ISO/IEC、维基百科，还有高德纳、科极网拓等。

【ISO/IEC】身份管理是一系列流程和策略的集合，用来管理特定范围内身份及其属性信息的生命周期及其内容。

【维基百科】身份管理，也被称为身份与访问管理，是用于确保组织内合法用户可以访问相应技术资源的管理或技术框架。

【高德纳】身份管理，即身份和访问管理是确保正确的用户在正确的时间以正确的方式访问正确资源的安全规则。

【科极网拓】身份管理是保障个人以适当的权限访问技术资源的组织流程，包括对个人或角色的识别、认证和授权，以实现对应用、系统或网络的合法访问。

作者认为：身份管理是一定范围内关于实体身份标识、管理、服务和评估的一整套管理和技术体系。其中，一定范围可以是企业范围、行业范围、国家范围乃至整个网络空间。

1.1.2　网络实体身份管理的对象

不同机构在定义实体身份及身份管理时都特别指出身份管理的对象不仅指个人，还指网络空间中存在的机构、设备、物品、服务等实体。

鉴别服务对象的身份，是网络服务提供方开展各项业务的重要基础和前提，这对用户个人和网络服务提供方都非常重要。网络服务提供方会采用自行采集（如让用户输入手机号进行短信验证）或通过第三方提供（如让用户使用自己的微信号登录）的方式获取用户个人身份相关的信息，在一定程度上确认和区分所服务对象的身份，在此基础上提供个性化的精准服务，如图 1-2 所示。

用户输入手机号进行短信验证

用户使用自己的微信号登录　　　　**网络服务提供方**　　　　**第三方认证服务**

图 1-2　网络空间中识别和确认个人身份

我国的各类组织机构（党政机关、企事业单位、社会团体等），不仅建立了官方微博和微信公众号[3]，而且将其很多日常业务都延伸到网络空间。例如，政府部门广泛开展的"互联网+"政务服务[4]；企事业单位间的电子商务活动中，电子证照、电子印章、电子合同的应用日趋普遍。在网络空间中，识别和确认机构身份已成为一项基本需求。

网络空间中的设备早已超越了传统的路由器、服务器、计算机甚至手机的范畴。世界正由移动互联网时代进入一个万物互联的时代，智能家电、智能家居、可穿戴设备、无人飞行器以及各种物联网传感器都成为网络空间的基本元素。事实上，各类工业机器人、服务机器人也是特殊的智能设备[5]。这些设备身份在网络空间中被准确识别和正确操作是至关重要的，如图 1-3 所示。

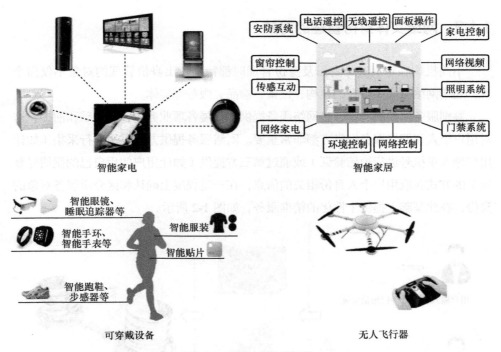

图 1-3　网络空间中的设备

　　工业互联网[6]、智能制造的发展使得物品（产品、商品）在生产阶段就进入了网络空间；到了销售阶段，虚拟现实（virtual reality，VR）和增强现实（augment reality，AR）的发展将物理世界信息和虚拟世界信息无缝集成，将物品在网络空间中虚拟化并使其能够被人类感官所感知。区块链技术的兴起，使得"货币"这种特殊的商品进入网络空间，如数字"货币"[7]。因此，网络空间中物品身份及其与所有者的相关性，越来越成为社会关注的热点。网络空间中的物品身份示例如图 1-4 所示。

图 1-4　网络空间中的物品身份示例

人们在网络空间中接触到的服务早已不只存在于网站、应用程序（App）等，网络服务以小程序、中间件、虚拟计算环境（虚拟机、容器等）等形式呈现。网络空间中识别和确认服务身份的需求，已由过去的防范钓鱼网站变为识别假冒 App、高仿小程序和发现被恶意软件干扰的虚拟计算环境等。

1.1.3 各类网络实体身份的特点

个人网络身份具有自主性，即个人网络身份信息的控制权必须在自己手中。人们在线浏览新闻、网络购物、在线旅行预订、网上读书、观看网络视频、操作手机银行、预订网约车、收发电子邮件时，所提供的网络身份信息根据所从事网络活动的需要而自主选择。例如，在网上浏览新闻时，人们完全是匿名的；在收发电子邮件时，人们提供的网络身份信息主要是电子邮件地址及口令；在网络购物时，人们提供的网络身份信息主要是电商网站账号、口令、昵称及收货地址；在网上支付时，人们提供的网络身份信息主要是实名认证的账号及口令。网络服务提供方对用户网络身份有着不同程度的确认需求，同时人们有着强烈的保护个人隐私的需求，二者之间的矛盾与平衡使得人们面向应用提供不同粒度的网络身份信息。

机构网络身份具有独占性。各类机构将其日常业务延伸到网络空间，明确无误地展示其身份是开展各项业务的基础，因此并没有类似于个人网络身份的隐私需求。对机构来说，重要的是确保其网络身份的唯一占有，防止其网络身份被伪造或冒充，避免造成机构及其客户的信誉及经济损失。此外，机构网络身份与操作者（如企业微博管理员）的个人网络身份存在关联关系，存在多个操作者共同使用同一机构网络身份的情况，如单位授权代表签订电子合同；在使用机构网络身份进行网络活动时，其行为即代表该机构，因此不仅要证明操作者的个人身份，还要确认其是否得到了正确的机构授权，如图 1-5 所示。

图 1-5 机构网络身份的独占性

设备网络身份具有交互性。传统的设备网络身份采用网络地址进行标识，如设备的 MAC（medium access control）地址、IP（internet protocol）地址等，随着智能家电、智能家居、可穿戴设备等进入日常生活，人与设备间的相互识别、认证和授权对于设备的正常运转、个人安全和隐私保护以及社会公共安全具有越来越重要的意义。因此，防止设备网络身份被伪造、冒充或非法控制是关键。

物品网络身份具有类别性。无论网络空间或物理世界中，在物品的生产和销售阶段，人们主要关心其类型和数量，如广泛使用的产品统一编号 SKU（stock keeping unit），每类产品在品牌、型号、生产日期、产地等方面具有唯一性。而物品到达最终消费者手中后，其个体身份就具有了重要意义，网络身份是确认物体个体与其所有者之间关系的基础，包括关系的绑定、解除及转移等。

服务网络身份具有附属性。网站、App、小程序、中间件、虚拟计算环境等服务的网络身份通过域名、网站证书、移动应用证书、统一资源标识符（uniform resource identifier，URI）等方式表示。这些表示方式各自有其规范定义，且都有范围和领域，但服务网络身份并非独立存在，而是附属于特定的个人或组织。类似于设备网络身份，为确保服务被正确访问，保护服务网络身份重要的是防止被伪造或冒充。

1.2 网络实体身份面临的威胁

1.2.1 个人网络身份面临的威胁

个人身份信息是网络攻击的主要目标之一，涉及的信息主要有：个人验证信息（personally identifiable information，PII），如姓名、身份标识号、人脸照片或其他生物特征信息、电子邮件地址、电话号码、生日等；个人日常行为信息，如快递邮寄信息、酒店入住信息、医疗记录、运动轨迹信息等；个人网络行为信息，如网购记录、在线搜索记录、网络游戏记录、电子交易记录等。当个人识别信息、个人日常行为信息、个人网络行为信息被暴露在网络上时，个人如同在网络空间中"裸奔"，如图 1-6 所示。

图 1-6　个人信息暴露在网络空间示意

近年来与个人身份信息有关的网络安全事件频率、危害性、影响范围日渐增大。我国出台了各类法规及管理要求进行网络真实身份备案，采取的核查手段主要是对身份证信息进行比对。网上操作很难判定操作者与身份证持有者是同一人，使得实名制变成了"真名制"：仅凭身份证信息的有效性来判断当事人是否真实，缺乏唯一性的验证手段。这种"真名制"具有三大缺陷[8]。

（1）网络用户的隐私得不到很好的保护

"真名制"模式是要求用户提供真实的身份证信息来实现的，使各网络服务提供商掌握了大量的用户身份信息，导致了严重的用户隐私泄露风险。我国多个网站被黑客侵入，累计亿级的个人信息遭到泄露。韩国自 2007 年就着手实施网络实名制，要求网络用户向网络运营商提交个人信息。但是，韩国门户网站"NATE"、社交网站"CyberWorld"等遭到黑客攻击，导致 3 500 万名用户的个人信息泄露，从而暴露出网站缺乏对用户隐私进行保护的能力。

（2）网络用户的账号安全缺乏保障

"真名制"模式缺乏唯一性的验证手段，使得一旦个人账号被不法分子所破解，个人无法证明账号的所属权，因为个人的唯一性信息（如身份证号）容易被他人所获得。例如，网上出售"QQ"号，大多数是破解了他人的账号，篡改了注册信息，从而因缺乏唯一性识别手段而无法被合法用户所追回。

（3）网络用户的真实性难以证明

在电子商务等网络应用中，交易双方都有核实对方身份的要求，有效地判别网络身份的真实性和有效性至关重要。交易要求用户提供真实的身份证信息或生物特征信息，但这些信息可被复制，一旦在网络上被截获会导致被他人非法传播和利用，从而无法对这些信息持有者的真实性进行判断。

海量个人网络身份信息被窃取和泄露，是对公民个人隐私的巨大威胁。隐私泄露所带来的不仅是"精准"营销电话等各种骚扰，还会给人们带来经济损失甚至严重威胁人身安全。不法分子可以利用获取到的个人身份信息进行金融欺诈活动，如冒名开户、破解金融账户口令、盗刷信用卡等，暴露在这些信息泄露事件中的个人将面临巨大的潜在金融风险；屡屡爆出的身份证被冒用注册设立公司、被冒名办理信用卡恶意透支等事件显示，个人征信会受到很大影响。据2018年中国银联利用大数据分析向社会发布的安全提示，超过90%的网络诈骗是个人信息泄露所致，个人信息泄露已成为网络诈骗犯罪的主要源头。此外，个人信息泄露，还会扩大网购争议、网贷纠纷、网络谣言、人肉搜索等引发的暴力威胁。

1.2.2　其他网络实体身份面临的威胁

机构网络身份方面，常见的表现形式之一是假冒机构的微信公众号、微博。2016年3月，《新快报》报道假公益组织"白血病公益互助协会"公众号骗捐事件，影响到公信组织的网络公信力；2018年4月，上海市银行同业公会发出关于《防范不法分子假冒外资银行网站及个人公众号实行诈骗的风险提示》，指出不法分子利用境内客户对外资银行熟悉度较低的特点，采取冒用银行旧称通过微信兜售虚假理财产品、在个人微信号或公众号中未经授权盗用银行名称或商标、利用自制网站宣传和销售虚假的"大额信用卡"等形式冒用外资银行名义实施诈骗；2018年年底至2019年年初，上海市网信办依法关闭了"人民监察""人民法治上海""美丽崇明""上海金山""上交所科创版""科创版上市审核中心"等假冒官方机构违规发布信息的微信公众号。

设备网络身份方面，以智能家电、智能家居等物联网设备为例，由于这些物联网设备必须一直联网且运算资源少，安全防护能力普遍偏弱，所以很容易遭到网络攻击。并且，同构型设备数量众多且遍布全球，一旦一台设备被破解，其他设备的入侵方法大同小异，可快速扩散。安全研究人员普遍认为智能家居面临的最高风险，就是攻击者拥有作为合法用户的所有控制权从而可以对智能家居系统进行未授权访问。2016 年，在 ISC Hackpwn 破解大赛上，白帽黑客展示了对智能家居机器人的语音控制权、车锁与智能驾驶操控权、Surface Pro 上的摄像头远程控制权、智能门锁开锁密码等的轻松破解。2018 年 5 月，上海交通大学密码与计算机安全实验室蜚语 GoSSIP 软件安全小组研究发现，智能联网设备广泛使用的配网方案 SmartCfg 存在泄露 Wi-Fi 密码的风险[9]。针对该方案，蜚语小组对市面上常见的 60 余款智能家居设备进行调查发现，超过 2/3 的设备存在密码泄露的风险。

物品网络身份方面，所面临的主要安全威胁是与其所有者之间关系的完整性被破坏，其中数字"货币"最为典型。对数字"货币"攻击所获得的巨大经济回报使得此类安全事件频发。2018 年 1 月，日本 Coincheck 交易所受到黑客攻击，被盗取 NEM 新经币损失约 5.34 亿美元；2018 年 3 月，黑客利用盗取的 Binance 交易所用户信息进行大量交易，操纵市场行情获利超过 1 亿美元；2018 年 4 月，基于以太坊的 BEC 代币和 SMT 代币先后因智能合约存在溢出漏洞，大量代币被转出，引发恐慌抛售，市值几近归零。数字"货币"的匿名性、不易篡改性以及无监管特性，导致了资产转移便捷，溯源找回难度大。此外，数字"货币"最大的潜在问题之一是所谓的"51%攻击"，即攻击者手中累积的算力已经超过数字"货币"网络中其他所有成员的总和，这意味着其将能够控制"货币"产出。随着租用资源的方式越来越普遍，攻击者能够以较低的成本一次性获得大量采矿算力。

服务网络身份方面，中国互联网络信息中心（China Internet Network Information Center，CNNIC）第 49 次《中国互联网络发展状况统计报告》显示，截至 2021 年 12 月，全国各级网络举报部门共受理举报 16 622.4 万件，遭遇个人信息泄露的网民比例为 22.1%，遭遇网络诈骗的网民比例为 16.6%，遭遇设备中病毒或木马的网民比例为 9.1%，遭遇账号或密码被盗的网民比例为 6.6%。假冒手机 App 的安全威胁日益加剧，网络安全公司 Avast 在 2018 年世界移动通信博览会（MWC）上公布了一份关于手机银行恶意软件的调查报告。该报告包含了对 12 个国家的 4 万名用户的调查统计，结果显示：58%的人会将官方手机银行 App 认定为假冒应用；36%的人曾将假冒的手机银行 App 误认为官方应用。App 用户正在面临着更大的被欺诈风险。

1.2.3　网络实体身份所面临的威胁手段

网络实体身份所面临的威胁手段在逐步升级。传统针对网络实体身份的攻击主要是通过系统漏洞、木马盗取、流量监听、暴力破解等手段获取网络账号及口令。但是这样只能攻击个体，因此近年来越来越多的攻击以大型身份数据库为目标，也就是通常所说的"拖库、洗库、撞库"三部曲[10]。

"拖库"是指黑客入侵有价值的网站或服务器，把注册用户的资料数据库全部盗走的行为。

"洗库"是指在取得大量的用户数据之后，黑客会通过销售数据或利用数据的方式实现直接或间接的非法获利。常见的直接获利方式是将有价值的用户信息直接出售给第三方。常见的间接获利方式主要包括：售卖用户账号中的虚拟"货币"、游戏账号、装备等实现变现；将支付宝、网络银行、信用卡、股票等金融类账号和密码，用来进行金融犯罪和诈骗；通过发送广告、垃圾短信、电商营销等方式变相获利。

"撞库"是黑客通过收集互联网已泄露的用户和口令信息，生成对应的字典表。由于很多用户在不同网站使用的是相同的账号及口令，因此黑客可以通过字典表中已有的用户账号及口令尝试批量登录其他网站，从而得到一系列可以登录不同网站的用户账号及口令。以上行为可以理解为"撞库"攻击。2014 年 12 月，铁路 12306 网站被爆用户信息大量泄露。对此，12306 官方网站称，网上泄露的用户信息系经其他网站或渠道流出，很可能来自第三方抢票软件或第三方购票网站。据悉，此次泄露的用户数据基本被确认为黑客通过"撞库"攻击所获得。

如今，经数据泄露聚集的数据在互联网上大肆传播，"撞库"攻击的威胁延伸到智能家电、智能家居等物联网设备，即通过字典表中已有的用户账号及口令去尝试以获取对物联网设备账户和服务的未授权访问。由于其执行难度低，成功率高，且泄露数据广泛可用，"撞库"攻击正成为智能家电、智能家居等物联网设备安全及隐私方面的重要问题。

以上威胁手段反映出，海量网络身份信息的集中化必须同步建立起高强度安全防护机制，否则一旦发生信息泄露，将导致对大规模人群的显著影响，带来系统性风险，而且这种风险随着网络空间与物理世界的融合有不断加剧的趋势。例如，2018 年 3 月，美国运动装备品牌 Under Armour 称有 1.5 亿 MyFitnessPal 用户数据被泄露，MyFitnessPal 是一款 Under Armour 旗下的食物和营养主题应用，该应用通过手机记录用户每天消耗的热量、设置运动目标，并且可以集成来自其他可穿戴设备的数据。因此，此次数据泄露事件不仅包括与用户身份相关的静态数据，还包括用户的动态健康数据，其负面影响不仅是巨大的，而且是长期的。

|1.3　网络实体身份管理的主要技术问题 |

网络实体身份管理的主要技术问题包括标识、管理、服务和评估 4 个方面[11]。

（1）网络实体身份的标识问题

个人、机构、设备、物品、服务等各类网络实体身份的"统一标识"问题，即如何实现各类实体网络身份标识的统一定义与管理。所谓统一并不是指所有网络实体的身份标识必须一致，而是指总结各类网络实体身份标识的共性特征，实现统一框架内网络实体身份标识的规范定义；同时，要对每类网络实体身份标识从业务需求、应用场景、表示方法等角度进一步分析，以便在实践中选择正确的网络实体身份标识实现方式。

（2）网络实体身份的管理问题

个人、机构、设备、物品、服务等各类网络实体身份标识的"全程管理"问题，即如何根据各类实体的特性实现身份信息的采集与核验，以及包括发行、维护、注销等阶段在内的网络实体身份标识整个生命周期的全过程管理，以保障各类网络实体身份标识的真实性和有效性。

（3）网络实体身份的服务问题

个人、机构、设备、物品、服务等各类网络实体身份的"精准服务"问题，即如何实现不同网络实体在不同场景下精准化、多样化的身份鉴别、意愿确认、属性证明等各类身份服务，以保障对网络行为主体、主体间相互关系及其真实意愿的表达。

（4）网络实体身份的评估问题

网络实体身份与身份管理及服务系统的"可信评估"问题，即如何划分网络实体身份、网络实体身份管理及服务系统与其属性证明的可信等级，并实现网络实体身份的风险评价，以及实现对网络实体身份管理及服务系统之间的信任管理与评估。

|1.4　小结 |

本章首先从实体身份及身份管理的定义、网络实体身份管理的对象、各类网络实体身份的特点 3 个方面简单阐述了网络实体身份管理的概念；接着介绍了各类网络实体身份面临的威胁，并对网络实体身份所面临的威胁手段进行了分析；最后从标识、管理、服务和评估4个方面总结了网络实体身份管理的主要技术问题。

数字化、网络化、智能化深入发展，加速推动网络空间与物理世界的融合，个人、机构、设备、物品、服务等实体在网络空间中的活动及相互作用，带来了人们社会生活方式的深刻变革，网络实体身份管理的重要性日益凸显。网络实体身份的不同特性，如个人网络身份的自主性、机构网络身份的独占性、设备网络身份的交互性、物品网络身份的类别性、服务网络身份的附属性，使得不同网络实体身份的标识、管理、服务和评估需要更有针对性的解决方案，以应对网络实体身份面临的威胁，保障人们在网络空间的安全和合法权益。

▎参考文献▎

[1] GOVINDARAJULU G, RAMASWAMI S S, VASUDEVAN S K. It's your digital life[M]. CRC Press, 2021.

[2] 国际组织—国际标准化组织(IX-ISO). ISO/IEC 24760-1: 2019-信息技术 安全技术 身份管理框架 第1部分: 术语和概念[S]. 2019.

[3] 李丹特, 莫扬. 基于微博、微信的全国科普日的影响力分析: 以全国科普日官方微博、微信公众号为例[J]. 科普研究, 2017, 12(4): 53-59, 106.

[4] 汪玉凯. "互联网+政务": 政府治理的历史性变革[J]. 国家治理, 2015, (27): 11-17.

[5] 黄海平, 徐宁, 王汝传, 等. 物联网环境下的智能移动设备隐式认证综述[J]. 南京邮电大学学报(自然科学版), 2016, 36(5): 24-29.

[6] 胡晶. 工业互联网、工业4.0和"两化"深度融合的比较研究[J]. 学术交流, 2015(1): 151-158.

[7] 周文卿. 关于我国数字货币发展探究[J]. 中国集体经济, 2022, (6): 97-98.

[8] 方滨兴. 推广eID是实现我国网络空间身份管理的关键举措[R]. 2015.

[9] LI C Y, CAI Q P, LI J R, et al. Passwords in the air: harvesting Wi-Fi credentials from SmartCfg provisioning[C]//Proceedings of the 11th ACM Conference on Security & Privacy in Wireless and Mobile Networks. 2018: 1-11.

[10] 黄嵩. 拖库撞库对数据安全的威胁及应对[J]. 信息与电脑(理论版), 2015, (22): 131-132, 154.

[11] 张力, 朱美娟. 2018年中国互联网治理发展研究报告[M]. 社会科学文献出版社, 2019.

网络实体主要通过其身份标识来识别和区分，本章从网络实体身份标识的定义与基本特征出发，就个人、机构、设备、物品、服务等各类网络实体的身份标识及其相互关系进行探讨。

| 2.1　网络实体身份标识的定义与基本特征 |

2.1.1　网络实体身份标识的定义

网络实体身份标识，也被称为数字身份标识或电子身份标识[1]，是网络空间中识别实体身份的最基本元素。网络实体身份标识包括个人网络身份标识、机构网络身份标识、设备网络身份标识、物品网络身份标识、服务网络身份标识等类型，一般是某种形式的字符串，也可以是密钥、数字证书、文档等多种形式及其混合体。

2.1.2　网络实体身份标识的基本特征

网络实体身份标识具有多样性、唯一性、关联性、隐私性、可靠性 5 种基本特征。

（1）多样性

在物理世界中，对人的身份标识方式有身份证、户口簿、护照、驾照、社保卡等方式。在网络空间中，网络实体身份标识的形态更多，比较典型的有：字符串形式，如电子邮件地址、手机号码、身份证号码、实体名称、域名、统一资源标识符（URI）、自定义编码等；数字证书形式，如个人网络银行数字证书、服务器证书等；

凭证文件形式，如电子执照、电子印章、电子护照等。网络实体身份标识往往随着应用的不同而变化：在收发电子邮件时，人们的网络身份标识是电子邮件地址；在网络购物时，人们的网络身份标识是电商网站账号和昵称。

（2）唯一性

唯一不代表网络实体只有一个身份标识，而是指每个网络实体身份标识在其应用范围中具有唯一性，以区别于其他网络实体的身份标识。所有的网络实体身份标识，无论是字符串形式、数字证书形式还是凭证文件形式都必须满足这一特性。为实现唯一性，往往需设置足够长和足够复杂的身份标识位。例如，身份证号码和统一社会信用代码都是 18 位，很多网络账号的设置要求大小写字母、数字的混合体；但太长太复杂不利于使用，因此很多身份标识被划分成多个层次，如域名、URI、数字证书等。

（3）关联性

网络实体身份标识之间存在内在的关联性，这种关联性往往是物理世界中的关系在网络空间中的映射。例如，多个网络应用账号关联到同一个人，机构网络身份标识与个人网络身份标识（法定代表人、股东、员工等）之间的关联性，个人网络身份标识与其拥有的设备网络身份标识（智能家电、智能家居、无人机等）和物品网络身份标识（数字"货币"等）之间的关联性。机构网络身份标识与其拥有的服务网络身份标识（域名、App、小程序等）之间的关联性，如图 2-1 所示。

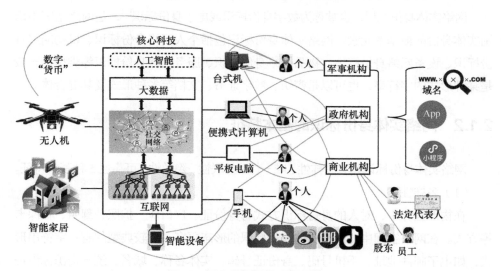

图 2-1　网络实体身份标识的关联性

（4）隐私性

个人网络身份标识在满足网络身份准确识别需求的条件下，除了公众人物出于扩大个人影响力等目的愿意展示真实身份信息，大多数人有着隐藏个人真实身份信息的内在要求，即个人网络身份标识不可暴露个人真实身份。即使是网上银行、网上证券等金融类应用，其账号也不会暴露个人真实身份信息，但系统后台将账号与真实身份绑定，也就是所谓的"前台匿名、后台实名"。此外，个人网络身份标识与个人相关信息及其他网络实体身份标识之间的关系，也有强烈的隐私保护需求，要防止其关联性被用来逆推识别个人真实身份。

（5）可靠性

网络实体身份标识要能够防止复制、伪造、冒用等安全威胁，在不同场景下有着对网络实体身份标识安全强度及可信等级的不同要求。以"用户账号+口令"为代表的传统网络实体身份标识方式在用户终端和系统后台都面临着巨大风险，因此出现了多种增强网络实体身份标识可靠性的方法。例如，网络实体身份标识与硬件介质（如 USB Key、安全 SIM 卡、动态令牌、手机安全模块等）相结合，将网络实体身份标识与生理特征（人脸、指纹、声纹、虹膜等）相结合，将网络实体身份标识与行为特征（使用模式、动作特征等）相结合等。

|2.2　个人网络身份标识|

2.2.1　个人信息

个人网络身份标识根据个人信息生成并与个人信息绑定。个人信息是指以电子或者其他方式记录的能够单独或者与其他信息结合识别特定自然人身份或者反映特定自然人活动情况的各种信息。

根据 GB/T 35273—2020《信息安全技术　个人信息安全规范》[2]中个人信息的定义，本节列举了一些常见的个人信息类别，如表 2-1 所示。列举的信息都能用于个人的身份识别与关联。

表 2-1　个人信息种类

类别	范围
个人基本资料	姓名、生日、性别、民族、国籍、家庭关系、住址、电话号码、电子邮箱等
个人身份信息	身份证、军官证、护照、驾驶证、工作证、出入证、社保卡、居住证等
个人生物识别信息	个人基因、指纹、声纹、掌纹、耳廓、虹膜、面部特征等
网络身份标识信息	系统账号、IP 地址、邮箱地址及与其有关的密码、口令、口令保护答案、用户个人数字证书等
个人健康生理信息	个人生病医治等产生的相关记录，如病症、住院志、医嘱单、检验报告、手术及麻醉记录、护理记录、用药记录、药物食物过敏信息、生育信息、既往病史、诊治情况、家族病史、现病史、传染病史等，以及与个人身体健康状况相关的信息，包括体重、身高、肺活量等
个人教育工作信息	个人职业、职位、工作单位、学历、学位、教育经历、工作经历、培训记录、成绩单等
个人财产信息	银行账号、鉴别信息（口令）、存款信息（包括资金数量、支付收款记录等）、房产信息、信贷记录、征信信息、交易和消费记录、流水记录等，以及虚拟"货币"、虚拟交易、游戏类兑换码等虚拟财产信息
个人通信信息	通信记录和内容、短信、彩信、电子邮件，以及描述个人通信的数据（元数据）等
联系人信息	通讯录、好友列表、群列表、电子邮件地址列表等
个人上网记录	指通过日志存储的用户操作记录，包括网站浏览记录、软件使用记录、点击记录等
个人常用设备信息	指包括硬件序列号、设备 MAC 地址、软件列表、唯一设备识别码（如 IMEI/android ID/IDFA/OPENUDID/GUID、SIM 卡 IMSI 信息等）等在内的描述个人常用设备基本情况的信息
个人位置信息	行踪轨迹、精准定位信息、住宿信息、位置经纬度等
其他信息	婚史、宗教信仰、未公开的违法犯罪记录等

　　有些个人信息是非常敏感的，一旦泄露、非法提供或滥用这些信息，可能危害人身和财产安全，极易导致个人名誉、身心健康受到损害或歧视性待遇等。通常情况下，14 岁（含）以下儿童的个人信息和自然人的隐私信息属于个人敏感信息，如个人身份信息、个人生物识别信息、个人健康生理信息、个人财产信息等。

2.2.2　个人网络身份标识的分类

　　个人网络身份标识可以是字符串形式、数字证书形式或凭证文件形式，其与个人真实身份具有一定程度的关联关系。个人的社交账号（如微信号、微博账号、电子邮箱账号等）、支付账号（银行卡号、支付宝等第三方支付账号等）、身份号码

（身份证号、护照号、社保卡号等）都可以被称为个人网络身份标识。

根据真实性与可靠性，个人网络身份标识可分为 3 类，如图 2-2 所示。

第一类个人网络身份标识具有低真实性、低可靠性。注册及找回账号时通常采用电子邮件或第三方登录等方式进行身份验证，登录时采用口令、验证码等方式进行身份鉴别，很多中小网站为吸引用户都采用这类网络身份标识以降低注册门槛。

第二类个人网络身份标识具有低真实性、高可靠性。注册及找回账号时通常采用手机短信验证码进行身份验证，登录时采用口令、验证码等方式进行身份鉴别，很多大型网站及移动互联网应用都采用这类办法以增强用户账号的安全性。

第三类个人网络身份标识具有高真实性、高可靠性。注册及找回账号时通常要求提交真实身份信息，采用手机短信验证码、人脸比对等生物特征识别、银行卡绑定、线下当面核验等方式进行真实身份验证，登录时采用硬件介质、绑定登录终端等方式进行身份鉴别，涉及金融、支付类的应用大多采用这类办法以确保个人网络身份标识的安全可靠。第三类个人网络身份标识也被称为个人网络电子身份标识。

类别	真实性	可靠性	
第一类	低	低	
第二类	低	高	
第三类	高	高	

图 2-2 个人网络身份标识的分类

2.2.3 公民网络电子身份标识

公民网络电子身份标识（electronic identity，eID）是一种典型的个人网络电子身份标识。GB/T 36632—2018《信息安全技术 公民网络电子身份标识格式规范》[3]中定义，公民网络电子身份标识与公民真实身份具有一一对应关系，用于在线识别网络空间中公民真实身份的电子标识。

公民网络电子身份标识采用数字证书形式，由一对非对称密钥和含有其公钥及相关信息的数字证书组成。其非对称密钥对由智能卡、智能密码钥匙等载体的安全芯片产生，包括公钥和私钥，其中私钥不可导出。

公民网络电子身份标识格式应符合表 2-2 的格式要求。

表 2-2　公民网络电子身份标识格式

序号	数据项名称		数据类型	长度/byte
1	版本号		整型	1
2	序列号		整型	不大于 20
3	签名算法		字符型	8
4	颁发机构	名称	字符型	16
		组织	字符型	18
		国家	字符型	2
		序号	字符型	6
5	有效期	生效日期	时间型	15
		失效日期	时间型	15
6	公民网络电子身份标识持有者信息	名称	字符型	48
		组织	字符型	18
		国家	字符型	2
7	公民网络电子身份标识持有者公钥信息		字符型	不小于 130
8	扩展项	颁发机构的密钥标识符	字符型	64
		标识持有者的密钥标识符	字符型	64
		密钥用法	字符型	2
		密钥用法扩展	字符型	29
		证书策略	字符型	54
		撤销列表分发点	字符型	不大于 128
		浏览器证书类型	字符型	17
		颁发机构信息访问	字符型	62
9	签名值		字符型	不小于 64

表 2-2 所示的公民网络电子身份标识持有者信息也被称为公民网络电子身份标识码，长度为 48 byte，由版本号、杂凑值和预留位 3 部分组成。第 1 个字节表示版本号，记为 eID_version；第 2 个至第 45 个字节表示杂凑值，记为 HID；第 46 个至第 48 个字节表示预留位，记为 eID_code_rvb。

|2.3　机构网络身份标识|

2.3.1　机构基本信息

机构也被称为组织机构、单位等，包括法人机构和非法人组织。

根据《中华人民共和国民法典》（简称《民法典》）第五十七条[①]，法人是具有民事权利能力和民事行为能力，依法独立享有民事权利和承担民事义务的组织，如机关法人、企业法人、事业单位法人、社会团体法人等。根据《民法典》第一百零二条[②]，非法人组织是不具有法人资格，但是能够依法以自己的名义从事民事活动的组织，如个人独资企业、合伙企业、不具有法人资格的专业服务机构等。

机构基本信息包括机构的名称、地址、注册类型、批准设立机关、统一社会信用代码、证照号码、设立时间、邮政编码、电话、经营范围、所处行业、法定代表人、税务登记证号、核算方式、从业人数等。其中最主要的是统一社会信用代码，这是一组长度为 18 位的用于法人和其他组织身份识别的代码。根据 GB/T 32100—2015《法人和其他组织统一社会信用代码编码规则》[4]，法人和其他组织统一社会信用代码构成如表 2-3 所示。

表 2-3　法人和其他组织统一社会信用代码构成

代码序号	说明
1	登记管理部门代码
2	机构类别代码
3～8	登记管理机关行政区划码
9～17	主体标识码（组织机构代码）
18	校验码

---

① 《中华人民共和国民法典》第三章第五十七条　法人是具有民事权利能力和民事行为能力，依法独立享有民事权利和承担民事义务的组织。

② 《中华人民共和国民法典》第四章第一百零二条　非法人组织是不具有法人资格，但是能够依法以自己的名义从事民事活动的组织。

非法人组织包括个人独资企业、合伙企业、不具有法人资格的专业服务机构等。

2.3.2　机构网络身份标识的分类

根据机构功能，机构网络身份标识主要分为 3 类。

第一类是身份标记类，除可以直接使用统一社会信用代码加上机构名称作为机构网络身份标识外，还包括官方微博账号、微信公众号等。官方微博账号是指经过机构营业执照、认证公函及运营者个人信息认证的机构微博账号。微信公众号[4]是根据机构需要申请的、具有推广作用的公众账号（订阅号、服务号）。这一类机构网络身份标识大多代表机构在网络中的身份标记，用于网络空间中的主体身份声明。

第二类是身份鉴别类，主要包括电子营业执照[1]、企业数字证书[2]等。电子营业执照是由市场监管部门依据国家有关法律法规、按照统一标准规范核发的载有市场主体登记信息的法律电子证件，电子营业执照与纸质营业执照具有同等法律效力，是市场主体取得主体资格的合法凭证。企业数字证书是指由第三方机构按数字证书技术标准颁发的包含企业身份信息的数字证书，除企业内部使用外，企业数字证书的有效范围取决于颁发机构认证能力的覆盖范围。这一类机构网络身份标识主要用于网络空间中电子政务、自动化办公等场景的机构身份真伪鉴别。

第三类是意愿证明类，如电子印章[5]等。电子印章是实物印章的电子数据表现形式，其加盖的电子文件具有与实物印章加盖的纸质文件相同的外观、相同的有效性和相似的使用方式。这一类机构网络身份标识多用于对电子政务、电子商务、金融交易的签章认证，保证机构行为和意愿的真实性与可靠性。

上述 3 类机构网络身份标识在相应的应用场景和行业领域承担身份标记、身份鉴别以及意愿证明等任务，每一类机构网络身份标识都具有特定的意义，其用途和功能也不尽相同。身份标记类在网络中展示机构的真实身份；身份鉴别类提供机构网络身份真伪鉴别、认证的途径；意愿证明类保证机构实体网络行为的真实性与可靠性。

2.3.3　身份鉴别类机构网络身份标识

本节以电子营业执照为例对身份鉴别类机构网络身份标识进行详细阐述。

电子营业执照以国家市场监督管理总局为统一信任源点，与纸质营业执照具有同等法律效力。市场主体登记后，将即时生成电子营业执照并存储于电子营业执照库，由全国统一的市场主体身份验证系统进行管理，支持全国通用验证和识别。

电子营业执照具有自助在线下载、当面出示验证、授权他人管理和使用的特点。

（1）自助在线下载

各类市场主体可根据需要随时自行下载使用电子营业执照，支持微信小程序、支付宝小程序、百度小程序等下载途径。电子营业执照的首次领取必须由法定代表人通过手机等移动终端进行，授权获取微信账号、支付宝账号、百度账号的实名信息（包括姓名和证件号码），再进行人脸识别，完成实名认证；通过实名认证后，即可下载执照。

（2）当面出示验证

企业人员可持电子营业执照现场办理相关业务，无须提供纸质营业执照。办理业务时，打开电子营业执照小程序或 App，企业人员点击"出示执照"，工作人员扫描出示的条形码、二维码，之后工作人员会收到市场主体身份真实性的验证结果（包括企业的电子营业执照信息）。

（3）授权他人管理和使用

法定代表人领取电子营业执照后，可自行或授权证照管理员对该电子营业执照进行日常的管理和使用。法定代表人或证照管理员选择办事人后，指定授权开始时间和结束时间以及相应的授权事项；办事人领取该执照后，可以在执照有效期内办理与该授权事项相关的各项业务。

2.4 设备网络身份标识

2.4.1 设备网络身份标识的分类

根据设备来源，设备网络身份标识主要分为 3 类。

第一类是基于地址的设备网络身份标识，传统上是采用 MAC 地址作为设备网络身份标识，但这种方法的可靠性差，一台计算机可能存在有线、无线、蓝牙、虚拟机等多个 MAC 地址，而且 MAC 地址很容易被手动更改，因此不推荐将 MAC 地址用作设备网络身份标识。IP 地址，无论是 IPv4 还是 IPv6 地址，与设备均不存在牢固的绑定关系，因此很少被用来当作设备网络身份标识。因此，基于地址的设备网络身份标识并不常用。

第二类是基于硬件标识码的设备网络身份标识，典型代表是国际移动设备身份码（international mobile equipment identity，IMEI）。IMEI 是在一个手机组装完成后赋予的全球唯一的号码，即通常所说的手机序列号（或称手机"串号"）。序列号共有 15～17 位数字，前 8 位是型号核准号码（type approval code，TAC），其早期为 6 位用于区分手机品牌和型号；接着 2 位是最后装配号码（final assembly code，FAC），代表最终装配的代码，仅在早期机型中存在；后 6 位是序列号（serial number，SNR），代表生产顺序号；最后 1 位（备用）是检验码，一般为 0。很多物联网设备，如传感器、智能家电、智能家居、可穿戴设备、无人飞行器等均采用蓝牙标识符、射频标签等基于硬件标识码的方式确定设备网络身份标识。

第三类是基于密码芯片的设备网络身份标识，典型代表是计算机中的可信计算芯片，其中包含的背书密钥（endorsement key，EK）是唯一固定在芯片里面的，而且通过安全的密码算法生成，唯一性和差异性都可以保证，因此背书密钥成为计算机的唯一标识。类似的还有网银 Ukey 里的非对称密钥对及数字证书，二者均可以提供唯一的设备网络身份标识。在安全性要求较高的场景中，实现设备网络身份标识可以采用嵌入密码芯片的方式。

2.4.2　设备网络身份标识的应用需求及解决方案

应用需求 1　设备网络身份标识的唯一性。设备网络身份标识在其应用范围中具有唯一性，以区别于其他设备的身份标识。要满足该需求，就要求所有设备按照统一的标准进行身份标识编码，但只在各个产业生态链的内部才能做到统一。如 IMEI 适用于全球移动通信系统（global system for mobile communications，GSM）、宽带码分多址（wideband code division multiple access，WCDMA）、长期演进（long term evolution，LTE）制式的手机；而移动设备识别码（mobile equipment identifier，MEID）适用于码分多址（code division multiple access，CDMA）制式手机，MEID 由 14 个十六进制字符标识，第 15 位为校验位。iOS 和 Android 两大移动操作系统，分别定义了不同的设备标识码（device identification，device ID）编码规则。iOS 方面，每台 iOS 设备都有一个与之关联的唯一设备标识码（unique device ID，UDID），其格式为 40 个字符的字母和数字序列。Android 方面，在设备首次启动时，系统会随机生成一个 64 bit 的随机数，并把此随机数以十六进制字符串的形式保存下来作为设备标识码，除非执行恢复出厂设置，该设备标识号在设备的生命周期内保持不变。设备网络身份标识的唯一性如图 2-3 所示。

IMEI: 354717046702222
MSN:L026QE7J7X

图 2-3　设备网络身份标识的唯一性

应用需求 2　设备网络身份标识的不可篡改。设备网络身份标识面临着严重的篡改威胁，如 IMEI、iOS 系统的设备标识码、Android 系统的设备标识码等都可以被破解工具修改，对于应用程序来说，修改成功后的手机完全是一台新设备。要保护设备网络身份标识不被篡改，就需要密钥管理、密码算法、安全存储等方面的安全保护，如安全模块（secure element，SE）、可信执行环境（trusted execution environment，TEE）等实现方式。

应用需求 3　设备网络身份标识的隐私保护。设备唯一性、不可篡改的网络身份标识，可能会导致设备被追踪、用户隐私信息泄露。例如，移动设备的设备标识码能被 App 记录和追踪；可穿戴设备的蓝牙通用唯一标识符（universally unique identifier，UUID），能被商场中的信标设备追踪，商场可以借此识别用户、收集用户信息。由于移动设备与个人的紧密关系，这类记录和追踪构成了对用户隐私的威胁。但是，对设备网络身份标识的准确识别有利于为用户提供更好的服务。iOS 系统的解决方案较好地解决了以上问题。自从 iOS5 之后，苹果手机就禁止 App 访问 IMEI、UDID 以保护用户隐私；同样由于隐私问题，在 iOS7 之后，手机 App 无法通过 MAC 地址来唯一标识设备。同时，为方便 App 准确识别用户，iOS 系统提供了广告标识符（identifier for advertising，IDFA），IDFA 是用于追踪用户每台设备的唯一 ID，并且用户可以选择是否禁止广告追踪；此外，iOS 系统会动态生成不断变化的 MAC 地址用于无线局域网及蓝牙等连接，使得无法通过 MAC 地址来追踪用户设备。

| 2.5 物品网络身份标识 |

2.5.1 商品编码和商品条码

物品在物理世界中的标识体系已非常成熟，也就是人们所熟知的商品编码和商品条码。

商品编码是代表商品的字符代码信息，也被称为商品标识代码[5]，而商品条码是这一信息的符号表示[6]。商品条码是由国际物品编码协会规定的，用于表示零售商品、非零售商品、物流单元、参与方位置等代码的条码标识。具体地说，条码是由一组规则排列的条、空组合及其对应的供人识别的字符组成的标记。商品条码中，条、空组合部分被称为条码符号，其对应的供人识别的字符是该条码符号所表示的商品标识代码。条码符号具有操作简单、信息采集速度快、信息采集量大、可靠性高、成本低等特点，因此在商品流通中被广泛使用。

商品条码中最常使用的是通用商品条码，也被称为 EAN（European article number）商品条码。EAN 商品条码亦称全球贸易项目代码（global trade item number，GTIN），由国际物品编码协会制定，是一种国际上使用最广泛的商品条码，我国推行使用的也是这种商品条码。

EAN 商品条码标准有多个版本，EAN-13 是使用最广泛的 EAN 标准。

EAN-13 商品条码一般由前缀码、制造厂商代码、商品代码和校验码组成。商品条码中的前缀码由国际物品编码协会负责分配和管理，长度为 3 位（或 2 位），是用来标识商品来源国家或地区的代码，978 和 979 是图书类商品的专用前缀码。制造厂商代码由各个国家或地区的物品编码组织赋权，我国由国家物品编码中心赋予制造厂商代码，其长度可变，一般为 4~5 位。商品代码是用来标识商品的代码，赋码权由每个制造厂商行使。最后 1 位是校验码，用来校验商品条形码中左起第 1~12 位数字代码的正确性。

对于小包装的商品（如口香糖），有时 EAN-13 显得过长，往往采用 EAN-8 标准，包括 2~3 位的前缀码、4~5 位的商品条目代码，最后 1 位为校验码。

此外，产品统一编号 SKU 是库存进出计量的基本单元，可以是以件、盒、托盘等为单位。SKU 是管理大型连锁超市配送中心物流的一个必要的方法。每种产品均对应唯一的 SKU，即单品。对一种商品而言，当其品牌、型号、配置、等级、花色、包装容量、单位、生产日期、保质期、用途、价格、产地等属性与其他商品存在不同时，可被称为一个单品。

2.5.2 物品网络身份标识的表示方法

在网络空间中，需要对每类物品以及单个物品做出精确的身份标识，传统的商品条码显然难以满足需求。物品网络身份标识主要有电子产品代码（electronic product code，EPC）和对象标识符（object identifier，OID）。

（1）EPC

物联网有三大应用架构，分别是基于 RFID、传感网络、M2M 的物联网应用架构。其中，电子标签是 3 类技术体系中最灵活的应用架构，能够把"物"改变为智能物件，它的主要应用是在移动和非移动资产贴上标签，实现各种跟踪和管理。

电子产品代码是国际条码组织推出的新一代产品编码体系，与全球贸易项目代码兼容，为每个单品赋予一个全球唯一编码。EPC 是二进制码，这一点与条码不同，条码是十进制码。EPC 有 64 位、96 位和 256 位 3 种结构，包括 EPC-64 Ⅰ型、EPC-64 Ⅱ型、EPC-64Ⅲ型、EPC-96I 型、EPC-256 Ⅰ型、EPC-256 Ⅱ型和 EPC-256 Ⅲ型编码。

EPC 是由版本号、厂商识别代码、对象分类代码、序列号等数据字段组成的一组数字。以 EPC-96 为例，其编码结构如下（如图 2-4 所示）：版本号具有 8 位，用来保证 EPC 编码的唯一性；28 位厂商识别代码，用来标识商品制造商或者某个组织，即可以为 2.68 亿个生产厂商或组织提供唯一标识；24 位对象分类代码，用来对物品进行分组归类，即每个生产厂商或者组织可以有 1 678 万个品种的编码；36 位序列号，用来表示每件物品的唯一编号，即每个品种可以有 687 亿个单品编码。96 位的 EPC 码，总计可以拥有 30 948 499 021 亿个编码的容量。

EPC 编码体系具有以下特性。

① 科学性：结构明确，易于使用、维护。

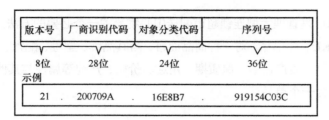

图 2-4　EPC-96 编码结构

② 兼容性：EPC 编码标准与 EAN.UCC 编码标准是兼容的，GTIN 是 EPC 编码结构中的重要组成部分，全球贸易项目代码、系列货运包装箱代码（serial shipping container code，SSCC）、全球位置编号（global location number，GLN）等都可以顺利转换为 EPC。

③ 全面性：可在生产、流通、存储、结算、跟踪、召回等供应链的各个环节全面应用。

④ 合理性：由 EPCglobal、各国 EPC 管理机构、被标识物品的管理者分段管理、共同维护、统一应用。

⑤ 国际性：不以具体国家、企业为核心，编码标准全球协商一致。

⑥ 无歧视性：编码采用全数字形式，不受地方色彩、语言、经济水平、政治观点的限制。

（2）OID

对象标识符[6]是 ISO/IEC 和 ITU（国际电信联盟）共同推动的标识体系，用于唯一、无歧义地标识通信和信息处理过程中的任何类型的对象、概念或者"事物"。

OID 编码结构是树状的分层结构，对象是从根到叶子全部路径上的节点顺序组合而成的一个字符串，不同层次之间用"."分隔，层数无限制。与其他标识机制相比，OID 具有面向多种对象、与对象的相关特性信息相关联、兼容现有的各种标识机制、分层灵活、可扩展性强等特点。

OID 已在 202 个国家中使用，并由各个国家自主管理，已广泛应用于信息安全、电子医疗、网络管理、自动识别、传感网络等计算机、通信、信息处理相关领域。例如，数字证书编码格式 X.509、卫生信息传输协议 HL7、简单网络管理协议 SNMP 等均使用 OID 标识体系。其中，HL7 采用 OID 标识机制来对电子医疗档案、电子账单、电子文档格式、医院组织结构、医疗机构注册信息、工作人员档案等进行管理，通过统一的传输协议标准，实现不同医疗系统之间的信息交换。

OID 的技术优势体现于以下 4 个方面：

① OID 是符合国际标准规范的全球唯一标识，具有权威性；

② 由各个国家负责管理该国家分支下的 OID，具有自主可控性，我国唯一一个国家级 OID 根节点的运维管理机构是国家 OID 注册中心；

③ 其分层结构可扩展性强，且能够兼容现有的各种标识机制；

④ 其通用性强，能够与物联网、云计算、智慧城市、大数据等技术兼容。

| 2.6　服务网络身份标识 |

2.6.1　服务网络身份标识的分类

服务网络身份标识主要包括域名、网站数字证书、移动应用证书等类型。接下来介绍各类服务网络身份标识。

1. 域名[7]

IP 地址是互联网中具有唯一性的地址标识，由于其组成是一串被 3 个圆点分隔的 4 组数字，不方便记忆，且无法直观表示所代表地址的名称、性质，研究人员就设计了域名地址。域名地址简称域名，是由一串用点分隔的字符串组成的网络站点的名称，用于在数据传输时对网络站点进行定位标识，由域名系统（domain name system，DNS）统一管理，与 IP 地址一一对应。

域名按照分层树形结构划分，可分为顶级域名、二级域名、三级域名、注册域名。

（1）顶级域名

① 国际顶级域名（international top-level domain-names，iTLDs），是使用最早、最广泛的域名，如.com、.net 和.org 等。.com 一般用于商业性质的机构，.net 一般用于从事互联网相关服务的机构，.org 一般用于非营利组织、团体等。

② 国内顶级域名（national top-level domain-names，nTLDs），按照国家分配不同后缀。按照 ISO3166 国家代码，为 200 多个国家和地区分配了顶级域名，如中国是.cn，美国是.us，日本是.jp 等。

（2）二级域名

① 类别域名：共6个，.ac 代表科研机构类，.com 代表工商金融企业类，.edu 代表教育机构类，.gov 代表政府部门，.net 代表网络信息机构类，.org 代表非营利组织机构类。

② 行政区域名：共有 34 个，对应中国各省、自治区和直辖市。

（3）三级域名（长度不能超过 20 个字符）

各级域名组成一个具有唯一性的域名地址，顶级域名是根，其他级别是枝叶，具体结构示例如图 2-5 所示。图 2-5 以 www.×××.ac.cn 域名为例说明域名的分层树形结构，其中，.cn 是顶级域名，代表中国；.ac 是二级域名，代表科研机构；.×××是三级域名，代表具体的机构名称。

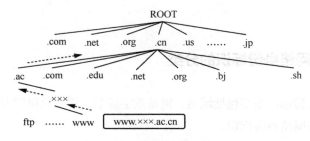

图 2-5　域名分层结构示例

域名按照所用语言划分，可分为英文域名、中文域名、韩文域名以及其他非拉丁语种域名。互联网起源于西方国家，使得英文成为互联网上资源的主要描述性文字。但是随着互联网技术的发展，非英语文化国家和地区逐渐设计出符合国际标准并带有自身特色的域名，中文域名[8]是其中之一。中文域名由中国互联网络信息中心负责运行和管理，已被广泛使用，其技术符合 2003 年 3 月因特网工程任务组（Internet Engineering Task Force，IETF）发布的多语种域名国际标准（RFC3454、RFC3490、RFC3491、RFC3492）。

2．网站数字证书

网站数字证书，也被称为服务器证书或安全套接字层（secure sockets layer，SSL）证书，其由一对非对称密钥和数字证书组成，主要实现用户关于网站服务器身份的验证，包括以下功能。

① 基于 SSL 协议建立加密安全通道，通过加密安全通道为用户与网站服务器之间的信息交互提供保护。

② 为网站提供身份认证，通过浏览地址栏"安全锁"标识和网页上的可信签章标识，提高网站可信度。

③ 通过浏览器对 SSL 证书的信任识别，有效避免钓鱼网站、仿冒网站的威胁。

服务器证书由第三方权威证书授权中心（CA）签发，代表第三方权威证书授权机构对网站的域名、主办单位、运营资质和网站安全等方面的认证。证书中包含详细的身份验证信息，主要有：使用者（即网站内容附属的组织）标识信息，使用者的公钥信息、有效期，颁发者（即颁发证书的组织）标识信息、证书有效期以及颁发者的数字签名等。

3. 移动应用证书

移动应用证书也被称为移动代码签名证书。网络攻击可能从移动终端发起，以窃取用户的身份信息、交易数据和其他存储在设备中的敏感信息。因此，对于 App 的可信赖是非常重要的。为了防止攻击者篡改 App 的代码和脚本，App 开发者需要使用由第三方权威证书颁发机构提供的移动代码签名证书。

App 开发者签署移动应用证书时，向 CA 申请代码签名证书，CA 对 App 开发者的身份信息进行审核，审核通过后对 App 代码实施签名，即为软件生成杂凑并使用私钥加密此杂凑，生成移动代码签名证书，之后将证书与可执行文件捆绑在一起发布。

移动终端下载 App 时，使用移动代码签名证书的公钥解密签名值，将其与为下载 App 计算的杂凑值进行比较；如果两个杂凑值完全匹配，则可确认 App 自签名以来未被修改。

使用移动代码签名证书，App 开发者就可以方便地在互联网上分发 App，用户可以安全地下载而不必担心 App 开发者身份的真实性和软件的完整性。

2.6.2　网站数字证书分类

网站数字证书由第三方权威证书授权机构签发，具有服务器身份验证和数据传输加密功能。

客户端浏览器指向网站时，基于网站数字证书和 SSL 协议，确定一种加密方式和唯一的会话密钥，在客户端浏览器与网站服务器之间建立一条 SSL 安全通道，实现数据信息在客户端与网站服务器之间的加密传输，可以防止数据信息泄露，保证双方传递信息的安全性，而且用户可以通过网站数字证书验证其所访问的网站是否真实可靠。

网站数字证书可按照验证方式强度或域名数量进行分类。

（1）按照验证方式强度分类

① 域名验证型（DV）SSL 证书：只需验证域名所有权，无须人工验证申请单位的真实身份，可实时颁发的 SSL 证书。证书中不包含企业名称信息，适用于个人或者小型网站。

② 企业验证型（OV）SSL 证书：需要验证域名所有权以及企业身份信息，证明申请单位是合法存在的真实实体。证书包含企业名称信息，适用于企业级用户。

③ 扩展验证型（EV）SSL 证书，除了需要验证域名所有权以及企业身份信息之外，还需要进一步验证企业身份的真实性。这类证书颁发最为严格，适用于在线交易网站、企业型网站，浏览器对 EV SSL 证书更加"信任"，当浏览器访问到 EV SSL 证书时，可以在地址栏显示出企业名称，并将地址栏变成绿色。

（2）按照域名数量分类

① 单域名 SSL 证书：只保护一个域名的 SSL 证书，可以是顶级域名也可以是二级域名，如××××.com、www.××××.com、news.××××.com。

② 多域名 SSL 证书：可以同时保护多个域名，不限制域名类型的证书，如××××.com 及它的子域，****.com 及它的子域等。

③ 通配符证书：只能保护一个域名以及该域名的所有下一级域名，不限制域名数量的证书，如××××.com 及它的所有子域。

| 2.7　网络实体身份标识的关联 |

2.7.1　网络实体身份标识的内在关系

个人、机构、设备、物品、服务等各种网络实体身份标识分别有各自的分类方法和特点，事实上，每种网络实体身份标识内部以及不同种类网络实体身份标识之间都存在着内在联系。

（1）个人网络身份标识与机构网络身份标识

不同类型的个人网络身份标识存在内部联系，个人网络身份标识按照真实性与可靠性分为 3 类，低真实性、低可靠性的个人网络身份标识往往需要依赖高真实性、高可靠性的个人网络身份标识生成与核验，如同树的根节点与叶子节点的关系。

　　个人的网络身份标识与其所属机构的网络身份标识之间的关系，往往可以通过身份标识本身解析出来。例如，同属于 abcd 公司的个人电子邮件地址，其后缀名都是 @abcd.com；为 abcd 公司员工签发的数字证书，其持有者信息（subject）的组织（organization）项，都是 abcd 公司。

　　个人网络身份标识与机构网络身份标识关系的确认和身份标识本身真实性的确认往往同等重要：在申领机构进行网络身份标识时，首先通过个人网络身份标识来核验个人身份的真实性，接着核验个人（法定代表人、股东、员工等）与机构关系的真实性；在使用机构进行网络身份标识时，要核验个人与机构关系的有效性。

　　（2）个人网络身份标识与设备、物品网络身份标识

　　个人网络身份标识与设备网络身份标识之间往往存在拥有关系，如个人所有的各类智能终端、智能家电、无人机等设备。事实上，很多时候设备被当作个人网络身份标识的载体，如智能手机的安全模块、可信执行环境等就是个人网络身份标识的安全载体，此时个人网络身份标识与设备网络身份标识存在强绑定关系。

　　类似地，个人网络身份标识与物品网络身份标识往往存在拥有关系，最为典型的是个人拥有数字"货币"，不同点在于，个人网络身份标识与物品网络身份标识之间的关联性较弱，如拥有关系往往会转移。

　　（3）其他网络身份标识之间

　　网络身份标识之间的关联性是普遍存在的，如机构网络身份标识与其拥有的服务网络身份标识之间的关联性，从网站证书可以解析出机构身份与网站身份之间关联性，从移动应用证书可以解析出机构身份与 App 之间的关联性。

　　更多的时候，无法直接解析网络实体身份标识的关联性，需要通过第三方服务来证明。

2.7.2　数字"货币"的身份标识及其与所有者的关系

　　本节以比特币为例说明如何实现数字"货币"身份标识以及其与所有者的关系。

　　比特币作为一种去中心化的数字"货币"，其底层技术是区块链技术，由中本聪于 2008 年[9]提出。

　　（1）比特币地址

　　比特币地址是由字母和数字构成的一串字符，总是由"1""3"或"bc1"开头。

比特币地址表示比特币支付的来源或目的地，每生成一个比特币地址，代表存在一个对应该地址的公私钥对，二者一一对应。

（2）比特币的交易方式

比特币的交易是一种不需要信任中介参与的 P2P（peer-to-peer）交易，即付款方按收款方的比特币地址将比特币直接付给对方。不同于传统的电子交易，交易双方必须通过银行这样的信任机构作为中介；在比特币这种去中心化的 P2P 网络中，并没有一个类似银行的信任机构存在，所以需要所有用户共同维护一个全球统一的交易记录（账本），并将数据存储在每个节点中。如何维护一个全球统一的交易记录（账本），这就需要采用区块链技术。

（3）区块链的构成

区块链相当于一个分布式的数据库，全网中的每个节点共同参与维护这个数据库（即账本）[10]。区块链内部结构是一种利用区块进行存储的链式结构，如图 2-6 所示。在每一个区块链中，除第一个区块是创世区块，不存储任何交易数据外，其他区块都存储交易信息。区块主要由区块头和区块体组成，区块头主要包括：区块号、前一区块的哈希值、当前区块的哈希值、随机数、Merkle 树和时间戳。区块体存储交易记录，通过 Merkle 树存储记录，区块头存储 Merkle 树的根节点能够快速校验区块中的交易数据，判断数据是否被破坏或者篡改。每一个区块头包含的前一个区块的哈希值，用于链接前一个区块，各个区块依次相连从而形成一条从创世区块到当前区块的最长主链。时间戳记录的是区块数据写入的时间，对应的是每一次交易记录的认证，为区块链中的数据增加了时间维度，这是将区块链应用于公证、知识产权等时间敏感领域的基础。

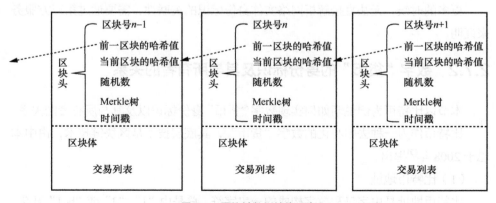

图 2-6　区块链数据结构示意

（4）比特币与所有者的关系

比特币的一个突出特点是匿名性，即链上不保存任何个人信息。比特币交易的过程是将比特币从一个账户转移到另外一个账户，即比特币与所有者关系的转移。

比特币账户包括一个公私钥对和比特币地址，比特币地址由比特币的公钥经哈希运算后编码得出。每个交易记录包含付款方的比特币地址、收款方的比特币地址和金额等，由付款方账户使用其私钥进行签名并添加到交易记录中。全网中的每个节点看到这条交易记录后，都可以用其中包含的付款方账户公钥对其中签名值和比特币地址进行验证，以确认该交易是否有效，即确认比特币与所有者关系的转移。

| 2.8 小结 |

网络实体身份标识是网络空间中识别实体身份的基本元素，包括个人网络身份标识、机构网络身份标识、设备网络身份标识、物品网络身份标识、服务网络身份标识等类型，其可以是某种形式的字符串，也可以是密钥、数字证书、文档等形式及其混合体。本章阐述了网络实体身份标识的定义与基本特征，并对个人、机构、设备、物品、服务等各种网络实体身份标识的分类和特点进行了介绍和分析，之后围绕各类网络实体身份标识内部以及不同种类网络实体身份标识之间存在的内在关系进行了探讨。

| 参考文献 |

[1] SAYLOR M J, VAZQUEZ H, CHEN G, et al. Identifying a signer of an electronically signed electronic resource: US9680908[P]. 2017-06-13.

[2] 国家市场监督管理总局, 国家标准化管理委员会. 信息安全技术 个人信息安全规范: GB/T 35273—2020[S]. 北京: 中国标准出版社, 2020.

[3] 国家市场监督管理总局, 国家标准化管理委员会. 信息安全技术 公民网络电子身份标识格式规范: GB/T 36632—2018[S]. 北京: 中国标准出版社, 2018.

[4] 国家质量监督检验检疫总局, 中国国家标准化管理委员会. 法人和其他组织统一社会信用代码编码规则: GB 32100—2015[S]. 北京: 中国标准出版社, 2015.

[5] 国家质量监督检验检疫总局, 中国国家标准化管理委员会. 党政机关电子印章应用规范:

GB/T 33481-2016[S]. 北京: 中国标准出版社, 2016.

[6] 国家质量技术监督局. 条码术语: GB/T 12905—2000[S]. 2000.

[7] 钟乐海. DNS: 域名系统分析与研究[J]. 计算机科学, 2002, 29(8): 54-56.

[8] COSTELLO A. Punycode: a bootstring encoding of unicode for internationalized domain names in applications (IDNA)[R]. RFC Editor, 2003.

[9] NAKAMOTO S. Bitcoin: a peer-to-peer electronic cash system[R]. 2009.

[10] 袁勇, 王飞跃. 区块链技术发展现状与展望[J]. 自动化学报, 2016, 42(4): 481-494.

第 3 章

网络实体身份的管理

本章首先提出网络实体身份管理架构，之后围绕网络实体身份标识管理的各个环节进行介绍和分析。

| 3.1 网络实体身份管理架构 |

网络实体身份管理主要涉及 4 个参与方：网络实体、身份服务依赖方、身份服务提供方、身份服务监管方。网络实体身份管理架构如图 3-1 所示。

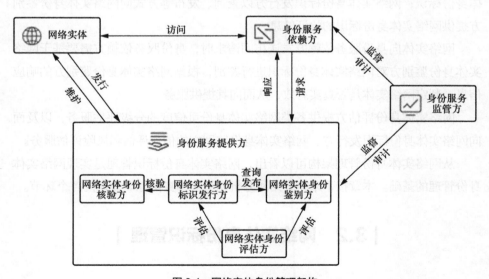

图 3-1　网络实体身份管理架构

① 网络实体：即个人、机构、设备、物品、服务等，一般也称之为用户。

② 身份服务依赖方：依赖身份服务提供方的身份鉴别等服务做出访问控制决策的主体，一般称之为应用系统。

③ 身份服务提供方：提供网络实体身份标识的发行、身份鉴别等服务的主体，一般为第三方身份服务机构。根据主体侧重点不同，身份服务提供方可分为网络实体身份标识发行方、网络实体身份鉴别方、网络真实身份核验方、网络实体身份评估方等角色。其中，网络实体身份标识发行方主要为网络实体身份标识的管理者角色，网络实体身份鉴别方主要为网络实体身份服务的实施者角色，网络真实身份核验方主要为网络实体身份真实有效性的判定者角色，网络实体身份评估方主要为网络实体身份服务过程的评估者角色。

④ 身份服务监管方：指按照国家法律法规，对身份服务提供方、身份服务依赖方的数据安全、个人信息保护、网络安全、密码应用等方面进行监督审计，一般为政府主管部门及下属机构。

网络实体通过网络实体身份标识发行方实现网络实体身份标识的发行、维护、注销的管理；在网络实体身份标识发行等过程中，网络实体身份标识发行方通过网络真实身份核验方实现网络实体身份核验，在此基础上为网络实体制作网络实体身份标识；网络实体身份标识发行方以查询、发布等方式向网络实体身份鉴别方提供网络实体身份标识的验证信息。

网络实体向身份服务依赖方发送访问请求时，身份服务依赖方需要基于网络实体身份鉴别方对网络实体身份标识进行鉴别，根据网络实体身份鉴别方的响应信息，判定网络实体是否真实有效，从而向其提供服务。

网络实体身份评估方提供各类网络实体身份可信度的分级评估服务，以及面向网络实体身份标识发行方、网络实体身份鉴别方的信息评估和风险评估服务。

从网络实体身份管理架构可以看出，网络实体身份标识管理是实现网络实体身份管理的基础。本章接下来将介绍和分析网络实体身份标识管理的各个环节。

| 3.2 网络实体身份标识管理 |

网络实体身份标识管理包括网络实体身份核验、网络实体身份标识发行、网络实体身份标识维护、网络实体身份标识注销等环节，覆盖网络实体身份标识的整个生命周期，如图 3-2 所示。

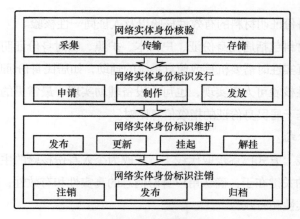

图 3-2　网络实体身份标识的整个生命周期

① 网络实体身份核验是发行网络实体身份标识的前提，包括网络实体身份信息采集、传输、存储等处理过程。

② 网络实体身份标识发行指网络实体身份标识的申请、制作和发放过程，实现网络实体身份标识与网络实体身份的绑定。

③ 网络实体身份标识维护指网络实体身份标识发行后的发布、更新、挂起、解挂过程，保障网络实体身份标识的正常使用。

④ 网络实体身份标识注销是网络实体身份标识生命周期的终点，包括注销、发布、归档等操作。

┃3.3　网络实体身份核验┃

申领网络实体身份标识的前提是通过网络实体身份核验，确认申请者身份的真实性和有效性。其中，最为典型的是个人身份核验和机构身份核验。

3.3.1　个人身份核验

个人身份核验包括线下和线上两种方式。

1. 线下方式

个人身份核验的线下方式主要指现场面签，即个人持身份证明材料，由现场工作人员进行身份证明材料的有效性核验以及人证同一性核验。

身份证明材料包括居民身份证、户口本、护照、临时身份证明等，在核验身份证明材料的真实性时需要机具或信息系统的辅助，如居民身份证阅读器。

人证同一性核验可人工实现，也可由设备辅助实现，最常见的辅助设备有人脸识别系统和基于居民身份证的指纹信息比对。

2. 线上方式

近年来，线上方式已逐步取代线下方式成为个人身份核验的主要方式。线上方式身份核验的关键在于：确认用户身份信息的真实性和有效性；确认用户身份核验行为的真实性和有效性。

（1）确认用户身份信息的真实性和有效性

典型方式是：用户提交个人身份信息（姓名、身份证等信息），之后对提交的居民身份证照片或居民身份证进行光学字符识别（optical character recognition，OCR）[1]以提取信息；再由系统提交合法的公民身份信息认证服务进行身份信息核验。

（2）确认用户身份核验行为的真实性和有效性

用户身份信息确认是相对静态的，而用户身份核验行为确认则是动态的，按技术路线主要可以分为动态口令、生物特征识别、电子签名/签章3类。

① 动态口令：即系统根据专门的算法或随机生成的一组数字或字符串。系统生成动态口令后，动态口令通过特定安全通道被实时传递给用户，之后比对用户提交的数据与动态口令的一致性。例如，短信验证码①就是一种动态口令，由于其以短信通道传递，区别于系统的互联网通道，可以达到双通道的安全效果。动态口令具有高便捷性且相对安全，已被广泛运用于多个领域的网络平台。

② 生物特征识别[2]：通常分为人体特征识别与行为特征识别，人体特征包括人脸、指纹、掌纹、虹膜、DNA 等，行为特征包括语音、签名、动态姿势等。其中最典型的方式是人脸识别（也称人像识别），通过人脸识别身份，符合人的视觉识别经验，容易被使用者接受，并且可直接利用移动终端摄像头完成人像信息采集，不需要额外设备，因此人脸识别应用最为广泛。

---

① 短信验证码的安全强度并不高，如短信验证码在网络银行业务中广泛使用，而当下频繁出现的网络盗刷银行卡行为就是通过私设伪基站，使用"嗅探"设备获取一定范围内的手机号码，从而对获取的手机号码收到的短信验证码实施窃听，再以用户身份和短信验证码登录网络支付平台，实施盗刷。

人脸识别面临着较大的安全威胁。例如，2021 年 1 月，清华大学 RealAI 团队的研究成果显示，由于二维信息具有深度数据丢失的局限性，无法完整地表达出真实人脸，他们使用一台打印机、一张 A4 纸、一副框架眼镜，可以在 15 min 内顺利破解手机的屏幕锁，19 部安卓手机无一幸免。其原理是利用人脸识别算法存在的"对抗样本"漏洞。RealAI 团队的测试主要聚焦于二维人脸识别的手机，采用了三维结构光方案的手机尚未被突破。但是，使用二维人脸识别的手机和应用仍然占相当高的比例。

③ 电子签名/签章：电子签名主要指数字签名技术[3]，信息的发送者使用所掌握的非对称密钥进行数字签名，类似于现实世界中的物理签名；电子印章是实物印章的电子数据表现形式，也使用了数字签名技术，可有效证明信息发送者所发信息的真实性，其加盖的电子文件具有与实物印章加盖的纸质文件相同的外观、相同的有效性和相似的使用方式。

电子签名/签章技术的关键点在于确认信息的发送者是否完全掌握非对称密钥中的私钥，即《中华人民共和国电子签名法》第十三条所要求的"电子签名同时符合下列条件的，视为可靠的电子签名：（一）电子签名制作数据用于电子签名时，属于电子签名人专有；（二）签署时电子签名制作数据仅由电子签名人控制；（三）签署后对电子签名的任何改动能够被发现；（四）签署后对数据电文内容和形式的任何改动能够被发现。"

在实际使用中，往往使用多种方式叠加进行身份核验，如身份信息核验+短信验证码+人脸识别。一些互联网平台在完成个人身份核验后，将身份核验结果作为服务提供给其他应用使用，如支付宝、微信的实名认证。

此外，身份服务提供方在个人身份核验及后续服务过程中，需要遵循以下基本原则：

① 收集用以身份核验的个人信息须遵循最小化原则；

② 收集个人信息时必须明确通知申请人信息收集的目的和保存身份属性对于身份鉴别的必要性，包括这些属性在完成身份证实过程中是自愿提供的还是强制性的，以及不提供属性的后果；

③ 须妥善保护注册过程中收集的所有个人信息，并注明信息来源；

④ 整个身份核验流程必须在安全连接的受保护通道上进行；

⑤ 如果停止进行身份服务，须妥善处理或销毁所有敏感数据；

⑥ 如果颁发个人网络电子身份标识，所依据的公民身份信息必须真实存在并留存申请人有效的联系方式；

⑦ 除了提供服务或者司法程序需要，不得在未经用户同意的情况下将收集和保存的身份属性用作其他用途，且非必要情况不得把同意授权作为为用户提供服务的前置条件；

⑧ 须建立投诉解决机制。

3.3.2　机构身份核验

类似于个人身份核验，机构身份核验也包括线下和线上两种方式。

（1）线下方式

线下机构身份核验即机构法定代表人或授权人持机构身份证明材料及个人身份证明材料，由现场工作人员核验机构身份证明材料、个人与机构关系以及个人身份。其中，个人身份核验是前提，即由现场工作人员进行个人身份证明材料的有效性核验以及人证同一性核验。机构身份证明材料主要有营业执照或法人证书、组织机构代码证、税务登记证等，很多地方已经开展了"三（多）证合一"登记制度改革，因此只需营业执照或法人证书即可。个人与机构关系核验也很关键，因为核验机构身份后，发放机构网络身份标识后实施的是职务行为而非个人行为，单位承担法律责任。确认个人与机构的关系存在以下两种情况。

① 如果机构身份证明材料持有者是法定代表人，则可以通过合法的企业信息认证服务（如国家企业信用信息公示系统）直接确认个人与机构的关系。

② 如果机构身份证明材料持有者不是法定代表人，就需要确认机构身份证明材料持有者享有代表权或代理权，即法人授权。一般授权方式是通过加盖企业公章及法定代表人签字的授权书进行证明，但由于缺乏有效核验手段，证明效力偏弱。

（2）线上方式

线上方式可分为电子营业执照、第三方企业信息核验和单位电子印章等方式。第三方企业信息核验指：由于企业登记信息的公开性，一些机构从各种渠道采集企业信息提供线上企业信息查询服务；另外一些拥有企业用户的互联网平台，将企业身份核验作为一种服务，如支付宝企业实名认证等。

| 3.4　网络实体身份信息处理 |

网络实体身份核验涉及网络实体身份信息的采集、传输、存储等处理过程，对身份信息的保护与处理过程的规范尤为重要，其中，最为典型的是个人身份信息保护和处理。

3.4.1　个人身份信息保护和处理法规要求

2021 年 8 月 20 日，第十三届全国人民代表大会常务委员会第三十次会议表决通过《中华人民共和国个人信息保护法》，对个人信息保护和处理提出了明确要求。其中的第二章"个人信息处理规则"、第四章"个人在个人信息处理活动中的权利"中的规定体现了以下基本原则。

（1）个人同意原则

除履行法律规定、突发公共卫生事件、公共利益等特定情形外，处理个人信息的前提是取得个人同意；个人对其个人信息的处理享有知情权、决定权，有权限制或者拒绝他人对其个人信息进行处理；个人信息处理者停止提供产品或者服务，或者保存期限已届满，个人信息处理者应当主动删除个人信息，个人信息处理者未删除的，个人有权请求删除。

（2）提前告知原则

个人信息处理者在处理个人信息前，应当真实、准确、完整地向个人告知个人信息的处理目的、处理方式，处理的个人信息种类、保存期限等事项。

（3）可撤销原则

基于个人同意处理个人信息的，个人有权撤回其同意，个人信息处理者应当提供便捷的撤回同意的方式；个人信息处理者不得以个人不同意处理其个人信息或者撤回同意为由，拒绝提供产品或者服务；通过自动化决策方式向个人进行信息推送、商业营销，应当同时提供不针对其个人特征的选项，或者向个人提供便捷的拒绝方式。

个人身份信息属于敏感个人信息，只有在具有特定的目的和充分的必要性，并采取严格保护措施的情形下，个人信息处理者方可处理敏感个人信息。

第五章"个人信息处理者的义务"中规定：个人信息处理者应当根据个人信息的处理目的、处理方式、个人信息的种类以及对个人权益的影响、可能存在的安全风险等，采取下列措施确保个人信息处理活动符合法律、行政法规的规定，并防止未经授权的访问以及个人信息泄露、篡改、丢失。

① 制定内部管理制度和操作规程。

② 对个人信息实行分类管理。

③ 采取相应的加密、去标识化等安全技术措施。

④ 合理确定个人信息处理的操作权限，并定期对从业人员进行安全教育和培训。

⑤ 制定并组织实施个人信息安全事件应急预案。

⑥ 法律、行政法规规定的其他措施。

此外，个人信息处理者应当定期对其处理个人信息时遵守法律、行政法规的情况进行合规审计以及个人信息处理者应当事前进行个人信息保护影响评估。

3.4.2　个人身份信息保护和处理技术方法

个人信息处理者应当"采取相应的加密、去标识化等安全技术措施"，以防止未经授权的访问以及个人信息泄露、篡改、丢失。接下来按照个人身份信息采集、传输、存储3个环节分别进行分析说明。

（1）个人身份信息采集

个人身份信息采集过程中，首先，要确认采集设备的可信性，除特定专用设备外，对于用户终端，一般通过短信验证码进行校验，但短信验证码的安全强度并不高；高可靠的方式是结合硬件安全模块，如智能卡、智能密码钥匙、移动终端的安全模块、可信执行环境等，对数据源采集设备进行身份识别和认证。其次，要防止个人身份信息的伪造，即确认用户身份信息的真实性和用户身份核验行为的真实性。最后，要防止所采集个人身份信息的篡改和否认，可以采用电子签名/签章技术，对所采集的个人身份信息及采集场景进行固定，实现防篡改和防抵赖。

（2）个人身份信息传输

个人身份信息传输主要采用数据传输保护技术，如 SSL 协议，来实现传输双方的身份认证，建立安全传输通道，对所传输的个人身份信息实施加密，通过数据校验保证数据传输过程的完整性。

（3）个人身份信息存储

个人身份信息存储的两个重要原则是本地化原则和最小化原则。

① 本地化原则：敏感个人信息尽量保存在本地，如人脸、指纹、声纹、虹膜等个人生物识别信息，但前提是确认设备本地存储环境的可信性，如采用高可靠的结合硬件安全模块的方式，以防止本地存储的敏感个人信息泄露、篡改或丢失。

② 最小化原则：首先，要保证所存储个人身份信息的数量应是实现产品或服务的业务功能所必需的最少数量；其次，应对需存储的个人身份信息进行脱敏处理，并且脱敏过程应是不可逆的，即不能恢复为原始身份信息；最后，对所存储的个人身份信息进行加密保护，防止非授权访问。

| 3.5　网络实体身份标识发行 |

在通过网络实体身份核验后，可以申领网络实体身份标识，即启动网络实体身份标识发行，通过网络实体身份标识的申请、制作和发放过程，实现网络实体身份标识与网络实体身份的绑定。其中，最为典型的是个人网络身份标识中的个人网络电子身份标识发行。以下围绕个人网络电子身份标识载体、个人网络电子身份标识发行方、个人网络电子身份标识制作进行分析说明。

3.5.1　个人网络电子身份标识载体

个人网络电子身份标识具有高真实性、高可靠性，主要依靠其载体的安全性和加解密、签名、杂凑等密码操作实现。个人网络电子身份标识载体主要包括智能卡[1]、智能密码钥匙[4]、安全模块与可信执行环境等形式。

（1）智能卡

智能卡具体指中央处理器（CPU）卡，该类芯片内部包含微处理器单元、存储单元（RAM、ROM 和 EEPROM）以及输入/输出接口单元，拥有良好的处理性能和保密能力。其中，RAM 用于存储运算过程中的中间数据，片内操作系统（chip operating system，COS）固化在 ROM 中，而 EEPROM 用于存储持卡人的个人信息以及发行单位的有关信息。CPU 管理信息的加/解密和传输，严格防范非法访问卡内信息，发现数次非法访问，将"锁死"相应的信息区（也可用高一级命令解锁）。智能卡包括接触式、非接触式、双界面等形式。

① 接触式卡：该类卡通过卡读写设备的触点，与卡的触点接触后进行数据读写。ISO/IEC 7816 严格规定了此类卡的机械特性、电器特性等。

② 非接触式卡：该类卡通过非接触式的读写技术（如光或无线技术）进行读写。其内嵌芯片除了 CPU、逻辑单元、存储单元外，还增加了射频收发电路。非接触式智能卡主要遵循的国际标准是 ISO 10536、ISO 14443、ISO 15693。其中 ISO 10536 标准由于成本较高而应用很少，ISO 15693 标准是针对读写距离在 1 m 内的电子标签应用，ISO 14443 标准的读写距离在 0.1 m 内。ISO 14443 标准已得到广泛应用，如第二代身份证、公交卡等。

③ 双界面卡：将接触式卡与非接触式卡组合到一张卡片中，操作独立，但可以共用 CPU 和存储空间。

（2）智能密码钥匙

智能密码钥匙是一种具备密码运算、密钥管理能力、可提供密码服务的终端密码设备，其主要作用是存储用户非对称密钥、对称密钥、数字证书等重要信息，实现数据加解密、数据完整性校验、数字签名、访问控制等功能。

智能密码钥匙一般使用 USB 接口形态，因此也被称作 USB Token 或者 USBKey。USBKey 将智能卡技术和 USB 技术相结合，内部设有专用安全区用以保存用户私钥，此私钥不可被导出，从而保障 USBKey 的不可复制性和数字签名的唯一性。

USBKey 的通信标准主要有 3 种：芯片智能卡接口设备、人机接口设备和 USB 大容量存储设备。

（3）安全模块与可信执行环境

安全模块通过安全芯片和芯片操作系统实现数据安全存储、加解密运算，以嵌入方式与设备集成，其安全强度很高，但成本也较高。SE 可封装成各种形式，常见的有智能卡和嵌入式安全模块等。嵌入式安全模块一般作为支持近场通信（near field communication，NFC）的移动终端的安全部件，可以满足 CC EAL5+安全等级要求。

可信执行环境位于移动终端的富执行环境（rich execution environment，REE）

和 SE 之间。REE 指移动终端操作系统（如 Android、iOS ）等运行时的环境，是一个容易受到攻击的开放环境，如敏感数据的窃取、移动支付盗用等。在移动设备的主芯片中建立一个可信执行环境，该环境与移动设备原有操作系统并行，通过安全的 API 与原有系统进行交互，通过对机密性、完整性的保护和数据访问权限的控制，能够保证敏感数据在隔离和可信的环境内被处理，从而免受来自 REE 中的软件攻击，TEE 具有较高的安全性和灵活的扩展性。安全模块与可信执行环境示意如图 3-3 所示。

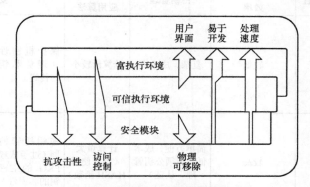

图 3-3　安全模块与可信执行环境示意

个人网络电子身份标识载体的安全对于网络实体身份管理中的安全防范和风险控制至关重要，个人网络电子身份标识应用范围的广泛性和应用环境复杂性，使得个人网络电子身份标识载体必须能够有效地保护所存储的重要信息，抵御对载体的非法访问和外部攻击。

3.5.2　个人网络电子身份标识发行方

个人网络电子身份标识发行方一般为具有权威性和公信力的身份服务提供机构，为实现个人网络电子身份标识的发行，应先确定个人网络电子身份标识的密钥生成方式。

（1）密钥生成方式

密钥生成方式具体是指非对称密钥对的生成方式，主要分为本地载体生成（如公钥基础设施（PKI））和服务端集中生成（如基于标识的密码（IBC））[5]两大类，PKI 与 IBC 的比较如表 3-1 所示。

表 3-1 PKI 与 IBC 的比较

密钥生成方式	第三方	公钥	私钥生成方式	适用环境	数字证书	运行及维护成本
PKI	CA	通过证书关联用户公钥及身份	分散式生成（用户个人生成）/CA 代为生成	开放式，大范围	证书目录	较高
IBC	PKG	根据用户身份信息提取/用户 ID	集中式生成（KGC 密钥生成中心）	封闭式，小范围	无数字证书	低

密钥生成方式	灵活性	密钥使用效率	密钥管理	密钥生成/应用算法	安全性	
PKI	较低	较低	复杂、成本高	计算量较小	保护机密性（避免私钥的传递）	提供证书撤销机制（应用领域不受具体应用的限制；提供意外情况补救措施，如身份被窃）
IBC	高	较高	简单方便、成本低（无须公钥管理、认证）	计算量大（频繁使用HASH 函数）	密钥托管问题（过于依赖PKG 的主密钥的私密性）	私钥签署时，电子签名制作数据不仅受控于电子签名人，而且同时受控于 PKG 中心端

从表 3-1 可以看出，由于 IBC 体系私钥由服务端集中生成，与《中华人民共和国电子签名法》第十三条"签署时电子签名制作数据仅由电子签名人控制"的要求不相一致，因此，IBC 不适用于电子签名需要法律效力的场合。面向公众的大规模网络实体身份管理及服务系统一般采用 PKI 架构[6]。

（2）协同签名

很多载体无法达到智能卡、智能密码钥匙、安全模块、可信执行环境等芯片级安全强度，为支持个人网络电子身份标识发行的普适性，可采用协同签名[7]方式，实现个人网络电子身份标识在开放计算环境中的发行。

协同签名本质上是一种（2，2）门限密码方案，即需要两方（服务端和终端）的共同参与，才能完成私钥的密码运算（如签名、解密），具体包含 3 种算法。

① 私钥片段生成算法：当需要生成 SM2 非对称密钥时，由服务端和终端各自独立生成一个私钥片段（也称为私钥分量），这两个私钥片段组合才能恢复出完整的 SM2 私钥；在攻击者至多只能攻破其中一个参与方的情况下，攻击者是无

法恢复出完整 SM2 私钥的。

②　协同签名算法：当需要对消息进行 SM2 签名时，服务端和终端分别使用各自持有的私钥片段，计算生成签名值片段，然后双方交互传输签名值片段等数据，由其中一方对收到的数据进行合并计算，生成 SM2 签名，从而保证每次签名必须由服务端和终端共同完成。

③　协同解密算法：当需要对 SM2 密文进行解密时，服务端和终端分别使用各自持有的私钥片段，计算生成明文片段，然后双方交互传输明文片段等数据，由其中一方对收到的数据进行合并计算，生成解密后的明文，从而保证每次解密必须由服务端和终端共同完成。

协同签名确保了签名等密码运算必须由服务端和终端共同完成，基本符合"签署时电子签名制作数据仅由电子签名人控制"的要求，兼具安全性和灵活性，可以作为个人网络电子身份标识的承载方式之一。

3.5.3　个人网络电子身份标识制作

个人网络电子身份标识制作通常包括个人网络电子身份标识载体初始化、个人网络电子身份标识签发等过程。个人网络电子身份标识载体初始化，即加载与载体相关的密钥及信息，实现载体身份标识。具体实现方法可参照 2.4.1 节的基于密码芯片的设备网络身份标识，实现载体身份标识的唯一性、不可篡改和隐私保护。

个人网络电子身份标识签发的主要操作是由个人网络电子身份标识发行方按非对称密钥对产生的标识签发申请，即签发数字证书。例如，按照 GB/T 36632—2018[8]规定，公民网络电子身份标识采用数字证书形式，其制作需包含版本号、序列号、签名算法、颁发机构、有效期、公民网络电子身份标识持有者信息、公民网络电子身份标识持有者公钥信息、扩展项以及签名值。

①　版本号是指公民网络电子身份标识的数字证书的版本。

②　序列号是指公民网络实体身份标识的数字证书对应的唯一编号。

③　签名算法是公民网络电子身份标识数字证书所使用的数字签名算法，应符合 GB/T 32918.2—2016 的要求。

④　颁发机构由颁发机构的名称、组织、国家的标识以及颁发机构序号组成。

⑤　有效期是一个时间段，由公民网络电子身份标识的生效日期和失效日期组

成，该时间段的值应为 5 年。

⑥ 公民网络电子身份标识持有者信息由持有者的名称、组织、国家标识组成。其中，持有者的名称由公民网络电子身份标识码表示；组织由公民网络电子身份标识持有者对应的统一社会信用代码或组织机构代码表示，可以为空；国家标识为中国的英文简称 CN。

⑦ 公民网络电子身份标识持有者公钥信息包括公民网络电子身份标识的公钥及公钥算法的标识符，应符合 GB/T 32918.2—2016 的要求。

⑧ 扩展项所定义的一系列对象标识符（object identifier，OID）应符合 GB/T 20518—2018[9]中 5.2.3.2 的要求。颁发机构密钥标识符用于验证在公民网络电子身份标识或撤销列表上签名的颁发机构公钥；标识持有者密钥标识符用于标识公民网络电子身份标识持有者的公钥；密钥用法用于标识公民网络电子身份标识中公钥的用法，包括但不限于数字签名和抗抵赖；扩展密钥用途用于标识公民网络电子身份标识中公钥的具体用途，包括但不限于客户端鉴别和电子邮件保护；证书策略用于标识公民网络电子身份标识发放所依据的策略及其应用目的；撤销列表分发点用于标识获得撤销列表信息的分发序列；浏览器证书类型用于标识公民网络电子身份标识所支持的浏览器证书类型；颁发机构信息访问用于标识公民网络电子身份标识颁发机构信息。

⑨ 签名值指公民网络电子身份标识颁发机构对公民网络电子身份标识的签名内容。

| 3.6 网络实体身份标识维护 |

网络实体身份标识发行后，通过发布、更新、挂起、解挂等操作保障其正常使用。以下以个人网络身份标识中的个人网络电子身份标识为例进行分析说明。

（1）个人网络电子身份标识信息发布

个人网络电子身份标识为数字证书形式，其发布主要采用目录服务方式。目录服务采用多层次、树形结构组织信息，按行业、类别进行信息分类。最为典型的目录服务是轻型目录访问协议（lightweight directory access protocol，LDAP）[10]。LDAP 是基于 X.500 标准的简化版协议标准，不同于 X.500，LDAP 支持 TCP/IP，可通过互联网方便地访问，即客户端提出 LDAP 请求发送给服务器，服务器收到请求并按请求做相应的处理操作，之后将结果的 LDAP 响应发送给客户端。LDAP 实现了指定的数据结构的存储，可以说是一种特殊的数据库。LDAP 对查询进行了优化，其查询性能明显优于关系数据库，但在其他方面（如更新操作等）比关系数据库慢得多。

使用 LDAP 来发布证书的优势在于：

① LDAP 适用于任意平台，能够支撑用户的广泛性和多样性；

② 由于证书不能修改，只能重新发布，适用于 LDAP 这种面向查询的架构；

③ LDAP 数据结构清晰，每一个条目对应存储一个数字证书；

④ 证书数据属于公开信息，不需要复杂的访问控制机制。

LDAP v3 是使用较广的 LDAP 协议版本，通过 LDAP 核心规范[11]等一系列请求评论（request for comment，RFC）文档进行定义，包括信息模型、命名空间、功能模型、安全框架、操作模型、扩展框架等。相比前期版本，LDAP v3 在安全性上有了明显提升，主要包括身份认证、通信安全和访问控制 3 个方面。

① 身份认证：LDAP v3 提供 3 种认证机制，即匿名认证、基本认证和 SASL（simple authentication and security layer）认证。匿名认证即不对用户进行认证，该方法仅适用于完全公开的方式；基本认证均是通过用户名和密码进行身份识别，又分为简单密码认证和摘要密码认证；SASL 认证即在安全通道的基础上进行身份认证，包括数字证书的认证。

② 通信安全：LDAP 提供了基于 SSL/TLS 的通信安全保障。LDAP v3 可以保护通信中的数据保密性、完整性；通过强制客户端证书认证的 TLS 服务，同时可以实现对客户端身份和服务器端身份的双向验证。

③ 访问控制：不同于现有的关系型数据库系统和应用系统采用的基于访问控制列表方式，LDAP v3 基于访问控制策略语句来实现访问控制。

（2）个人网络电子身份标识更新

个人网络电子身份标识的有效期结束或信息项发生变化时，需要执行更新操作以保障其有效性和可用性。

| 3.7　网络实体身份标识注销 |

当网络实体身份标识被采取措施停止使用（包括但不限于销毁、废止、收回等）时，网络实体身份标识应被注销。网络实体身份标识注销的特点是载体注销。网络实体身份标识的注销属于不可逆操作，注销后，要确保无论网络实体身份标识是否已被物理销毁，都无法继续使用，这就必须由网络实体身份标识发行方提供安全快捷的验证机制给身份服务依赖方使用。以下仍以个人网络身份标识中的个人网络电子身份标识为例进行分析说明。

个人网络电子身份标识为数字证书形式，其验证机制可分为离线验证机制和在线验证机制两类。

3.7.1　个人网络电子身份标识离线验证机制

最为典型的离线验证机制为证书撤销列表（certificate revocation list，CRL）。CRL 为已注销但未过期的数字证书信息列表，由 CA 定期签发，带有 CA 数字签名和时间戳，CRL 数据结构如图 3-4 所示。

CRL 版本号	CRL 签名算法	CRL 颁布者	本次更新 时间	下次更新 时间	注销的证书列表	扩展项

图 3-4　CRL 数据结构

CRL 发布可以采用目录服务 LDAP 形式，供所有需要验证数字证书有效性的主体方便快捷地下载，并且 CRL 带有 CA 数字签名和时间戳，可以保证其可靠性和完整性，防止列表信息伪造，CRL 存在两个明显缺陷。

① CRL 的可扩展性较差，难以应对大规模系统需求。由于 CRL 的大小与其所属域证书总量、证书注销概率和运行时间成正比，CRL 会不断增大，下载 CRL 所消耗的带宽也会随之不断增加，从而影响 CRL 下载以及使用效率；同时，每次发布的 CRL 中存在很多重复信息，造成了资源浪费。

② CRL 的及时性较差。CRL 由 CA 定期签发和发布，两次撤销消息发布之间所吊销证书信息的状态发布存在时延，导致证书状态不一致，从而对依赖于 CRL 确定证书有效性的身份服务依赖方产生负面影响。从安全角度来讲，CRL 最好进行实时更新，即一旦发生证书注销事件就立即更新，以杜绝引发欺诈事件，但这种实时更新占用大量的网络资源和计算资源，代价太高。

为克服 CRL 的上述问题，引入了以下改进方式。

① 增量式 CRL[9]：即不是每次撤销消息发布产生一个完整的、越来越大的

CRL，而是每注销一张证书就产生一条与之相关的增加信息，每次发布的 CRL 只包括从发布上一个完整 CRL 以来被吊销证书列表的 CRL，即增量式 CRL。相比完整 CRL，增量式 CRL 要小得多，降低了所消耗的带宽，并且也可以缩短发布时间，提升及时性。

② 证书撤销状态（certificate revocation status，CRS）系统[12]：相较于 CRL，CRS 增加了撤销信息传递过程中 LDAP 与 CA 间的通信量，用户通过 LDAP 查询证书状态时，将获得的证书状态信息的开销最小化，降低了所消耗的带宽。

③ 证书撤销树（certificate revocation tree，CRT）[13]：CRT 基于 Merkle 杂凑树存储域中所有证书的撤销信息，其目的主要是在减小证书状态信息长度的基础上，不增加目录通信开销。相较于其他证书撤销机制，CRT 的优势在于它可以用很简短的方式表示大量证书撤销的信息。但是如果有证书被撤销，CRT 的所有节点就几乎要全部重新计算，导致其更新成本较高。

3.7.2　个人网络电子身份标识在线验证机制

最为典型的在线验证机制为在线证书状态协议（online certificate status protocol，OCSP）。OCSP[14]由 IETF 在 RFC2560 中提出，采用请求应答方式。请求应答过程如下：客户端生成查询一个或多个证书状态的 OCSP 请求发送给服务器（OCSP 的响应器）；响应器在收到请求后，负责验证请求者的语法、语义；然后应用系统的后台通过 LDAP，或者使用特定数据机构或专用网络来获取这些证书的状态，并将这些证书状态信息通过构建 OCSP 应答返回给请求者。

相较于离线方式，OCSP 的优势是：采用响应器完成验证证书状态的工作减少了对下载及处理 CRL 的网络带宽资源和时间消耗，使验证速度加快；在线查询方式可以保证证书状态信息传递的及时性和有效性。由于 OCSP 为实时请求应答模式，在大规模密集应用场景下，其处理能力将受到很大考验，应采取措施避免处理时延，提升抗碰撞和非否认能力。

| 3.8　小结 |

本章提出了网络实体身份管理的通用架构，围绕网络实体身份标识管理的核验、发行、维护以及注销等环节进行分析和论述，以个人身份核验和机构身份核验为例总结了确认申请者身份的真实性和有效性的方法，并介绍了身份信息保护与处理过程的规范；分析说明了个人网络电子身份标识发行中的载体、发行方、制作；总结探讨了个人网络电子身份标识维护中的发布、更新、挂起、解挂等操作；介绍了个人网络电子身份标识的注销验证机制。

| 参考文献 |

[1] 国家市场监督管理总局, 国家标准化管理委员会. 信息安全技术 网络安全等级保护基本要求: GB/T 22239—2019[S]. 北京: 中国标准出版社, 2019.

[2] 孙冬梅, 裘正定. 生物特征识别技术综述[J]. 电子学报, 2001, 29(S1): 1744-1748.

[3] JORGENSEN P. Applied cryptography: protocols, algorithm, and source code in C[J]. Government Information Quarterly, 1996, 13(3): 336.

[4] 胡传平, 邹翔, 杨明慧. 全球网络身份管理的现状与发展[M]. 北京: 人民邮电出版社, 2014.

[5] 田静. 混合云服务身份认证技术 PKI 和 IBC 对比分析及应用[J]. 计算机安全, 2014(6): 33-35.

[6] 周加法, 马涛, 李益发. PKI、CPKI、BC 性能浅析[J]. 信息工程大学学报, 2005, 6(3): 26-31.

[7] 林璟锵, 马原, 荆继武, 等. 适用于云计算的基于 SM2 算法的签名及解密方法和系统[P]. 2014-12-24.

[8] 国家市场监督管理总局, 国家标准化管理委员会. 信息安全技术 公民网络电子身份标识格式规范: GB/T 36632—2018[S]. 北京: 中国标准出版社, 2018.

[9] 国家市场监督管理总局, 国家标准化管理委员会. 信息安全技术 公钥基础设施 数字证书格式: GB/T 20518—2018[S]. 北京: 中国标准出版社, 2018.

[10] ADAMS C, LLOYD S. 公开密钥基础设施: 概念、标准和实施[M]. 冯登国等, 译. 北京: 人民邮电出版社, 2001.

[11] GAIKAIWARIS. A Web-based corporate directory application using LDAP (V3) (RFC 2251)[EB].

[12] MICALI S. Efficient certificate revocation, technical report TM-542b[R]. 1996.

[13] MERKLE R C. A certified digital signature[C]//Advances in Cryptology-CRYPTO' 89 Proceedings. 1990: 218-238.

[14] MYERS M, ANKNEY R, MALPANI A, et al. X.509 internet public key infrastructure on-line certificate status protocol-OCSP[R]. RFC Editor, 1999.

第 4 章
网络实体身份的服务

不同场景下精准化、多样化的网络实体身份服务，是确认网络实体、实体间信任关系及其真实意愿的重要保障。网络实体身份的服务主要由身份服务提供方的网络实体身份鉴别方完成，所采用的身份鉴别技术呈现多样化、层次化和场景化的特点。

| 4.1 网络实体身份鉴别技术概览 |

身份鉴别，也被称为身份认证或身份验证，是对网络实体进行验证的过程，证实网络实体身份与其声称的身份（即网络实体身份标识）是否相符。网络实体身份标识一般是某种形式的字符串，也可以是密钥、数字证书、文档等多种形式及其混合体。网络实体身份鉴别是围绕网络实体身份标识进行的，主要可以分为 3 种：

① 基于网络实体所掌握信息来证明其与网络实体身份标识的绑定关系，如口令、手势、动态验证码等；

② 基于网络实体特征信息来证明其与网络实体身份标识的绑定关系，如人像、指纹等静态生物特征，声音、步态等动态行为特征；

③ 基于网络实体安全能力来证明其与网络实体身份标识的绑定关系，如使用网络实体身份标识的密钥或数字证书进行签名、签章操作。

可以看出，前两种身份鉴别涉及的网络实体主要为个人，最后一种身份鉴别可以基于个人、机构、设备、服务的安全能力进行。

4.1.1　基于网络实体所掌握信息的身份鉴别

（1）口令

口令是最简单也是最常用的身份鉴别方式，由于其具有简单易用、成本低、易实现等特性，在各类电子商务、社交网络、电子政务类网络应用中广泛使用，绝大多数网络应用的账号系统以及智能终端使用口令作为最主要的访问控制机制。用户注册时设定口令，用户使用网络应用时输入口令，由系统进行网络身份鉴别。

为提升口令的安全性，主要采用提升口令复杂性、隐藏口令明文等方式。

① 提升口令复杂性的典型做法是：用户设置口令时，同步显示口令的安全等级（弱、中、强），以引导用户设置复杂度高的口令。口令的安全等级根据口令的长度、包含的字符种类等因素来确定，如口令长度应该不小于 8 位字符，口令中要包含大小写字母、数字、特殊符号中的两种或两种以上等。

② 隐藏口令明文的典型做法是：在用户输入口令时，以掩码方式显示，如显示为********；在输入口令后，立即计算口令的杂凑值（也称哈希值），传输口令杂凑值而不是明文给系统；系统也只存储口令杂凑值而不是口令明文。

但是，即使采用了以上安全措施，口令的安全风险还是非常高。首先，理论上口令越长、越复杂，安全性越高，但人类大脑的记忆能力有限，难以记忆高信息熵口令（完全随机且超过 10 位字符），往往只能手工记录下来，导致现实中用户往往使用低信息熵的弱口令；其次，掩码和杂凑的方法虽然使得系统无法直接获取口令明文，但由于口令是静态密码，很容易遭受暴力破解攻击，如常见的彩虹表方式，即建立常见口令的杂凑值字典，以查表方式进行快速暴力破解；最后，高信息熵口令很难被记忆，用户往往在多个网络应用中重复使用同一口令，导致只要一个网络应用的口令被泄露或破解，用户在所有网络应用中的账户都面临巨大安全威胁。

（2）手势

手势一般被称为手势密码，是近年来移动终端上常见的一种身份鉴别方式。为了使用方便，App 上通常默认输入一次口令后，在相当长一段时间内就不再需要输入口令，存在被盗用、复制等安全风险，于是越来越多的 App 使用手势密码，相比于输入口令，手势密码更加方便快捷，受到用户普遍欢迎。手势密码如图 4-1 所示。

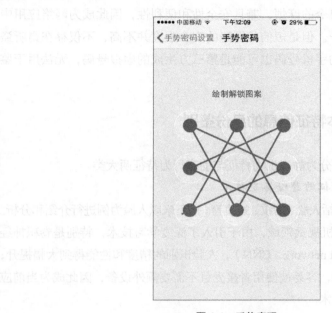

图 4-1　手势密码

手势密码由于操作更简单，所面临的安全威胁更大。虽然手势密码最少选择 4 个点，最多选择 9 个点，理论上的组合总共有 985 824 种，扣除掉其中不可能完成的组合（如一些点不允许绕过），最终的可能性是 389 112 种。但是，类似于口令，用户往往设置简单的手势密码，4 个点的手势密码的组合只有 1 624 个，而且由于手势更容易被"肩窥"和模仿，因此只能作为一种辅助鉴别手段使用。

（3）动态验证码

动态验证码主要包括动态口令、短信验证码等形式。本处动态验证码不包括各类网站登录时常用的图形验证码，图形验证码只能防止爬虫机器人（robot 程序）非授权爬取网站信息，不能用于身份鉴别。

① 动态口令：系统根据专门的算法或随机生成的一组数字或字符串。例如，动态口令牌，也称动态令牌，有硬件令牌和软件令牌两种形式，每隔一段时间随机生成一个一次性动态口令。

② 短信验证码：短信验证码也是一种动态口令，即由验证系统将动态生成的

验证码以短信形式发送到用户指定的手机号码上，只有拥有这个手机号码的用户才能接收到信息，进行登录验证。短信验证码的优点是验证码随机生成、独立信道发送，且免去了记忆口令的麻烦，兼具安全性和便利性，因此成为网络应用中常见的身份鉴别技术之一。但是短信验证码的安全强度并不高，不仅存在窃听盗刷威胁；而且用户提供的手机号码也可能是第三方生成的虚拟号码，无法用于鉴别用户身份。

4.1.2 基于网络实体特征信息的身份鉴别

网络实体特征信息可分为静态生物特征与动态行为特征两大类。

1. 基于静态生物特征的身份鉴别技术

静态生物特征主要包括人脸、指纹、虹膜等。接下来以人脸为例进行介绍和分析。

人脸识别[1]属于计算机视觉领域，由于引入了深度学习技术，特别是卷积神经网络（convolutional neural network，CNN），人脸识别的精度和性能得到大幅提升；其符合人的视觉识别经验，容易被使用者接受且不需要额外设备，因此成为当前应用广泛的生物特征识别技术。

在身份鉴别场景中，人脸识别的目标是识别现场采集的人脸图像与人脸特征库中身份标识所对应的人脸图像（一般以特征值形式表示和存储）是否为同一个人。人脸识别过程可以分为图像采集、图像预处理、特征提取、特征比对等环节，如图 4-2 所示。

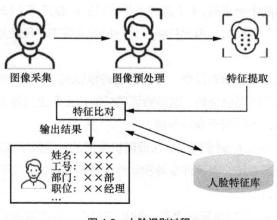

图 4-2 人脸识别过程

（1）图像采集

图像采集是进行人脸特征识别比对的基础，采集的人脸图像的质量直接决定着特征值提取的准确性，最终影响特征值比对的正确率。

常见的采集环节的影响因素有以下两个方面。

① 光照、背景问题：大多情况下，光照、背景的影响不大，但在一些极端环境中，如室外严重偏光或背光条件下，采集的人脸图像的质量偏低，会对识别精度造成很大影响。

② 遮挡问题：被遮挡部位的人脸图像信息无法采集到，导致后续难以提取特征值进行比对。针对这个问题的研究有很多，但大多鲁棒性、普适性不强。

（2）图像预处理

图像预处理主要包括人脸对齐、图像增强以及归一化等。人脸对齐是为了得到人脸位置端正的人脸图像；图像增强是为了改善人脸图像的质量，使之便于后续处理与识别；归一化的目标是取得尺寸一致、灰度取值范围相同的标准化人脸图像。

预处理是人脸识别过程中的一个重要环节，此过程常常与采集环节结合在一起，当预处理环节发现问题时，如光照、背景、遮挡等，返回到采集环节重新处理。

（3）特征提取

特征提取是将人脸图像转化为具有代表性的特征向量，用于后续的人脸匹配等工作。一个好的特征向量表示方法应该是同一个主体的所有人脸图片都能映射到相类似的向量上，不同主体之间的特征向量具有一定的距离。卷积神经网络主要就是用在此处进行样本训练。

（4）特征比对

提取特征向量后，对所提取的特征向量与人脸特征库中身份标识所对应的特征向量计算相似度，输出是否为同一人的结果。

常见的特征比对环节影响因素为老化问题，随着年龄等因素变化，人脸特征会变化，因而识别困难，这给人脸特征库的更新数量和频率带来了很大挑战。有一些学者正在研究兼容人脸老化样本的识别方法，以找出人脸老化的特征规律，解决同一个人不同年龄段的人脸识别问题。

类似地，指纹、虹膜等也可按照图像采集、图像预处理、特征提取、特征比对的过程进行处理，实现主体身份鉴别。

2. 基于动态行为特征的身份鉴别技术

动态行为特征广义上也是生物特征，但区别于人脸、指纹、虹膜等静态生物特征，行为特征是动态的，如声纹识别、步态识别等。

（1）声纹识别

声纹识别[2]是一种根据语音信号中的说话人个性信息来识别说话人身份的生物特征识别技术。声纹识别不同于语音识别，语音识别通常关注的是说话的人说了什么，而不关注说话人的声道变化、说话习惯以及说话人是谁；声纹识别关注的是说话人是谁，更注重说话人的声道变化和说话习惯等个性特征。

声纹识别的基本流程如图 4-3 所示，前期利用说话人语音样本训练，为每一个说话人提取一个能够描述此说话人的特征，形成声纹模型；声纹识别时，说话人语音信号经检测和噪声抑制，提取特征参数，与前期存储的特征进行比对，根据相似度得分判别说话人身份。

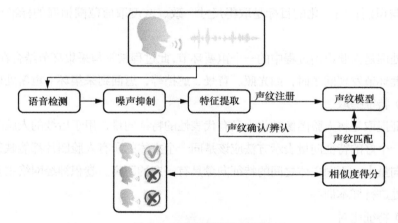

图 4-3 声纹识别的基本流程

类似于人脸识别，声纹识别能使用移动终端方便快捷地获取说话人的语音，方便性上优于指纹、虹膜等；并且，声纹识别交互自然、侵犯感低，易于被用户接受。

（2）步态识别

步态识别[3]是近年来生物特征识别领域的研究热点，步态信息可以通过传感方式来捕获，如附着在人体上的可穿戴传感器；非穿戴式步态识别系统主要使用视觉，通常称之为基于视觉的步态识别。

传感方式的步态识别需要用户主动配合，适用于室内环境下的远程健康监控等场景；而基于视觉的步态识别通过摄像头捕捉步态数据，不需要受试者的合作，可以从远距离采集，适用于开放环境下的视频监控等场景。

（3）基于网络实体特征信息的身份鉴别安全风险分析

人脸识别利用人脸识别算法存在的漏洞进行伪造等攻击。这类攻击可以通过三维人脸识别[4]解决，即通过安全的双目摄像头立体成像，识别视野内空间每个点位的三维坐标信息，活体判断的准确性更高，且对人脸的采集点有数量级提升，特征提取更全面。

事实上，人脸、指纹等静态生物特征一旦泄露，很容易被复制和模仿；即使动态行为特征也面临着严重安全威胁，如声纹识别可以通过多种方式用伪造的声音攻击声纹技术，如语音合成、音色转换、声音模仿、录音重放等。

人工智能技术不仅大幅提升了生物特征识别的精度和性能，而且提升了生物特征伪造能力。其中最热点的人工智能伪造技术为深度伪造，即基于深度学习等智能化方法创建或合成图像、音视频等内容。较常见的深度伪造方式是人脸伪造，此外还包括语音模拟、视频生成、伪造指纹等。深度伪造的结果高度逼真，观察者最终无法通过肉眼进行甄别。在深度伪造中，使用最广泛的深度学习技术主要是生成对抗网络（generative adversarial network，GAN）[5]，即采用互相博弈的方法来训练样本。

人脸、指纹、虹膜、声纹等生物特征信息具有高敏感性，尤其是静态生物特征具有不可变更性，一旦被过度分析和滥用，将会对个人隐私等权利构成侵害。因此，生物特征识别技术应当分场景、分级地安全规范使用。

4.1.3　基于网络实体安全能力的身份鉴别

智能卡、智能密码钥匙、安全模块（SE）、可信执行环境（TEE）等个人网络电子身份标识载体，是网络实体安全能力的主要载体形式。这些安全载体均内置密码芯片用于实现安全能力，是可以独立进行密钥管理、安全计算的可信单元，内部安全存储模块可存储密钥和特征数据。密码芯片结构如图4-4所示，由硬件部分和软件部分组成。

① 硬件部分包括主控 CPU、加密协处理器、总线、存储器、随机数发生器、时钟、输入/输出接口电路等。

② 软件部分包括硬件驱动层、芯片操作系统层以及应用层。其中，芯片操作系统层包括文件管理、身份认证、访问控制、密钥管理、算法加/解密、数字签名模块；应用层由多应用软件平台以及其上的金融应用、eID 应用、电子印章应用组成。

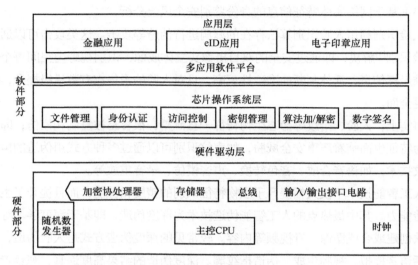

图 4-4　密码芯片结构

密码芯片应具备全方位的安全防护能力，包括防篡改、具有唯一序列号、防差分功耗分析（differential power analysis，DPA）攻击、自毁功能、总线加密、具有屏蔽防护层等。其安全等级应达到国际评估保证等级（evaluation assurance level，EAL）的 EAL4+以上或国家商用密码产品认证二级以上。

接下来对上述的几种常见身份鉴别技术从便捷性、部署难度（含成本）、安全性等方面进行对比分析，如表 4-1 所示。

表 4-1　常见的身份鉴别技术

鉴别技术	便捷性	部署难度	安全性	主要使用场景
口令	高	低	低	所有
动态口令牌	中	高	高	金融、电子商务等
短信验证码	高	中	中	所有
人脸	高	低	中	电子商务、电子政务、安防等
智能密码钥匙	低	高	高	金融、电子政务等
SE/TEE	高	中	高	金融、电子商务、电子政务等

|4.2　多因子身份鉴别 |

各类身份鉴别技术都有优缺点，面临各种安全威胁，为提升身份鉴别的准确性、安全性和可靠性，往往需要融合多类身份鉴别技术以适应不同应用场景的多样化安全需求。因此，多因子身份鉴别应运而生。

4.2.1　多因子身份鉴别概念与场景分析

多因子身份鉴别的目的是建立一个多层次的身份安全防御机制，结合多个相对独立的身份鉴别技术机制（基于网络实体所掌握信息、基于网络实体特征信息、基于网络实体安全能力），只有这些身份鉴别全部通过，系统才确认使用者身份的合法性。

一方面，多因子身份鉴别虽然增加了身份认证步骤，但利用多重身份鉴别，可以弥补单一身份鉴别所引发的身份认证风险，最大限度保证了使用者的身份信息安全和网络信息安全；另一方面，增加了身份鉴别因子，往往带来复杂性及成本的上升，影响其应用推广。

常见的多因子身份鉴别主要是双因子身份鉴别，即两种不同身份鉴别技术机制的组合，如口令和动态验证码组合鉴别、口令和人脸识别组合鉴别，人脸识别和密码芯片数字签名组合鉴别等。

多因子身份鉴别的主要应用场景包括：用户注册、修改密码等账户管理环节；金融交易、合同签订等敏感业务环节；账户风险防控环节（如异地登录、疑似被盗号）等安全要求较高及风险上升的应用场景。

多因子身份鉴别应用场景如图 4-5 所示。账户管理环节、敏感业务环节或账户风险防控环节，需要对用户身份进行多因子身份鉴别，则首先进行人脸识别，再使用密码芯片数字签名，以确认是用户本人操作。

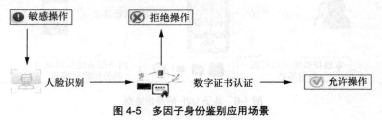

图 4-5　多因子身份鉴别应用场景

最为典型的多因子身份鉴别方案是线上快速身份验证（fast identity online，FIDO）。

4.2.2 FIDO

（1）FIDO 联盟

2012 年，Google、微软等发起成立 FIDO 联盟[6]，致力于提供安全强度更高、使用更方便且更易于部署的身份鉴别方案，解决传统口令在认证中存在的问题。FIDO 联盟已成为全球性的行业协会，拥有超过 260 个企业成员，包括设备制造商、操作系统厂商、银行、支付卡组织、安全和生物识别厂商等。

（2）FIDO 规范

FIDO 联盟发布的 FIDO 规范中包含两个子规范：通用认证框架（universal authentication framework，UAF）和通用第二因素（universal 2nd factor，U2F）。

UAF 要求用户使用手机等智能移动终端或便捷式计算机、台式机等设备，选择合适的认证方式，包括人脸、指纹、虹膜、声纹等生物特征识别或输入一个 PIN 码，并将该设备注册到网络服务；注册成功之后，当网络服务需要对用户进行身份认证时，用户只需要简单重复注册时的本地认证动作就可以进行身份认证，不必再输入口令，从而代替"用户名/口令"的方式，提供"无口令"的用户体验。UAF 也可以支持多种认证方式组合（如指纹+PIN）。

U2F 要求用户使用浏览器支持的认证器组件，包括移动终端的 SE/TEE、USB 接口的智能密码钥匙、NFC 或蓝牙接口的指纹识别器等形态；基于认证器组件（作为身份鉴别可信锚点），在使用"用户名/口令"方式网络服务的基础上叠加第二因素身份认证。基于 U2F 的身份鉴别如图 4-6 所示。

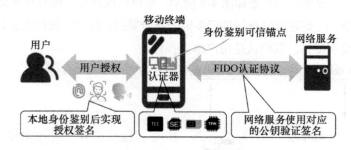

图 4-6　基于 U2F 的身份鉴别

① 当用户登录网络服务进行注册时，用户的认证器组件产生一对非对称密钥对，私钥在认证器组件中保留，无法读取；公钥传给网络服务，网络服务将此公钥与用户对应的账户相关联。

② 当用户登录网络服务验证信息时，用户使用认证器组件中的私钥对网络服务的挑战数据进行签名，网络服务使用对应的公钥进行验证。用户的认证器组件中的私钥，必须经过用户授权（如按键、指纹、声纹等），才能被用来进行签名操作。

2018 年，FIDO 2.0 正式发布。FIDO2 规范由万维网联盟（W3C）的 Web 身份验证规范（WebAuthn）和 FIDO 联盟的客户端到身份验证器协议（CTAP）组成。其中，WebAuthn 由 W3C 和 FIDO 联盟共同完成标准制定，3 款主流浏览器 Chrome、Edge、Firefox 已提供原生支持，通过 WebAuthn 接口调用 FIDO 服务，完成 Web 应用的强身份认证。由于 W3C 标准的通用性，不只是浏览器，使用 HTML5 语言开发的手机 App 等各类 Web 应用都可以使用该接口。

CTAP 支持通过使用独立的 USB/NFC/蓝牙设备、手机或计算机内置的认证器组件，完成各类操作系统上的身份认证。

FIDO 具有 4 个方面的优势，具体介绍如下。

① 通用性：除由 W3C 和 FIDO 联盟共同完成标准制定 WebAuthn 外，FIDO 已成为国际电信联盟（ITU）标准，UAF 已作为 X.1277 发布；CTAP/U2F 已作为 X.1278 发布。FIDO 作为国际工业标准，涵盖了包括移动端和桌面端在内的所有终端设备；支持安卓和 Windows 10 在内的主流操作系统，以及 Chrome、Edge 和 Firefox 等主流浏览器。

② 安全性：FIDO 模型有效地降低了安全风险。不同于"用户名/口令"鉴别方式将用户秘密（口令）都存储在服务器端，FIDO 将用户秘密存储在用户本地设备端，由设备中的认证器组件完成对用户身份的鉴别，避免了服务器被攻破时用户账户及生物特征泄露所造成的损失，而且用户生物模板存储在本地设备的安全区域，没有 PIN 码或指纹认证便无法解锁和访问，保证了用户秘密的安全，即便设备丢失也无须担心秘密泄露。

③ 扩展性：FIDO 采用两步走认证方式，先由终端设备认证用户，再由后端服务认证终端设备，使得认证手段和认证协议相分离，具有良好的可扩展性，如设备中的认证器组件可以由移动终端的 SE/TEE 更换为 NFC 或蓝牙接口的生物特征（指纹、虹膜、人脸等）认证器，在用户设备端即插即用新的身份鉴别手段，而网络服

务端无须进行大的改动，从而提高身份鉴别系统的可扩展性，降低部署成本。

④ 可用性：FIDO 认证过程具有良好的用户体验，用户操作时仅需进行生物特征识别，无须记忆口令，如果使用移动终端内置认证器组件就无须携带辅助设备，操作方便快捷。

|4.3　链路层身份鉴别协议 |

网络实体身份管理的参与方（网络实体、身份依赖方、身份服务提供方）之间，需要使用规范的身份鉴别协议进行身份鉴别。按身份鉴别协议运行层次划分，身份鉴别协议可分为链路层、网络层、传输层与应用层。本节主要介绍链路层身份鉴别协议。

点到点协议（point-to-point protocol，PPP）是使用最广泛的数据链路层协议之一，在宽带接入出现前，用户计算机主要通过 PPP 方式接入互联网。PPP 中使用的身份鉴别协议，包括口令验证协议（password authentication protocol，PAP）、挑战握手身份认证协议（challenge handshake authentication protocol，CHAP）、可扩展认证协议（extensible authentication portocol，EAP）[7]等，其中，PAP 以明文形式传输用户名和密码，很少使用。以下主要介绍 CHAP 和 EAP。

4.3.1　挑战握手身份认证协议

CHAP 通过 3 次握手验证被认证端的身份，先由服务器端给客户端发送一个随机码 challenge，客户端根据 challenge，对自己掌握的口令 password1、challenge、会话 ID 进行单向杂凑，即 md5（password1, challenge, ppp_id），然后将这个结果发送给服务器端；服务器端从数据库中取出库存口令 password2，进行同样的算法，即 md5（password2, challenge, ppp_id）；最后，比较加密的结果是否相同，如相同，则认证通过。

在微软 Windows 系统中，有 MS-CHAP 和 MS-CHAPv2 等变体版本，其中 MS-CHAPv2 提供了双向身份验证和更强大的初始数据密钥（16 字节随机数、DES 加密）。

安全性方面，CHAP 不在链路上发送明文，而是发送经过 MD5 处理的随机数序列；为了提高安全性，在链路建立之后周期性进行验证。

4.3.2　可扩展认证协议

（1）EAP 框架

EAP 支持多种身份鉴别方法，广泛应用于有线和无线局域网中。EAP 最初被设计用于 PPP，在 RFC 2284 中定义；后来被 RFC 3748 更新，用于基于端口的 802.1X 访问控制；之后又被 RFC 5247 更新，后来更新为 2020 年 10 月发布的 RFC 8940。EAP 框架组成如图 4-7 所示。

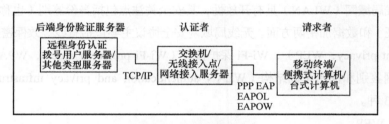

图 4-7　EAP 框架组成

请求者指终端设备，可以是台式计算机、便携式计算机或移动终端，向接入设备申请对网络的访问权。

认证者指接入认证设备，可以是交换机、无线接入点（access point，AP）或网络接入服务器（net access server，NAS），负责对终端设备实施网络访问控制。

后端身份验证服务器是终端设备网络访问授权与否的决策者，实施后端身份验证，并将访问决策发送给接入认证设备执行；该服务器通常是远程身份认证拨号用户服务（remote authentication dial-in user service，RADIUS）器，也可以是其他类型服务器。

（2）EAP

EAP 的身份验证框架中定义了一组可选的身份鉴别协议，包括 EAP-MD5、EAP-LEAP、EAP-PEAP、EAP-TTLS、EAP-TLS、EAP-FAST 等；其中，EAP-MD5、EAP-LEAP 由于请求方的用户名总是明文可见、采用弱 MD5 哈希，认证和加密功能偏弱，因此很少采用。

EAP-PEAP 是使用较广泛的 EAP 类型，创建了一个 TLS 加密隧道进行身份认证，与 EAP-MD5/EAP-LEAP 只使用一个请求方身份不同，EAP-PEAP 使用两个请求方身份：外层身份和内层身份。外层身份只是一个有效的虚假用户名，以明文出现在加密 TLS 隧道外；而内层身份是请求方的真实身份，被 TLS 隧道所保护。

EAP-TTLS、EAP-TLS、EAP-FAST 类似于 EAP-PEAP，均采用基于 TLS 的身份认证或 TLS 隧道化身份认证，并且可以将服务器端数字证书和客户端数字证书作为身份凭证。

4.3.3　无线局域网安全协议

无线局域网（WLAN）具有开放性，其安全关注点包括身份鉴别（也称鉴权、身份验证）和数据加密两方面。无线局域网安全协议主要包括有线等效保密（wired equivalent privacy，WEP）、Wi-Fi 保护接入（Wi-Fi protected access，WPA）和无线局域网鉴别和保密基础结构（WLAN authentication and privacy infrastructure，WAPI）3 种。

（1）WEP

WEP 是 802.11b 标准里定义的一个用于无线局域网的安全性协议，用以实现无线局域网的接入控制和数据加密，防止非法用户窃听或侵入无线网络。WEP 存在明显的安全缺陷。

① WEP 采用共享密钥认证，这种认证的前提是假定每个站点通过一个独立于无线局域网的安全信道，已经接收到一个共享密钥；但是 WEP 的密钥管理机制不够健全，使用缺省密钥方式，当被广泛分配时存在泄露风险。

② 由于管理消息在网络里的广播是不受任何阻碍的，因此，攻击者可以很容易嗅探到网络名称、获得共享密钥。

③ WEP 采用 RC4 密码算法，RC4 属于同步流密码，其弱点是若攻击者截获两个使用相同密钥流加密的密文，可得到相应明文的异或结果，就可能利用统计分析解密明文。

由于 WEP 的安全缺陷，其现在已被淘汰。

（2）WPA

目前有 WPA、WPA2、WPA3 共 3 个标准。

① WPA 标准采用时限密钥完整性协议（TKIP），增强了密钥强度和消息完整性检查能力，能够确定接入点和终端设备之间传输的数据包是否被攻击者篡改。

② WPA2 已成为 IEEE 802.11i[8]的一部分，大多数企业和许多新的住宅 Wi-Fi 产品支持 WPA2。截止到 2006 年 3 月，WPA2 已经成为一种强制性的标准。WPA2 使用密码块链接消息认证码协议（cipher block chaining message authentication code protocol，CCMP），通过 4 步握手实现身份鉴别和密钥创建；WPA2 的加密基于高级加密标准（advanced encryption standard，AES），AES 算法是主流的块加密算法，用来进行认证和数据加密。AES 支持长度为 128 bit、196 bit、256 bit 的密钥与数据块，为了简明，802.11i 规定 AES 使用 128 bit 的密钥以及 128 bit 的数据块。WPA2 支持个人模式和企业模式。

个人模式针对家庭和小型办公网络，不需要专门的认证服务器，其也被称为预共享密钥（WPA-PSK）。在个人模式，预共享密钥与 SSID 组合来创建成对的主密钥（PMK）。终端设备和无线 AP 使用 PMK 来交换消息以创建成对的临时密钥（PTK）。

企业模式也被称为 WPA-802.1X，专门用于企业网络，支持 EAP，需要 RADIUS 认证服务器。以 WPA2 接入时可以选择一种 EAP 认证方式，终端设备和无线 AP 都接收服务器消息，并用于创建 PMK。之后它们交换消息以创建 PTK，PTK 被用于加密和解密消息，使得不同用户能使用不同的用户名和口令接入无线 AP。

由于 WPA2 采用的身份鉴别协议和 WPA 相同，仍存在安全架构和安全协议设计漏洞，以著名的密钥重装攻击（key reinstallation attack，KRACK）漏洞为例，其主要发生在 WPA2 身份鉴别和密钥创建阶段的 4 步握手过程中，通过消息报文模拟诱使安全协议交互的一方重发密钥交互协议中的一条消息，另一方收到重发的这条消息后再次安装已安装过的密钥，安装时将初始向量（IV）等信息重置后使用，从而导致同一个密钥使用了相同的 IV 再次加密数据，最终造成数据被重放、解密甚至伪造等后果。

③ WPA3 已于 2018 年 1 月发布，它是将 WPA2 预共享密钥替换为 SAE（simultaneous authentication of equals）的对等认证协议，以避免像 KRACK 那样的密钥重新安装攻击，但应用尚少。

（3）WAPI

WAPI 是我国提出的无线局域网国际标准，并在无线局域网国家标准 GB15629.11[9]中进行了规范。

WAPI 安全机制由无线局域网鉴别基础架构（WLAN authentication infrastructure，WAI）和无线局域网保密基础架构（WLAN privacy infrastructure，WPI）两部

分组成。WAI 采用基于椭圆曲线的公钥证书体制；在对传输数据的保密方面，WPI 采用国家商用对称密码算法 SM4 进行加解密。

WAPI 身份鉴别系统结构如图 4-8 所示，无线客户端（STA）和接入点（AP）通过鉴别服务单元（ASU）进行双向身份鉴别。

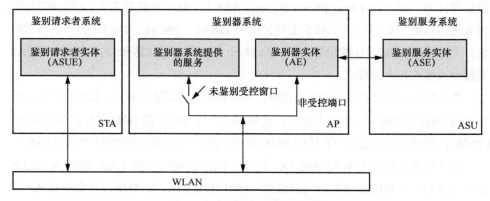

图 4-8　WAPI 身份鉴别系统结构

其中，鉴别请求者实体（ASUE）：驻留在 STA 中，需通过鉴别服务单元进行鉴别。鉴别器实体（AE）：驻留在 AP 中，在接入服务前，提供鉴别操作。鉴别服务实体（ASE）：驻留在 ASU 中，为鉴别器和鉴别请求者提供鉴别服务。

当 STA 关联至 AP 时，必须相互进行身份鉴别。先由 STA 将自己的数字证书和当前时间提交给 AP，然后 AP 将 STA 的数字证书、提交时间和自己的数字证书一起用自己的私钥形成签名，并将这个签名连同形成签名的 3 部分一起发给 ASU。

所有的证书管理和鉴别都由 ASU 来完成，当 ASU 收到 AP 提交的鉴别请求后，会先验证 AP 的签名和证书。当鉴别成功之后，进一步验证 STA 的证书。之后，ASU 将 STA 的鉴别结果信息和 AP 的鉴别结果信息用自己的私钥进行签名，并将这个签名连同上述两个结果发回给 AP。

AP 对收到的结果进行签名验证，并根据对 STA 的鉴别结果来决定是否允许该 STA 接入。同时 AP 需要将 ASU 的鉴别结果转发给 STA，STA 也要对 ASU 的签名进行验证，并得到 AP 的鉴别结果，根据这一结果来决定是否接入 AP。

| 4.4　网络层与传输层身份鉴别协议 |

4.4.1　网络层身份鉴别协议

典型的网络层身份鉴别协议主要有 RADIUS 和 IPSec 中的 IKE，以下分别进行介绍。

1. RADIUS

RADIUS 是一种分布式的、C/S 架构的信息交互协议[10]，也是应用最广泛的 AAA（authentication, authorization, accounting）协议①。RADIUS 协议在 1997 年作为 RFC 标准发布，其中 RFC2865 包括 RADIUS 协议的鉴别和授权部分，RFC2866 涵盖了 RADIUS 的审计部分，其他一些 RFC 文档包括与 RADIUS 相关方面的增强。

RADIUS 最初仅是针对拨号用户的 AAA 协议，后来随着用户接入方式的多样化发展，RADIUS 被用于普通电话上网、ADSL 上网、小区宽带上网、IP 电话、基于拨号用户的虚拟专用拨号网（virtual private dial-up networks，VPDN）业务、移动电话预付费等业务。RADIUS 通过认证、授权来提供接入服务，通过审计来收集、记录用户对网络资源的使用。IEEE 的 802.1x 标准，在接入认证时也采用了 RADIUS 协议。

RADIUS 采用 C/S 架构，任何运行 RADIUS 客户端软件的计算机都可以成为 RADIUS 的客户端，如运行 RADIUS 客户端软件的路由器或网络接入服务器（network access server，NAS）。RADIUS 通过建立一个唯一的用户数据库存储所有用户名、口令来进行身份鉴别，存储传递给用户的服务类型以及相应的配置信息来完成授权。例如，在 EAP 框架中，NAS（RADIUS 客户端）负责对终端设备实施网络访问控制，决定对用户采用哪种验证方法；RADIUS 服务器作为后端身份验证服务器，是终端设备网络访问授权与否的决策者，实施后端身份验证，并将访问决策发送给 NAS 执行。

RADIUS 鉴别、授权和审计交互流程如图 4-9 所示，主要包括以下步骤。

---

① AAA 是网络访问控制的一种安全管理框架，它决定哪些用户能够访问网络，即鉴别（authentication）；用户能够访问哪些资源或者得到哪些服务，即授权（authorization）；记录用户使用网络服务过程中的相关操作，即审计（accounting，也称计费）。

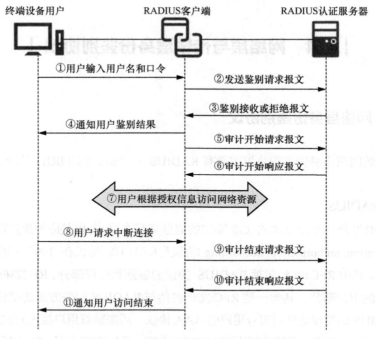

图 4-9 RADIUS 鉴别、授权和审计交互流程

① 终端设备用户提交用户名和口令。

② RADIUS 客户端根据获取的用户名和口令，向 RADIUS 认证服务器发送鉴别请求报文。

③ RADIUS 认证服务器将该用户信息与用户数据库信息进行比对,如果鉴别成功，则将包含用户的授权信息的鉴别响应报文发送给 RADIUS 客户端；如果鉴别失败，则返回拒绝接入响应报文。

④ RADIUS 客户端根据接收到的鉴别结果接入或拒绝用户。

⑤ 如果可以接入用户，则 RADIUS 客户端向 RADIUS 认证服务器发送审计开始请求报文。

⑥ RADIUS 认证服务器返回审计开始响应报文。

⑦ 用户可以根据授权信息访问网络资源。

⑧ 用户请求中断连接。

⑨ RADIUS 客户端向 RADIUS 认证服务器发送审计停止请求报文。

⑩ RADIUS 认证服务器返回审计结束响应报文。

⑪ RADIUS 客户端通知用户访问结束。

2．IPSec

（1）IPSec 协议族

互联网络层安全协议（internet protocol security，IPSec）[11]工作于网络层之上，IPSec 协议族是通过对 IP 报文进行加密和认证来保护网络端到端传输安全的一系列相互关联协议的集合，支持网络级对等认证、数据源认证、数据完整性、数据加解密和重放保护。

IPSec 协议族由因特网工程任务组（Internet Engineering Task Force，IETF）制定，主要由以下协议组成。

① Internet 协议的安全架构（IPsec 概述），原为 RFC 2401，现为 RFC 4301。

② IP 报文认证头（authentication header，AH），保证 IP 数据报文的无连接数据完整性，提供数据源验证和防止重放攻击的保护；原为 RFC 2402，现为 RFC 4302。

③ IP 报文封装安全载荷（encapsulate security payload，ESP），除了保证 AH 协议的无连接数据完整性，提供数据源验证、抗重放服务功能外，还可以对 IP 报文内容进行加密保护；原为 RFC 2403，现为 RFC 4303。

④ 互联网密钥交换协议版本 2（internet key exchange protocol version 2，IKEv2）：原为 RFC 4306，现为 RFC 7296。

此外，IPSec 协议族还包括数十个标准，这些标准规范 IPSec 的实现。以上主要协议的关系框架如图 4-10 所示，其中，传输控制协议（transmission control protocol，TCP）和用户数据报协议（user datagram protocol，UDP）是 TCP/IP 的核心，Router 代表路由器。

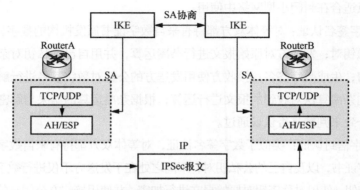

图 4-10　IPSec 主要协议的关系框架

（2）IPSec 关联

IPSec 在两个端点之间提供安全通信，端点被称为 IPSec 对等体。IPSec 对等体可以是一对主机（主机到主机）、一对安全网关（网络到网络）或安全网关和主机（网络接入）。

IPSec 实现数据安全传输的前提是在 IPSec 对等体之间成功建立安全关联（security association，SA）。SA 是对等体间对安全通信要素的约定，主要包括：对等体之间使用的安全协议，对等体间传输数据的封装模式，采用的加密算法、验证算法、使用的密钥以及 SA 的生存周期等。SA 由一个三元组标识，这个三元组包括安全参数索引（security parameter index，SPI）、目的 IP 地址、安全协议名（AH 或 ESP）。SA 是单向的，在两个对等体之间进行安全通信，至少需要两个 SA 来分别对两个方向的数据流进行安全保护。SA 一般通过 IKE 动态协商方式建立。

（3）互联网密钥交换协议 IKE

IKE 可以在不安全的网络上安全地鉴别身份、分发密钥以及建立 IPSec SA，主要采用版本为 IKEv2。以下对 IKE 的身份鉴别机制进行简要说明。

当使用 IKE 在对等体间进行信息交换时，首先要识别对方的可靠性，也就是身份鉴别问题。IKE 身份鉴别机制主要包括：预共享密钥认证、数字签名认证和数字信封认证。

① 预共享密钥认证：由系统管理员预先为网络实体配置共享的密钥，通信时对等体双方采用共享的密钥对报文进行杂凑运算，根据运算的结果与收到的杂凑值是否一致来判断所接收的数据是否被篡改，消息来源是否可靠。大多数 IPSec 应用采用配置比较简单的预共享密钥认证方法，该方法安全性较低，且配置预共享密钥工作量大，只适合在封闭小型网络中使用。

② 数字签名认证：对等体双方都持有来自数字证书颁发机构的数字证书，以及自己的公私钥对；发送方对原始报文进行杂凑运算，并用自己的私钥对杂凑计算结果进行加密，生成数字签名；接收方使用发送方的公钥对数字签名进行解密，然后采用相同的杂凑算法对收到的报文进行运算，根据杂凑运算的结果与解密得到的杂凑值是否一致来判断是否认证通过。

③ 数字信封认证：类似于数字签名认证，对等体双方都持有来自数字证书颁发机构的数字证书，以及自己的公私钥对；不同之处在于发送方不仅进行数字签名，还生成对称密钥，使用对称密钥对原始报文进行加密，并使用接收方公钥对的对称密钥

进行加密；接收方收到包含发送方数字签名的加密报文，不仅对数字签名进行验证，还使用自己的私钥解密出对称密钥，再用对称密钥对加密报文进行解密，得到原始报文。

4.4.2　传输层身份鉴别协议

安全套接字层（secure socket layer，SSL）握手协议是典型的传输层身份鉴别协议。接下来对 SSL 进行简要说明。

（1）SSL 简介

SSL 由网景通信公司提出，工作于传输层之上，提供数据加解密、信息完整性和身份鉴别等安全防护机制，以保障客户端与服务器之间的安全通信。

1995 年，SSL 3.0 发布；之后，互联网工程任务组在 SSL 3.0 的基础上设计了传输层安全协议（transport layer security，TLS），TLS 基本与 SSL 协议兼容，并且在安全性等方面进行了完善，正式版本为 TLS 1.3[12]。TLS 可以被看作 SSL 的后续版本，因此常记为 SSL/TLS 或统称为 SSL。

由于网景通信公司研发 SSL 的初衷是解决 HTTP 在传输数据时缺乏安全保护的隐患，因此 SSL 主要作用于 HTTP 之上，即 HTTP+SSL/TLS，简称 HTTPS，HTTPS 广泛地用于 Web 浏览器与服务器之间的身份鉴别、数据加密传输和完整性保护。

SSL 协议可分为两层：SSL 记录协议（SSL record protocol），它建立在可靠的传输协议（如 TCP）之上，为高层协议提供数据封装、压缩、加密等基本功能的支持；SSL 握手协议（SSL handshake protocol），它建立在 SSL 记录协议之上，用于在实际的数据传输开始前，通信双方进行身份认证、协商加密算法、交换加密密钥等。

（2）SSL 协议

SSL 协议中包含 3 个子协议。

① 握手协议（handshake protocol）：客户端和服务器端用 SSL 连接通信时使用的第一个子协议，用于在实际的数据传输开始前，客户端与服务器端之间建立安全连接的一系列消息交互流程，包括相互鉴别身份、协商加密算法、交换加密密钥等，相互鉴别身份指客户端使用服务器端数字证书鉴别服务器端，服务器端也可基于客户端证书鉴别对方。

② 记录协议（record protocol）：在客户端和服务器端握手成功后，进入 SSL 记录协议，记录协议向高层协议（HTTP）提供数据封装、压缩、加密等基本功能的

支持，具体包括两个服务，即使用握手协议定义的会话密钥保护在 SSL 记录中发送数据的保密性以及使用握手协议定义的消息鉴别码 HMAC 保证数据的完整性。

③ 警报协议（alert protocol）：客户端和服务器端发现错误时，向对方发送一个警报消息，如果是致命错误，则立即关闭 SSL 连接，双方还会先删除相关的会话号及会话密钥。

（3）SSL 握手协议交互流程

SSL 握手协议的交互流程如图 4-11 所示，可分为 4 个阶段。

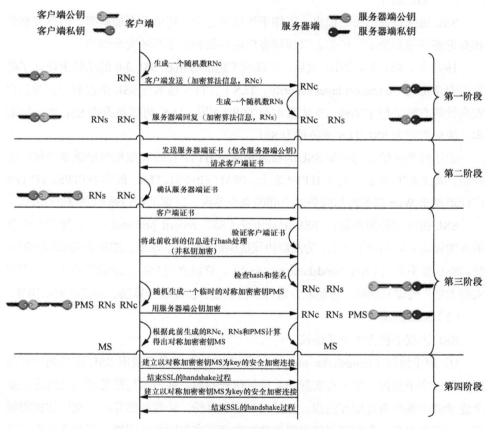

图 4-11　SSL 握手协议的交互流程

第一阶段：客户端生成第一个随机数，将随机数与支持的协议版本及密码算法等信息发送给服务器端；服务器端生成第二个随机数，并返回该随机数、协议版本及密码算法等信息的确认结果。

第二阶段：服务器端将自己的证书发给客户端，并且请求客户端证书（可选）；客户端收到服务器端证书后，验证证书的真实性和有效性，包括签发 CA、证书有效期、证书主题项、证书内容、是否吊销等方面。

第三阶段：如服务器端证书通过验证，客户端会将自己的证书发给服务器端，服务器端收到客户端证书后，验证证书的真实性和有效性；发送证书后，客户端对前面所有信息进行杂凑计算，并用自己的私钥签名发给客户端；服务器端验证杂凑值和签名；客户端生成第三个随机数，使用服务器端证书中的公钥加密并将其发送给服务器端；客户端和服务器端分别使用 3 个随机数生成会话密钥。

第四阶段：双方建立安全连接，握手流程结束，此后通信均使用会话密钥加密保护。

4.4.3　下一代网络身份鉴别

（1）NGN

下一代网络（next-generation network，NGN）是指解决现在互联网的管理、安全等方面相关问题的新一代互联网。根据文献[13]，新一代互联网应该在开放、简单和共享为宗旨的技术优势的基础上，建立完备的安全保障体系，从网络体系结构上保证网络信息的真实性和可追溯性，进而提供安全可信的网络服务。

NGN 的一个主要特征是采用 IPv6 技术，IPv6 已经成为 NGN 层的事实标准，IPv6可以解决 IPv4 地址空间不足的问题，并有助于解决安全可扩展和性能可扩展问题。并且，IPv6 把 IPSec 作为必备协议，保证了网络层端到端通信的完整性和机密性。

（2）源地址验证

NGN 体系结构[14]的一个基本要素是真实地址访问，现有互联网中的路由设备基于目的地址转发分组，使网络中间节点对传输数据包的来源不做验证、不做审计，导致地址假冒、垃圾信息泛滥，大量的入侵和攻击行为无法跟踪。在新一代互联网中必须解决用户源地址验证的问题，即每个网络终端都使用真实的 IP 地址访问网络，网络基础设施能够识别伪造 IP 源地址的分组，禁止不真实 IP 地址分组在网络上传输。

源地址验证的整体设计方案划分为 3 个层次的研究内容。

①　自治系统（AS）间的真实 IP 地址访问机制。这一层次关注自治系统粒度的地址空间的真实性验证。

②　单连接末端自治系统（single-homed stub AS）和多连接非穿越自治系统（multi-homed nontransit AS）内的真实 IP 地址访问机制。多连接穿越自治系统（transit

AS）内部，是 ISP 内部的网络，它是可以信任的区域，其内部真实 IP 地址访问的验证，会影响转发效率，因此是没有必要的。

③ 子网内的真实 IP 地址访问机制。这一层次主要关注于 IPv6 地址中后 64 位网络接口地址的验证。

（3）NGN 身份标识

IPv6 地址与用户身份标识间关系，可采用在 IPv6 地址中通过算法嵌入可扩展的用户网络身份标识信息方式，也可采用结合现有链路层用户身份认证机制方式，构建 IPv6 地址生成、用户管理和溯源的一体化 IPv6 地址管理和溯源系统。文献[15]根据用户身份认证与地址分配之间的时序逻辑，提出了一种基于 IEEE 802.1x 的嵌入用户身份标识的 IPv6 地址生成方案，通过在链路层基于 EAP 进行用户身份认证，随后进行 IPv6 地址分配，解耦了身份认证与地址分配过程，避免了相关客户端及服务器端的定制开发工作，更加具备可部署性。

欧洲电信标准组织（European Telecommunications Standards Institute，ETSI）的电信和互联网融合业务及高级网络协议（TISPAN）对 NGN 中的标识符进行了分类与定义，ETSI TS 184 002[16]将 NGN 中的标识符划分为用户 ID、网络接入 ID、网络节点 ID、业务 ID、NGN 运营商 ID 等，并以 E.164 号码、IP 地址、域名为例，提出如何管理这些 ID 的方案建议。

| 4.5 应用层身份鉴别协议 |

典型的应用层身份鉴别协议有简单验证和安全层[17]（simple authentication and security layer，SASL）、安全外壳（secure shell，SSH）协议和 Kerberos 协议，以下分别进行介绍。

4.5.1 简单验证和安全层

（1）SASL 简介

SASL 是一种提供给应用程序的身份鉴别、数据完整性校验和加密机制的框架[17]，常用于邮件服务器类（使用 IMAP、SMTP）、目录服务器类（使用 LDAP）应用程序的附加验证机制。

SASL 允许客户端和服务器端在传输任何验证数据之前协商身份鉴别机制。通过 SASL，IMAP、SMTP、LDAP 等可以支持客户端和服务器端协商的身份鉴别机制，所选择的身份鉴别机制取决于所要求的安全水平。常用的 SASL 身份鉴别机制有：使用 DIGEST-MD5 的 SASL 认证机制、使用 CRAM-MD5 的认证机制、使用数字证书的 SASL 认证机制和 RFC 2222 中定义的 EXTERNAL 机制等。

（2）SASL 协商过程

SASL 协商过程如图 4-12 所示，主要分为以下几步。

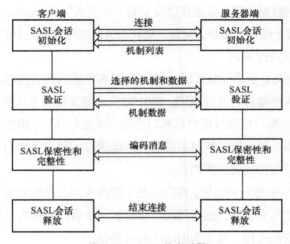

图 4-12 SASL 协商过程

① SASL 客户端应用程序和 SASL 服务器端应用程序分别进行 SASL 会话初始化，SASL 服务器端应用程序将其可接受验证机制的列表发送给客户端。

② SASL 客户端应用程序选择符合其要求的验证机制，并通知 SASL 服务器端；之后，客户端与服务器端使用双方商定的验证机制，对相互交换的验证数据进行验证，直到验证成功完成、失败或被客户机或服务器中止。

③ SASL 客户端应用程序和 SASL 服务器端应用程序基于 SASL 数据完整性校验和加密机制在客户机与服务器之间交换数据。

④ 会话结束时，SASL 客户端应用程序和 SASL 服务器端分别释放 SASL 连接上下文。

4.5.2　安全外壳协议

（1）SSH 协议简介

SSH 协议是建立在应用层基础上的安全协议，通过对网络数据进行加密和验证，在 TCP/IP 网络环境中提供安全的登录和其他安全网络服务，作为 Telnet 和其他不安全远程 Shell 协议的安全替代方案，SSH 协议已经成为 Unix/Linux 系统的标准配置，被全世界广泛使用。

SSH 协议克服了文件传输 FTP、电子邮件 POP 和远程登录 Telnet 等传统网络服务明文传送口令和数据、容易被截获以及受到"中间人"（man-in-the-middle）方式攻击的弱点，在整个通信过程中，为客户端和服务器端建立起安全的 SSH 协议通道。

（2）SSH 协议身份鉴别

使用 SSH 协议安全远程登录时，SSH 协议客户端向服务器端发起身份鉴别请求，服务器端对客户端进行身份鉴别。SSH 协议主要支持以下几种身份鉴别方式。

① 口令验证：客户端通过用户名和口令的方式进行认证，将加密后的用户名和口令发送给服务器，服务器端解密后将其与本地保存的用户名和口令进行对比，并向客户端返回认证成功或失败的消息。

② 公钥验证：也称证书验证，客户端基于所持有的公私钥对来与服务器端进行验证；为进一步提高安全性，服务器端可以维护一个客户端列表，只有列表上的客户端设备才可以发起连接，称之为 Host-based 验证。

③ 键盘交互验证：服务器端向客户端发送提示信息，然后客户端给出响应信息通过手工输入的方式发给服务器端。

（3）SSH 协议登录流程

基于公钥验证方式的 SSH 协议登录流程如图 4-13 所示。

在前期准备阶段，需要完成以下两步操作：客户端生成代表其身份的公私密钥对；将公钥信息提交给服务器端，写入用户账户的配置文件中，该操作一般由服务器端系统管理员完成。

在正式登录阶段，客户端与服务器端协商过程包括：

① 客户端向服务器端发送公钥验证方式登录请求；

② 服务器端在用户账户对应的配置文件中读取用户的公钥信息；

③ 服务器端生成一串随机数，然后使用用户的公钥对随机数等信息加密形成密文；

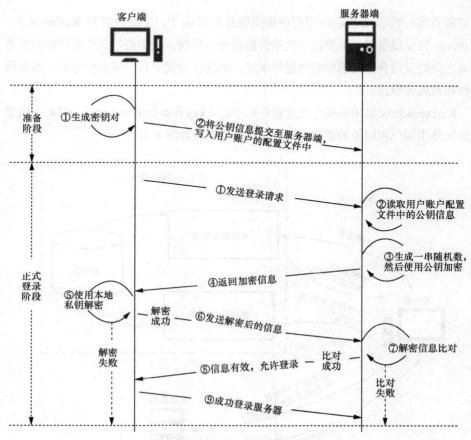

图 4-13　基于公钥验证方式的 SSH 协议登录流程

④ 服务器端将密文发回客户端；

⑤ 客户端使用自己的私钥进行解密；

⑥ 如果解密成功，则将解密后的原文信息重新发送给服务器端；

⑦ 服务器端对客户端返回的信息进行比对，如果比对成功，则表示验证成功，客户端可以登录。

4.5.3　Kerberos 协议

（1）Kerberos 协议架构

Kerberos 协议是麻省理工学院创建的一种网络身份鉴别协议，旨在通过使用密钥加密为客户端/服务器端应用程序提供强身份验证[18]，主流版本为 Kerberos 5。Kerberos 协议提供了一个第三方的身份验证服务机制，其功能是实现客户端与服务器端之间的双向身份鉴别和数据通信保护，确保在开展业务时的身份可信、数据保密性和数据完整性。

Kerberos 协议架构的核心式密钥分配中心（key distribution center，KDC）负责管理网络中用户和服务的票据，Kerberos 协议架构如图 4-14 所示。

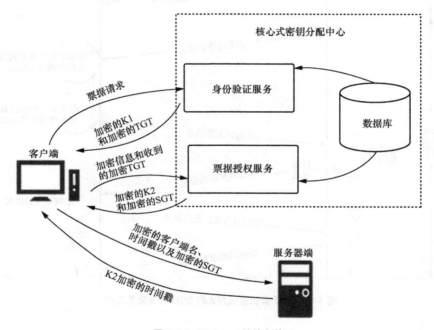

图 4-14　Kerberos协议架构

核心式 KDC 包括两个核心服务：身份验证服务（AS）和票据授权服务（TGS）。AS 对客户端进行身份验证并向其发出票据；TGS 接受经过身份验证的客户端并向其发出票据以访问其他资源。

（2）Kerberos 协议身份鉴别与授权过程

Kerberos 协议身份鉴别与授权过程主要包括 3 个阶段。

第一阶段：获得票据许可票据（ticket granting ticket，TGT）。客户端向 AS 发送票据请求，AS 在数据库中检索客户端秘密信息，生成临时密钥 K1，使用客户端秘密信息加密 K1；之后生成 TGT 信息（含 K1、客户端名、有效期），并使用 AS

与 TGS 的共享密钥 KK 对 TGT 信息进行加密；最后，AS 将加密的 K1 和加密的 TGT 发给客户端。

第二阶段：获取服务许可票据（service granting ticket，SGT）。客户端使用其秘密信息解密得到密钥 K1，再用 K1 对客户端名、服务器端名等信息进行加密，并将加密信息和收到的加密 TGT 一起发给 TGS；TGS 使用共享密钥 KK 解密得到 TGT 信息（含 K1、客户端名、有效期），再用 K1 解密得到客户端名、服务器端名；TGS 生成 SGT 信息（含客户端名、有效期和临时密钥 K2），并使用 AS、TGS 和服务器端的共享密钥 KK2 对 SGT 信息进行加密，再用 K1 加密 K2；最后，TGS 将加密的 K2 和加密的 SGT 发给客户端。

第三阶段：完成身份鉴别与授权，获得服务。客户端使用 K1 解密得到 K2，用 K2 对客户端名和时间戳进行加密，并将加密的客户端名和时间戳以及加密的 SGT 发给服务器端；服务器端用 KK2 解密得到 SGT 信息（含 K2、客户端名、有效期），再用 K2 解密得到客户端名和时间戳，确认无误后，用 K2 对时间戳进行加密返回给客户端；客户端使用 K2 解密得到时间戳以验证服务器端的合法性，完成身份鉴别与授权过程。

| 4.6　联合身份鉴别 |

随着组织规模的扩大，组织网络与信息系统规模也不断扩大，所形成的大规模分布式系统通常由采用不同技术机制的不同应用系统组成。这意味着用户往往要使用不同的验证方法和身份标识进行验证，应用系统必须自建身份识别与访问管理（identity and access management，IAM）系统，保存和维护有关用户特性和属性的不同信息。互联网上的网络身份被日益分化，人们不得不在不同的网站上设置用户名/口令，经历反复的身份鉴别过程。

要解决上述问题，一是采用更高安全强度、更方便且更易于部署的身份鉴别方式，以代替"用户名/口令"的方式；二是采用跨多个 IAM 系统链接用户身份的方法，使用户可以在保证安全性的同时在系统之间快速移动，称该方法为联合身份鉴别，也称为联合身份管理或身份联邦。

本节主要介绍联合身份鉴别的基本架构、主要特点及异构身份联盟。

4.6.1 联合身份鉴别基本架构

联合身份鉴别基本架构中有用户、服务提供方、身份提供方 3 个主要参与方。用户：各类网络实体，主要指个人。服务提供方：身份依赖方，主要指提供应用服务的 Web 应用系统。身份提供方：身份服务提供方，主要指提供各类身份服务的信息系统。

联合身份鉴别基本架构如图 4-15 所示。从用户角度看，用户请求获取服务提供方的服务或资源，用户的身份鉴别由身份提供方负责；从服务提供方角度看，其依赖身份提供方的服务确定身份和信任关系，做出访问控制决策；从身份提供方角度看，其向用户和服务提供方提供身份鉴别等服务，管理和维护用户身份标识信息。

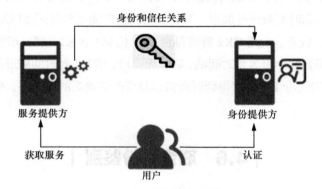

图 4-15 联合身份鉴别基本架构

4.6.2 联合身份鉴别的主要特点

联合身份鉴别有 5 个主要特点。

① 以用户为中心：联合身份鉴别架构是围绕用户设计的，用户在平台之间具有简单、一致的体验，可以安全地访问不同域中的系统，而无须记住多个票据或多次登录，即实现了单点登录（SSO）。

② 跨域性：用户能够使用相同的票据来访问同一联合身份鉴别协议框架中所有成员的应用系统和网络；与单域 SSO 不同，联合身份鉴别的用户不直接向服务提供方提供票据，而是向身份提供方提供票据。

③ 开放性：支持 OpenID、OAuth、SAML 等各种轻量级和 XML 联合身份鉴别

协议框架，用户及 Web 应用系统可以自由选择所采用的身份鉴别方案，接入不同的身份提供方及加入多个身份联盟。

④ 互操作性：主流联合身份鉴别协议框架均已成为国际标准或行业联盟标准，相互之间有良好的互操作性。

⑤ 集约性：联合身份鉴别将服务提供方和身份提供方相对独立，应用系统无须自建 IAM 系统，简化了数据管理，提高了隐私性和合规性，降低了人力和软硬件资源成本。

4.6.3　异构身份联盟

实现各类多域多形态的身份管理系统（即身份服务提供方）的统一管理是身份管理领域的一个研究热点，为此引入了"异构身份联盟"的概念。

异构身份联盟[19]是一种由跨体系结构、跨应用领域的多个身份管理系统组成的，能够提供统一、安全可信、身份全生命周期管理和服务的体系，是一种以用户为中心的面向异构网络实体身份联盟管理模型。异构身份联盟的核心在于如何整合各个跨域异构的身份管理系统，形成一个统一的身份联盟，保障身份管理的跨域实施。

从功能角度看，异构身份联盟可以实现以下基础功能。

① 身份关联：同一网络实体（用户）在不同身份管理域中有不同的身份标识及属性信息，当同一用户所在的不同身份系统都加入了异构身份联盟后，异构身份联盟系统需要维护该用户与其在不同系统中身份标识的映射信息，通过该映射可以将用户在不同系统中的身份标识关联在一起。

② 跨域访问：同一用户在网络空间的不同应用中存储各自系统对应的资源数据，跨域访问是指用户在一个身份管理域中，向另一个身份管理域发出资源访问请求，来获取自己在另一系统中的资源，该过程需要考虑如何对用户的跨域行为进行管理，包括资源访问权限管理以及用户认证管理，防止攻击者冒用身份来盗取正常用户资源。

③ 信任评价：异构身份联盟应具有一套统一的信任评价标准，该标准以用户的信息完整性和行为记录等作为参数，在一定的周期内对该用户给出一个该周期的信任值，在异构身份联盟中，该评价值可以作为跨域资源访问时的参考，当信任值低于某个阈值时，系统可能会限制其跨域的权限。

异构身份联盟是一种以用户为中心的网络实体身份管理模型，文献[20]提出了一种异构身份联盟统一身份标识模型,该模型为每一个用户分配一个统一身份标识,系统可以通过该统一身份标识信息实现用户的全局标识与各身份管理域中标识的映射,并基于此实现异构身份联盟的其他功能。用户统一身份标识信息的构建需要保证用户信息是真实可信的,否则会导致身份关联错误和跨域访问攻击等问题,因此,在为新加入系统的用户分配统一身份标识之前,需要权威的基础身份信息库(网络真实身份核验方)提供用户身份真实信息的核验功能。

异构身份联盟统一身份标识体系是由统一身份标识、系统标识和实体属性信息3 个层次组成的基于联盟链的身份标识体系,可实现对网络实体身份的统一身份属性管理及跨域认证,如图 4-16 所示。

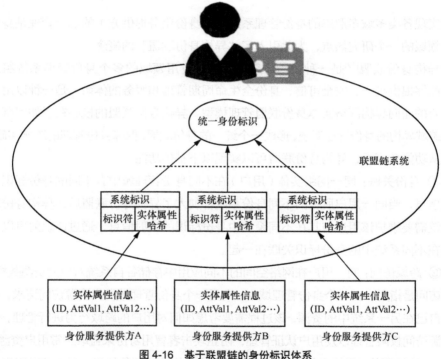

图 4-16　基于联盟链的身份标识体系

统一身份标识是实体在异构身份联盟中的全局标识,由联盟链系统负责维护管理。有跨域访问需求的实体需要在异构身份联盟中注册,注册时首先通过基础身份信息库,完成对实体身份属性信息真实性的核验。核验通过后,联盟链系统为该实体颁发统一身份标识以及相关公私密钥对。

系统标识由标识符和实体属性哈希组成。标识符包括实体在各个身份管理系统中的身份标识、身份管理系统标识；实体属性哈希是该实体在身份管理系统中登记的身份属性信息通过哈希算法计算得到的校验值。系统标识整体由身份管理系统的私钥进行签名后存储在联盟链上。

实体属性信息由身份管理系统管理，其格式和存储方式由身份管理系统决定。联盟链上不存储用户的具体属性信息，而是通过系统标识与实体属性信息建立关联并对外提供用户身份属性可信校验，保护用户隐私。同一个用户的不同系统标识通过链上的统一身份标识进行连接，实现异构身份管理系统之间实体属性信息的关联。实体属性信息更新时，由身份管理系统与联盟链系统交互，实现实体属性哈希的更新。

在统一身份标识体系中，经过网络真实身份核验方的验证以及联盟链的分布式管理维护，形成网络实体的统一身份标识。该标识全局可信、不从属某个联盟成员的身份管理系统，并且不会暴露身份管理系统中的实体属性信息，因此能够消除各身份管理系统不愿对外进行实体身份资源共享的问题。

4.7　联合身份鉴别协议框架

4.7.1　轻量级联合身份鉴别协议框架

轻量级联合身份鉴别框架是 Web 身份鉴别的主流模式，其中最为典型的是 OpenID、OAuth 及其衍生的 OpenID Connect。

（1）OpenID

OpenID 是一个以用户为中心的身份鉴别框架，起源于开源社区。非营利性的国际标准化组织 OpenID 基金会（OpenID Foundation）管理和组织整个 OpenID 社区。

OpenID 体系包括 3 个角色：end user（EU），即最终用户，使用 OpenID 进行网络身份鉴别的互联网用户；relying part（RP），即 OpenID 支持方，支持 EU 用 OpenID 登录自己的网站；OpenID provider（OP），即 OpenID 提供方，提供 OpenID 注册、存储、验证等服务。

OpenID[20]的工作流程为：

① EU 启动身份验证，通过浏览器向 RP 提供用户标识符（URL 形态）；

② RP 解析用户标识符，从中提取负责用户标识符验证的 OpenID 提供方相关信息；

③（可选）为了能够与 OP 安全通信，RP 需要与 OP 建立关联生成共享密钥，即通过 Diffie Hellman 密钥交换的方法获得一个共享密钥，这样就无须在每次身份验证请求/响应后都进行验证签名；

④ RP 发出 OpenID 验证请求，将 EU 的浏览器重定向到 OP；

⑤ OP 对 EU 执行 OpenID 身份验证，如果 EU 已经在 OP 登录则通过验证，如未登录则执行登录验证；

⑥ OP 将 EU 的浏览器重定向回 RP，并返回身份验证结果；

⑦ RP 验证从 OP 接收的信息，确定身份验证结果。

OpenID 的特点包括高效注册、单点登录、去中心化。

① 高效注册：OpenID 采用 URI 作为网络身份标识形态，使用户不需要在每个网站上都设置用户名和口令进行烦琐且低安全性的注册，减少了个人信息，降低了口令泄露风险，以及网站建立用户管理系统所需要的开发成本和安全风险。

② 单点登录：用户只需在一个作为 OpenID 提供方的网站上登录即可自动登录所有支持 OpenID 的网站。

③ 去中心化：任何网站都可以使用 OpenID 来作为用户登录的一种方式，任何网站也都可以作为 OpenID 提供方。

OpenID 在网络上迅速普及，根据 OpenID 基金会介绍，超过 10 亿个启用 OpenID 的用户账户和超过 50 000 个网站接受 OpenID 登录。很多大型企业接受 OpenID 方式登录（OpenID 支持方）或 OpenID 提供方，包括 Google、Facebook、Microsoft 等。

由于登录采用 OpenID 方式，用户与 OpenID 支持方间的身份鉴别依赖于 OpenID 提供方，如果 OpenID 提供方发生服务不稳定甚至中止情况，用户可能无法使用 OpenID 支持方的服务。因此，几乎所有支持 OpenID 的网站都将其作为一种可供选择的辅助登录方法。

（2）OAuth

OAuth（open authorization）[21]协议为 Web 应用以及移动、桌面应用程序提供了一种简单和标准化的安全授权方法。通过 OAuth 授权，用户可以安全地指定某应用程序或网站可以从另一个网站上访问哪些用户资源和数据。OAuth 于 2010 年成为 RFC 标准[22]，已成为应用较广泛的授权协议之一。

OAuth 体系包括 4 个角色，分别介绍如下。

① 资源所有者：授权应用程序访问其账户资源的用户，应用程序对用户账户的访问权限仅限于授予的权限范围。

② 客户端：尝试访问用户账户资源的应用程序。在访问账户之前，客户端需要从用户处获取授权。例如，客户端应用程序可以向用户显示登录页，以获取用于访问特定资源的访问令牌。

③ 授权服务器：验证用户票据，生成授权代码并返回给客户端。

④ 资源服务器：用于保护访问资源的服务器，它处理来自客户端的经过身份验证的请求。

OAuth 包括 5 类授权：授权代码授予、隐式授予、资源所有者票据授予、客户端票据授予、刷新令牌授予。其中，授权代码授予是最常用的授权类型。图 4-17 展示了用户通过授权代码授予方式使用 Google 账户登录某网站的工作流程，具体步骤如下。

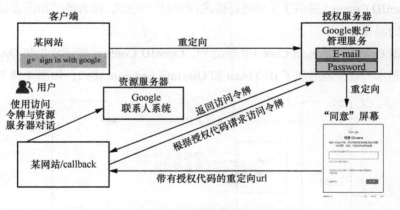

图 4-17　授权代码授予方式的工作流程

① 客户端（某网站）将资源所有者（用户）重定向到授权服务器（Google 账户管理服务）。

② 授权服务器对身份验证成功后，资源所有者将被重定向到"同意"屏幕，资源所有者同意后客户端才能访问账户具体信息，授权服务器生成授权代码，并将其返回给客户端。

③ 客户端根据授权代码向授权服务器请求访问令牌。

④ 获得授权服务器返回的访问令牌后，客户端使用访问令牌向资源服务器（Google 联系人系统）验证用户身份。

（3）OpenID Connect

为克服 OpenID 存在的 URL 形态身份标识难以记忆、不支持 API 接口和移动应用、不支持强加密和签名等缺点，OpenID 基金会于 2014 年发布了 OpenID Connect。

OpenID Connect 在 OAuth 协议（2.0 版）的基础上构建了一个简单身份层，是一个基于 OAuth 的身份鉴别协议框架。OpenID Connect 允许客户端根据授权服务器执行的身份鉴别来验证最终用户的身份，并以可互操作和便捷的方式获取有关最终用户的基本配置文件信息。

OpenID Connect 包括的角色仍然是 EU、RP、OP，并且引入了两个新核心概念。

① ID Token：身份令牌（JWT），包含身份鉴别信息的令牌。

② UserInfo Endpoint：用户信息端点，当 RP 使用 ID Token 来访问时，返回对应授权用户的信息。

OpenID Connect 提供了 3 种验证模式：授权代码模式、隐含模式和混合模式（两种模式的混合）。

根据 OpenID Connect Core 1.0 规范[22]，OpenID Connect 验证流程与 OAuth 2.0 的流程基本一致，但附加了 ID Token 和 UserInfo Endpoint 接口，如图 4-18 所示。

图 4-18　OpenID Connect 验证流程

OpenID Connect 验证流程如下：

① RP 向 OP 发送请求；

② OP 对最终用户进行身份验证并获得授权；

③ OP 使用身份令牌以及访问令牌进行响应；

④ RP 将带有访问令牌的请求发送到用户信息端点。

⑤ 用户信息端点返回有关 EU 的声明。

OpenID Connect 最主要的特点是增加了身份令牌，身份令牌基于 JWT 格式进行封装，具有自包含性、紧凑性和防篡改性等特点；RP 在验证完身份令牌的正确性后，可以进一步通过 OAuth 授权流程获得的访问令牌获取用户授权访问的资源和数据。

4.7.2　基于 XML 的联合身份鉴别协议框架

OpenID、OAuth 及 OpenID Connect 可以处理轻量级数据，非常适合与移动应用程序和单页 Web 应用程序（采用 JSON 更新数据）一起使用，但就功能而言，基于 XML 的身份鉴别协议框架——安全断言置标语言（security assertion markup language，SAML）更为完备。

（1）SAML

SAML 体系是一个基于 XML 的身份鉴别协议框架，用于表达和传递用户身份验证、授权和属性信息，常被用于 Web 单点登录、联盟身份鉴别等场景。SAML 由结构化信息标准促进组织（Organization for the Advancement of Structured Information Standards，OASIS）的安全服务技术委员会（OASIS Security Services TC）于 2002 年创建，主流版本是 SAML 2.0[23]。

SAML 体系主要涉及 3 个角色：Asserting Party，即断言方，是签发断言的业务系统；Relying Party，即依赖方，是消费断言的业务系统；User，即用户，一般通过 Web 浏览器与断言方和依赖方进行交互。

SAML 的主要概念包括断言、协议、绑定和配置文件。

① 断言：通常由断言方根据依赖方的请求创建关于主体（如 User）的安全信息集合，由断言签发者、主体、关于该主体的一组声明以及声明生效的条件 4 部分构成。其中，声明主要分为身份验证声明、属性声明和授权声明。

② 协议：定义 SAML 如何通过一组请求和响应消息完成相应操作，并给出在生成或使用请求和响应消息时必须遵循的处理规则。SAML 协议主要包括验证请求协议、断言查询和请求协议、名称标识符管理协议等。

③ 绑定：定义 SAML 协议到标准消息格式和通信协议的映射，包括 HTTP Redirect 绑定、HTTP POST 绑定、SAML SOAP 绑定、SAML URI 绑定等。例如，SAML SOAP 绑定指定 SAML 消息如何封装到 SOAP 信封中，以及 SOAP 信封如何封装到 HTTP 消息中。

④ 配置文件：详细描述断言、协议和绑定如何协作，以在特定使用场景中提供更好的互操作性。主要包括：Web Browser SSO Profile、Identity Provider Discovery Profile、Name Identifier Management Profile 等。

SAML 协议的工作流程如图 4-19 所示，主要步骤如下。

① 用户请求访问依赖方（Web 应用）。

② 依赖方生成一个 SAML 身份验证请求。

③ 依赖方将重定向网址（断言方服务地址）发送到用户的浏览器，重定向网址中包含 SAML 身份验证请求。

④ 断言方对 SAML 请求进行解析。

⑤ 断言方对用户进行身份验证。认证成功后，断言方生成一个 SAML 响应，其中包含经过验证的用户名；然后将 SAML 响应编码并返回到用户的浏览器。

⑥ 浏览器将 SAML 响应转发到依赖方的 ACS URL（依赖方用于接收和处理 SAML 响应的服务）。

⑦ 依赖方使用断言方的公钥验证 SAML 响应；如果成功验证该响应，ACS 则将用户重定向到目标网址。

⑧ 用户将重定向到目标网址并登录到依赖方（Web 应用）。

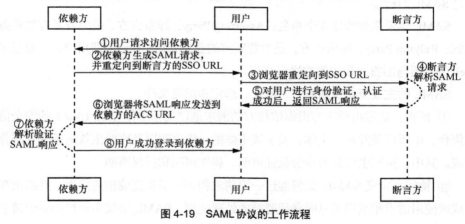

图 4-19 SAML 协议的工作流程

（2）XACML

可扩展访问控制标记语言（extensible access control markup language，XACML）是一种基于 XML 的访问控制语言。XACML 的主要作用是基于 XML 来表达信息系统的访问控制策略，独立于应用程序代码，便于策略的变更和维护。XACML 由结构化信息标准促进组织（OASIS）的技术委员会标准化，主流版本是 2013 年发布的 XACML 3.0[24]。XACML 的通用性使得各系统之间的访问控制策略和过程得到标准化，不同环境中可以简单、灵活地制定各种访问控制策略。

XACML 访问控制策略有 7 个主要参与方，分别介绍如下。

① 主体：请求系统执行某些操作的客户端。

② 资源：系统提供给请求者使用的数据、服务和系统组件。

③ 策略管理点（policy administration point，PAP）：在系统中产生和维护安全策略的实体。

④ 策略执行点（policy enforcement point，PEP）：在一个具体的应用环境下执行访问控制决策的实体。

⑤ 策略决策点（policy decision point，PDP）：系统中生成访问控制决策的实体。

⑥ 策略信息点（policy information point，PIP）：获取主体、资源和环境的属性信息的实体。

⑦ 上下文处理器：负责进行 XACML 格式转换及相关请求响应的实体。

XACML 访问控制策略执行的流程如图 4-20 所示，具体步骤如下：

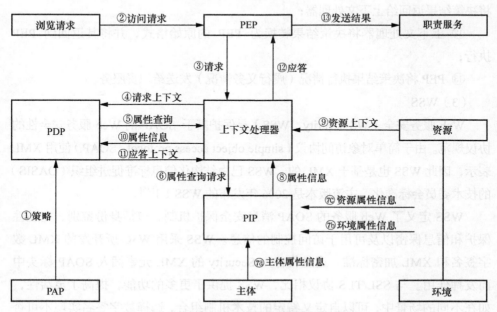

图 4-20 XACML 访问控制策略执行的流程

① PAP 生成目标系统的安全策略集合，并将其提供给 PDP；

② 客户端发送访问请求给 PEP；

③ PEP 将原始格式的访问控制请求发送给上下文处理器，可以选择包括主体、资源、操作、环境以及其他类别的属性；

④ 上下文处理器将原始格式的访问控制请求统一为 XACML 格式的访问控制请求，并将其发送到 PDP；

⑤ PDP 在处理访问控制决策时可能需要其他的一些属性条件，PDP 向上下文处理器请求查询这些属性；

⑥ 上下文处理器向 PIP 请求 PDP 需要的属性；

⑦ PIP 根据上下文处理器的请求从不同的实体获取不同的属性信息，包括主体属性信息、环境属性信息及资源属性信息等；

⑧ PIP 将获得的属性返回到上下文处理器；

⑨ （可选）上下文处理器可以包含资源上下文信息；

⑩ 上下文处理器将属性信息和（可选）资源上下文发送给 PDP；

⑪ PDP 根据策略信息、属性信息以及资源上下文信息进行访问控制决策，并将决策结果返回给上下文处理器；

⑫ 上下文处理器将决策结果转换为 PEP 的原始格式，并将其返回到 PEP 执行；

⑬ PEP 将决策结果执行情况（履行义务情况）发送给职责服务。

（3）WSS

Web 服务安全（WS-security，WSS）是保护基于 SOAP 的 Web 服务安全性的协议规范。由于简单对象访问协议（simple object access protocol，SOAP）使用 XML 表示，因此 WSS 也是基于 XML 的。WSS 已由结构化信息标准促进组织（OASIS）的技术委员会标准化，主流版本是 2006 年发布的 WSS 1.1[25]。

WSS 定义了 Web 服务的 SOAP 消息安全保护机制，包括身份鉴别、完整性保护和信息保密以及可用于访问控制的信息。WSS 采用 W3C 所开发的 XML 数字签名和 XML 加密标准，通过将称为 Security 的 XML 元素插入 SOAP 标头中而发挥作用。与 SSL/TLS 协议相比，WSS 提供了更多的功能，提高了灵活性，如在不同的场景中，可以自定义特定的技术机制组合，选择数字签名实现不可否认性，选择 Kerberos 协议进行身份验证。WSS 以安全令牌的形式承载各类实体的声明。安全令牌类型主要包括：数字签名、Kerberos ticket、SAML、用户名/口令等。

WS-Trust 在 WSS 规范的基础上进行了扩展，专门处理安全令牌，确保各方参与者的安全互操作。WS-Trust 的核心是一组用于发布、续订、取消和验证安全性令牌的消息规范。WS-Trust 安全模型如图 4-21 所示。服务消费者可以通过调用安全令牌服务（STS）请求安全令牌，并将获得的安全令牌发送给服务提供者；服务提供者接收来自服务消费者的安全令牌，并提交给安全令牌服务进行验证；STS 负责发放和验证安全令牌。

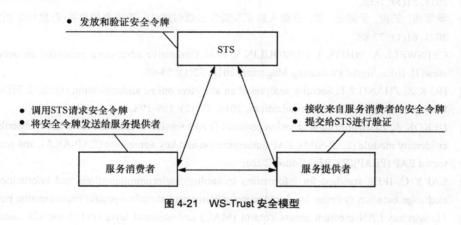

图 4-21　WS-Trust 安全模型

| 4.8　小结 |

本章首先给出了网络实体身份鉴别技术的分类概览，本章在此基础上分析了融合多类身份鉴别技术的多因子身份鉴别；之后按照链路层、网络层、传输层、应用层分类介绍了各层鉴别协议的架构和特点；最后，重点介绍了联合身份鉴别的基本架构、特点以及相关主流协议框架和方案。

网络实体身份服务的发展趋势是以用户为中心、跨域互操作和开放灵活，身份服务的提供越来越专业化、集约化。另外，本章主要是从应用角度进行身份服务的介绍和分析，很多研究（如零知识证明[26]）在特定领域有着良好的应用前景。

| 参考文献 |

[1] LAWRENCE S, GILES C L, TSOI A C, et al. Face recognition: a convolutional neur-al-network approach[J]. IEEE Transactions on Neural Networks, 1997, 8(1): 98-113.

[2] KINNUNEN T, LI H Z. An overview of text-independent speaker recognition: from features to supervectors[J]. Speech Communication, 2010, 52(1): 12-40.

[3] WAN C, WANG L, PHOHA V V. A survey on gait recognition[J]. ACM Computing Surveys, 2018, 51(5): 1-35.

[4] 罗常伟, 於俊, 于灵云, 等. 三维人脸识别研究进展综述[J]. 清华大学学报(自然科学版), 2021, 61(1): 77-88.

[5] CRESWELL A, WHITE T, DUMOULIN V, et al. Generative adversarial networks: an over-view[J]. IEEE Signal Processing Magazine, 2018, 35(1): 53-65.

[6] HU K X, ZHANG Z F. Security analysis of an attractive online authentication standard: FIDO UAF protocol[J]. China Communications, 2016, 13(12): 189-198.

[7] DEKOK A. Extensible authentication protocol (EAP) session-id derivation for EAP subscrib-er identity module (EAP-SIM), EAP authentication and key agreement (EAP-AKA), and pro-tected EAP (PEAP)[R]. RFC Editor, 2020.

[8] LAI Y C. IEEE standard for information technology: telecommunications and information exchange between systems: local and metropolitan area networks-specific requirements: part 11: wireless LAN medium access control (MAC) and physical layer (PHY) specifications-amendment 3: wake-up radio operation[R]. 2008

[9] 国家质量监督检验检疫总局. 信息技术 系统间远程通信和信息交换局域网和城域网 特定要求 第 11 部分: 无线局域网媒体访问控制和物理层规范: GB 15629.11—2003[S]. 北京: 中国标准出版社, 2003.

[10] LIOR A. RFC 2865: remote authentication dial in user server (RADIUS)[R]. 2010.

[11] KENT S, ATKINSON R. Security architecture for the Internet Protocol[R]. RFC Editor, 1998.

[12] SMYTH B. TLS 1.3 for engineers: an exploration of the TLS 1.3 specification and Oracle's Java implementation[R]. 2019.

[13] 吴建平, 林嵩, 徐恪, 等. 可演进的新一代互联网体系结构研究进展[J]. 计算机学报, 2012, 35(6): 1094-1108.

[14] 吴建平, 吴茜, 徐恪. 下一代互联网体系结构基础研究及探索[J]. 计算机学报, 2008, 31(9): 1536-1548.

[15] 况鹏, 刘莹, 何林, 等. 基于 IEEE 802.1x 的嵌入用户身份标识的 IPv6 地址生成方案[J]. 电信科学, 2019, 35(12): 15-23.

[16] IX-ETSI. ETSI TS 184 002[R]. 2006.

[17] MYERS J. Simple authentication and security layer (SASL)[R]. RFC Editor, 1997.

[18] KOHL J, NEUMAN C. The Kerberos network authentication service (V5)[R]. RFC Editor, 1993

[19] 杨淳, 李经纬, 李洪伟, 等. 异构身份联盟统一身份标识模型研究[J]. 信息安全与通信保密, 2019, 17(6): 27-35.

[20] OpenID authentication 2.0[EB]. 2007.

[21] HARDT D. The OAuth 2.0 authorization framework[R]. RFC Editor, 2012.

[22] SAKIMURA N. OpenID connect core 1.0 [J]. OASIS Committee Final Specifications, 2014.

[23] HUGHES J, MALER E. Security assertion markup language (SAML) 2.0 technical overview[J]. OASIS Comittee Draft, 2004.

[24] RISSANEN E. Extensible access control markup language (XACML) Version 3.0[J]. OASIS Standard, 2013.

[25] NADALIN A. WS-security core specification 1.1[J]. OASIS Standard Specification, 2006.

[26] GOLDWASSER S, MICALI S, RACKOFF C. The knowledge complexity of interactive proof systems[J]. SIAM Journal on Computing, 1989, 18(1): 186-208.

第 5 章
网络实体身份的评估

统一、有效的网络实体身份评估，是网络实体身份管理的重要环节，也是不同网域、不同场景下网络实体身份服务开展的重要保障。在 3.1 节提到的网络实体身份管理架构中，需要一个网络实体身份服务过程的评估者角色，即网络实体身份评估方（IDESP）。IDESP 负责提供各类网络实体身份可信度的分级评估服务，以及面向网络实体身份标识发行方、网络实体身份鉴别方的信息评估和风险评估服务。本章主要探讨网络实体身份评估流程、可信等级划分、身份属性的可信评价以及网络实体身份提供方的信任管理及信任评估，并对异构身份联盟风险评估流程和实现方法等方面进行介绍和分析。

| 5.1 网络实体身份评估概览 |

网络空间中的个人、机构、软件、设备等各类实体在访问网络应用系统之前，需要经过某种方式的身份鉴别，只有完成对其身份可信程度、可能存在的风险等方面的确认，才能赋予网络服务中的某种角色（如游客、匿名用户、普通用户、高级用户、VIP 用户等）和权限，从网络应用系统中获得所需要的资源或服务。

通常网络实体通过向身份服务提供方（identity service provider，IDSP）提出身份服务申请，经身份鉴别后，获得 IDSP 颁发的身份标识，也称身份凭证，从而获得 IDSP 的服务，用于身份鉴别。但是，不同网络实体身份标识的可信度存在差异，各个身份服务提供方的可信度不尽相同。身份服务依赖方——各网络应用，需要根据 IDESP 提供的评估结果来确定网络实体身份的可信度，从而做出合理的访问控制决策。

网络实体身份可信评估可分为 3 个阶段，即前期评估阶段、发行评估阶段和后期评估阶段，如图 5-1 所示，以下对各阶段进行说明。

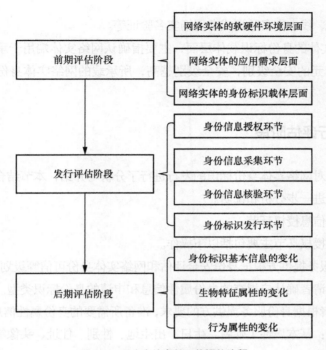

图 5-1　网络实体身份可信评估流程

5.1.1　前期评估阶段

前期评估阶段主要进行网络实体端的身份安全评估，划分网络实体身份可信等级。本阶段可由网络实体身份评估方完成，也可由身份服务提供方根据网络实体身份评估方的规范要求完成。

身份安全评估的具体内容包括 3 个层面。

① 网络实体的软硬件环境层面，主要指申请者的客户端及网络环境安全，包括网络实体所处的软硬件环境的具体情况（设备类型、操作系统版本、可用的采集外设等）、安全强度（硬件、操作系统、应用程序等）、网络类型及保护措施等。

② 网络实体的应用需求层面，主要指确认申请身份服务的目的和应用场景。不同的应用目标和场景，对身份的使用有不同的要求，发放的身份标识类型也不同。例如，申请一个用于企业内网财务系统的身份账号、用于普通的社交网络的账号、用于银行交易的账号等，根据其所申请的身份级别，确定身份核验的方式，包括线

上非实名验证、线上实名验证或者现场实名验证等。

③ 网络实体的身份标识载体层面，主要指确认网络实体端用于承载网络实体身份标识的单元的安全级别，安全级别越高，所承载的网络实体身份标识可信等级就越高。

5.1.2　发行评估阶段

第 3 章已对网络实体身份标识的发行进行了分析与介绍，本节结合网络实体身份可信评估做进一步分析和说明。

（1）身份信息授权环节

身份信息授权环节主要包括以下操作。

① 身份服务提供方根据身份安全评估和网络实体身份可信等级划分情况，以协议等形式请申请者确认应提交的身份属性信息和申请的身份标识类型。

② 申请者根据身份服务提供方的要求，准备所需要的身份属性信息。这些属性信息可能包括：基本属性（姓名、生日、出生地、性别、住址、头像等）、证照属性（身份证、护照、出生证明等）、通信属性（手机号码、固定电话号码、电子邮箱、通信地址等）、生物属性（人脸、指纹、虹膜等）、心理属性（偏好）、行为属性（消费记录、操作习惯、访问记录等）等。

（2）身份信息采集环节

本环节主要包括以下操作。

① 提供多种载体的采集，包括文本信息采集、图像信息采集、视频信息采集等，内容主要是申请者所声称属性的证明材料。例如，姓名、生日可通过身份证、出生证明等材料的光学字符识别（optical character recognition，OCR）方式采集，生物属性可通过实时拍摄个人照片等方式采集，行为属性等可通过用户授权的第三方平台提供。

② 身份信息预处理，在本环节应确保采集信息的完整性，在网络实体端对采集数据进行初步分析和格式校验，并可在一定限度上发现潜在的身份信息伪造等行为。

③ 身份信息安全传输，即采用符合国家商用密码管理要求的产品及系统对所采集信息进行密码安全保护，将其安全传输到身份服务提供方。

（3）身份信息核验环节

本环节主要包括以下操作。

① 确认实体身份信息的真实性，即对申请者提供的身份属性信息进行真实性、完整性、有效性和准确性验证。一是核验身份证明材料，如使用身份证阅读模块验证身份证的真伪，通过权威服务验证所加盖印章的真伪；通过电子邮件发送验证码的方式，确认该电子邮箱的有效性，并且确认该电子邮箱确实被主体所拥有。二是确定身份属性信息质量，以确认所满足的身份可信等级，用于网络实体身份可信评估的分级操作。

② 检查实体身份信息的有效性，即确认申请者提供的身份属性信息是否有效、是否与该主体真实情况相符。例如，当实体为个人时，通过网络真实身份核验方检查该实体当前状态是否正常；当实体为机构时，通过网络真实身份核验方检查该机构是否合法存在。

③ 确认实体身份核验行为的真实性和有效性，即通过动态口令、生物特征识别、电子签名/签章等方式确认实体与实体身份信息间的绑定关系。

（4）身份标识发行环节

如果通过身份信息核验，便可进行网络实体身份标识的发行和制作，写入前期评估阶段所述的网络实体身份标识载体。之后，将身份标识发行结果提交至网络实体身份评估方备案。

在前期评估阶段、发行评估阶段两个阶段，如果发生下列情形之一，身份服务提供方可拒绝该申请并提交至网络实体身份评估方备案。网络实体未通过身份安全评估；网络实体信息无法正确地采集；不能保证网络实体身份信息的真实性和有效性；不能保证网络实体身份核验行为的真实性和有效性。

5.1.3　后期评估阶段

申请者获得网络实体身份标识之后，需要持续地对其身份安全状态进行跟踪评估，以识别身份可信度的变化情况，从而实时地根据身份可信度的变化动态调整对应的身份可信等级。本阶段可由网络实体身份评估方完成，也可由身份服务提供方根据网络实体身份评估方的规范要求完成。

网络实体身份可信度的变化情况主要包括如下几方面。

① 身份标识基本信息的变化，如个人的姓名、身份证号码等发生变动，单位的机构名称、法人代表等发生变动。

② 生物特征属性的变化，如生物特征信息长期未进行比对更新。

③ 行为属性的变化，即实体的常规行为特征发生显著变化，意味着存在新的安全风险，如个人的操作行为习惯、环境发生显著变化，可能存在身份标识被盗用而假冒实体身份的情况。

| 5.2　网络实体身份可信等级划分 |

本节将从等级划分的基本要求、个人网络实体身份可信等级划分示例和可信等级动态调整 3 个方面进行介绍和分析。

5.2.1　网络实体身份可信等级划分的基本要求

网络实体身份的可信等级划分主要在前期评估阶段完成，应主要根据网络实体的软硬件环境层面、网络实体的应用需求层面、网络实体的身份标识载体层面 3 个方面的身份安全评估结果，进行综合判定。

（1）网络实体的软硬件环境层面的身份安全评估

网络实体的软硬件环境主要指客户端及网络环境安全方面，具体包括如下内容。

① 网络实体所处软硬件环境的具体情况。设备类型：桌面终端或移动终端、CPU 类型等，作为后续评估依据。操作系统版本：按设备类型区分，当前的主操作系统版本，如桌面终端的 Windows、macOS、Linux，移动终端的 iOS、Android 等。可用的采集外设：如是否有人像采集外设（摄像头等）、指纹采集外设等，可以是有线方式（USB 等）连接也可以是无线方式（蓝牙、NFC 等）连接。

② 网络实体所处软硬件环境的安全强度。硬件：是否具有安全芯片类模块，桌面终端内置的可信计算芯片、移动终端内置的安全单元，以及外置的智能卡、智能密码钥匙。操作系统：主操作系统安全特性、安全补丁情况，移动终端的可信执行环境是否可用。应用程序：应用程序的代码签名证书是否真实有效。

③ 网络类型及保护措施的具体情况。网络类型：网络环境属性，如互联网、

移动互联网、政务外网、专网等。保护措施：网络上已具备的安全保护措施，如专网的隔离措施、政务外网的接入防护措施、互联网或移动互联网虚拟专用通道措施等。

（2）网络实体的应用需求层面的身份安全评估

网络实体的应用需求主要指申请身份服务的目的和应用场景方面，具体包括如下内容。

① 确认身份服务应用场景：如内部办公、社交网络、金融交易、不动产交易等。

② 确认身份核验方式，包括线上非实名验证、线上实名验证、现场实名验证等。对于身份使用目的为社交网络、网络视频等应用时，可采用线上非实名验证方式；对于身份使用目的为电子商务、金融交易时，可采用线上实名验证方式；对于身份使用目的为不动产交易等高安全要求的应用时，可采用现场实名验证方式。

（3）网络实体的身份标识载体层面的身份安全评估

身份标识载体层面主要指确认网络实体端用于承载网络实体身份标识的单元的安全级别，以个人或机构网络实体为例，具体包括：安全芯片级，如智能卡、智能密码钥匙、安全模块、可信执行环境等；端云结合级，如协同签名[1]等；纯云级，如云端软证书等。

5.2.2　个人网络实体身份标识可信等级

本节以个人网络实体身份为例，对其可信程度进行综合评分，给出初始的个人网络身份标识可信等级（identity credibility level，ICL），也被称为保证级别（LoA），指的是对个人声称身份的信任程度。

根据个人网络身份标识的发行流程，不同的个人网络身份标识将代表不同的身份可信程度。从风险控制角度，身份服务提供方应根据个人网络身份标识可信等级的不同，采取不同的安全保障和风险处理措施。具体而言，根据网络实体身份可信等级划分基本要求，基于网络实体的软硬件环境层面、网络实体的应用需求层面、网络实体的身份标识载体层面 3 个方面的身份安全评估结果进行可信等级划分。

通常可将个人网络身份标识可信等级从 ICL1 至 ICL4 划分为 4 个级别，如表 5-1、表 5-2 所示。

表 5-1 个人网络身份标识可信等级（1）

可信等级	网络实体所处的软硬件环境层面							
	网络实体所处软硬件环境的具体情况			网络实体所处硬件环境的安全强度			网络类型及保护措施的具体情况	
	设备类型	操作系统版本	可用的采集外设	硬件	操作系统	应用程序	网络类型	保护措施
ICL1	无要求	无要求	无要求	无要求	无要求	无要求	无要求	无要求
ICL2	桌面终端或移动终端	桌面终端的 Windows、macOS、Linux，移动终端的 iOS、Android 等	无要求	无要求	无要求	社交网络、网络视频应用	互联网、移动互联网	互联网或移动互联网虚拟专用通道措施等
ICL3	具有安全芯片类模块的桌面终端、移动终端、专用设备等	专用安全芯片操作系统	人像采集外设（摄像头等）、指纹采集外设等	具有安全芯片类模块、桌面终端内置的可信计算芯片、移动终端内置的安全单元，以及外置的智能卡、智能密码钥匙	主操作系统、安全特性、安全补丁情况，移动终端的可信执行环境可用	电子商务、金融交易等应用，且应用程序名证书代码签名真实有效	政务外网等	政务外网的接入防护措施
ICL4	同 ICL3	同 ICL3	同 ICL3	同 ICL3	同 ICL3	不动产交易等高安全要求的应用，且应用程序的代码签名证书真实有效	专网等	专网的隔离措施

表 5-2　个人网络身份标识可信等级（2）

可信等级	网络实体的应用需求层面	网络实体的身份标识载体层面	应提交的身份属性信息
	身份核验方式	网络实体端安全级别	
ICL1	线上非实名验证方式	无要求	提交身份证明材料
ICL2	线上实名验证方式	纯云级，如云端软证书等	提交身份证明材料符合法律法规要求或为更高 ICL 级别的网络电子身份标识
ICL3	现场实名验证方式	端云结合级，如协同签名等	提交至少 3 种身份证明以确定申请人身份；身份证明是法律法规中要求的身份证件，申请人必须亲自到 IDSP 指定场所完成身份核验
ICL4	同 ICL3	安全芯片级，如智能卡、智能密码钥匙、安全模块、可信执行环境等	提交至少 4 种身份证明以确定申请人身份；身份证明应是法律法规中要求的身份证件

5.2.3　网络实体身份可信等级动态调整

身份标识基本信息（个人的姓名、身份证号码等，单位的机构名称、法人代表）的变化、生物特征属性的变化（如生物特征信息长期未进行比对更新）、行为属性的变化（如个人的操作行为习惯、环境发生显著变化，可能存在身份标识被盗用而假冒实体身份情况），以及利用人工智能算法分析和恶意行为预测，都可以触发身份服务提供方（IDSP）对网络实体身份标识级别进行调整，即 ICL 的动态调整。相应地，OpenID 支持方（RP）也可以根据身份标识级别的动态调整结果对用户的操作权限进行调整。

申请者获得网络实体身份标识之后，需要持续地对其身份安全状态进行跟踪评估，以识别身份可信度的变化情况，从而实时地根据身份可信度的变化动态调整对应的身份可信等级。例如，IDSP 可通过下述方法达到对网络实体身份安全状态中的用户行为属性进行持续跟踪评估的目的。在用户与 RP 进行断言认证之后采取用户行为审计过程。用户从 IDSP 处接收断言的引用，之后用户将引用发送给 RP，RP 使用引用与 IDSP 进行交互获得用户的断言信息。在此方式下，IDSP 可以凭借断言的引用确定该 RP 就是用户想要与之交互的 RP，RP 可以在用户身份认证之后实时记录用户的活跃情况、使用记录、消费记录、登录点记录以及各种用户行为，尤其是用户的非法操作，这些信息的保存都将与断言的引用进行绑定。在会话结束之后，RP 将这些信息脱敏后发送给 IDSP，由于这些信息与断言的引用进行绑定，所以 IDSP 可以根据引用来确定断言本身，从而知道这些信息是哪个用户产生的。断言的引用是匿名的，这些用户的操作信息、行为信息都将是匿名的，不会导致个人信息泄露。

为了使 IDSP 能够快速获得关于动态调级的信息，IDSP 可以要求 RP 对重点信息进行高亮设置。例如，某用户在使用某应用时被多人举报实施诈骗行为，那么 RP 可以对该行为记录进行高亮设置，IDSP 在收到高亮设置的信息时可以对其进行分析、保存，根据该信息的内容对用户的身份等级权限进行调控，降级或者不再对该身份提供服务。RP 反馈的信息可以存入个人网络实体身份标识电子档案，以备将来的争议处置和解决。

5.3 网络实体身份属性的可信评价

划分网络实体身份标识可信等级后，如何精准地评价网络实体身份属性可信度，成为网络实体多形态身份标识统一管理的关键。

5.3.1 网络实体身份属性可信评价模型

文献[2]提出了一种基于多准则决策分析的异构身份联盟用户属性可信评价模型，该模型对个人信息进行了分类和评级，使用一种将层次分析法（AHP）和灰色关联分析（GRA）结合使用的用户身份可信评价（AHP-GRA）方法，以现有的权威身份认证提供商（身份服务提供方）提供的身份信息为原始输入，个体用户后续输入的身份属性信息通过属性聚类及相似度计算进行评分，使用 AHP 和 GRA 将各个属性可信评价进行多层次关联决策分析，并得到用户身份的可信评价。

不同可信等级的用户信息在获得各自的属性可信评分后，依据可信等级获得权重并计算用户的总体属性可信评分。用户身份属性可信评价模型如图 5-2 所示，其共分为 5 层，分别为身份认证层、数据收集层、评价层、可信度聚合层、决策层。

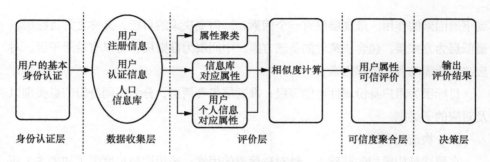

图 5-2　用户身份属性可信评价模型

① 身份认证层：身份认证层主要提供注册用户的基本身份认证服务，确保注册用户的真实性和有效性，注册信息不被他人冒用、盗用。

② 数据收集层：数据收集层收集用户在身份联盟各成员的注册信息、用户行为认证信息等，并传入评价层进行评价。

③ 评价层：评价层对同一用户在身份联盟各成员中所注册的各属性信息进行聚类，并与网络真实身份核验方中对应属性进行相似度计算，得到绝对相似度评分；若网络真实身份核验方中无该属性评分，则与聚类结果类内方差最小的信息进行相似度计算，得到相对相似度评分其与身份认证结果一同被传入可信度聚合层。

④ 可信度聚合层：可信度聚合层根据属性信息隐私等级，针对绝对相似度评分与相对相似度评分分别划分可信等级评价标准（如信息隐私等级高的信息只分为可信、不可信，隐私等级低的信息可分为可信、偏可信、偏不可信、不可信）。结合身份认证结果给出各属性可信等级评价（如身份认证未通过则可信评价下降一级）。

⑤ 决策层：对各属性可信等级评价，采用多属性决策分析方法，计算决策矩阵并确定各指标权重，计算关联度，进行用户身份可信度评价。

接下来对评价层和决策层的工作过程分别进行说明。

5.3.2　可信评价模型的评价层工作过程

评价层工作过程的具体步骤如下。

（1）建立层次结构模型

将与决策有关的各个元素按照不同属性自上而下地分为若干层次，同一层的因素从属上一层的因素，该层因素对上层因素有影响，同时又支配下一层的因素或受到下层因素的作用。最高层只有一个因素，即需要决策的目标，又称之为目标层。最低层为方案层，包含决策时的备选方案。中间层为准则层，可以有若干子层，对应决策所需的各个考虑因素。

目标层为用户身份属性可信等级；准则层包含两层，分为不同身份信息类别以及对应的子类别。

（2）构造判断矩阵

在层次结构模型的基础上，针对决策层的因素，采用比较尺度表（如表5-3所示）通过两两比较的方式，确定各项元素对上层某个因素的相对影响程度，从而构造一个判断矩阵。

表5-3 比较尺度表

尺度量化值	量化含义
1	二者具有同等重要的影响
3	前者比后者影响稍微强烈
5	前者比后者影响较为强烈
7	前者比后者影响特别强烈
9	前者比后者影响极端强烈
2，4，6，8	两相邻尺度的中间值

（3）层次单排序及一致性校验

根据构建的判断矩阵，求出其最大特征根以及所对应的特征向量，将特征向量归一化处理后记为 w。w 满足：

$$\sum_{i=1}^{n} w_i = 1 \tag{5-1}$$

然后，计算归一化后的特征向量的一致性校验值 CI：

$$CI = \frac{\lambda - n}{n-1} \tag{5-2}$$

随后，引入随机一致性指标 RI：

$$RI = \frac{CI_1 + CI_2 + \cdots + CI_n}{n} \tag{5-3}$$

最后，计算判断矩阵的检验系数 CR：

$$CR = \frac{CI}{RI} \tag{5-4}$$

若 $CR < 0.1$ ，则认为该判断矩阵通过一致性检验，可以用作该层因素的影响权重；否则验证不通过，需要重新构造合理的一致性矩阵。

（4）层次总排序及一致性校验

确定某层所有因素对于总目标重要性的排序过程，该检验从最高层开始逐层向下确定权值。层次总排序计算方法为

$$B_i = \sum_{j=1}^{m} a_j b_{ij} \tag{5-5}$$

其中，a_j 表示其上层 A 中第 j 个因素对总目标的排序权值，b_{ij} 为该层第 i 个因素相对于上层第 j 个因素的层次单排序权值。总排序的一致性检验同式（5-4）。

5.3.3 可信评价模型的决策层工作过程

决策层工作过程的具体步骤如下。

（1）确定参考序列和比较序列

首先将问题抽象为分析序列，构造参考序列和比较序列。参考序列是反映系统行为特征的数据序列，每个指标的最优值构成参考序列，在本评价系统中各个指标最优值对应为各个指标划分的上限；比较序列是影响系统行为的因素组成的数据序列。

（2）无量纲化处理

对原始数据进行无量纲化处理，消除各维度特征间的量纲差异，同时令参评数据在各维度的得分为 1，有利于后期的优化与计算。考虑到参评数据可能存在某些维度为 0 的情况，使用 mask 矩阵对其进行增量转换，从而消除 0 值对于无量纲化处理时的影响。

（3）计算关联系数

计算各因素的灰色关联系数，比较序列 x_i 在第 k 个指标上的关联系数 ξ_i，计算方法如下：

$$\xi_i(k) = \frac{\min\limits_{s} \min\limits_{t} |x_0(t) - x_s(t)| + \rho \max\limits_{s} \max\limits_{t} |x_0(t) - x_s(t)|}{|x_0(k) - x_i(t)| + \rho \max\limits_{s} \max\limits_{t} |x_0(t) - x_s(t)|} \tag{5-6}$$

其中，$\rho \in [0,1]$ 为分辨系数，一般取值为 0.5。

（4）计算关联度

对传统的关联度 R 计算准则进行修改，基于层次分析模型计算得到的各项特征因素的权重 W，对关联系数矩阵 ξ 进行加权求和，具体计算公式如下：

$$R = W\xi \tag{5-7}$$

$$r_j = \sum_{i=1}^{n} w_i \varepsilon_{ij} \tag{5-8}$$

其中，r_j 代表第 j 级指标与参评序列的关联度，w_i 代表权重向量 w 中的第 i 个权值，ε_{ij} 代表关联系数矩阵中第 i 行第 j 列的元素。关联度 r_j 的值越接近 1，说明两个序列间的相关性越好。

根据各个评估对象序列与可信等级参考标准序列的关联度，关联度最高的即判定为可信度分值。

5.4 网络实体身份提供方的信任管理及信任评估

从网络实体身份提供方角度考虑，应结合其在身份联合、跨域授权、属性服务等方面的互操作需求，从服务能力、交互模式、协议流程等维度，实现其信任管理及信任评估。以下综合文献[3-7]介绍两个基础模型：多节点动态信任模型和去中心化信任模型。

5.4.1 多节点动态信任模型

多节点动态信任模型主要涉及以下相关概念。

① 信任：主体使用信任模型预测客体当前服务能力的行为。令 US 表示用户集，SP 表示服务集，若节点 $A \in$ US，节点 $B \in$ SP，则 A 对 B 的信任被描述为 $A \rightarrow B$。在本模型中，使用信任度 T 和可靠度 CT 来表达信任。

② 满意度：指在交互完成之后，主体节点根据本次交互的服务质量（服务响应时间、可用性等）做出的评价。根据信任计算时满意度数据的来源，可以将信任划分为直接信任和推荐信任。满意度取值范围为[0，1]，0 表示很不满意，1 表示很满意。

③ 信任度：主体节点对目标节点的服务能力的预期判断，信任度只受满意度的影响，代表该节点对其他节点的服务能力的评价。信任度的取值范围为[0，1]，0 表示绝对不信任，1 表示绝对信任。

④ 信任可靠度（简称"可靠度"）：信任度的可靠程度。信任可靠度受时间、信任来源等因素的影响。随着时间的增加或信任来源变得不可靠，根据满意度得出的观点（信任度）不会发生变化，但可靠度会随之降低，表达这一观点不可靠。可靠度的取值范围为[0, 1]，0 表示信任度观点绝对不可靠，1 表示信任度观点绝对可靠。

⑤ 直接信任：节点基于本地的数据做出判断的行为，A 对 B 直接信任的信任度记为 $\mathrm{DT}\,(A{\rightarrow}B)$，可靠度记为 $\mathrm{CT_{DT}}\,(A{\rightarrow}B)$。

⑥ 推荐信任：节点综合多个其他节点的直接信任做出判断的行为，A 对 B 推荐信任的信任度记为 $\mathrm{RT}\,(A{\rightarrow}B)$，可靠度记为 $\mathrm{CT_{RT}}\,(A{\rightarrow}B)$。

1. 本地数据存储

信任评价的过程无论是计算直接信任还是计算推荐信任，均需要本地数据的参与，主体节点需要存储以下 3 类数据。

交互的历史记录 H_{all}，从中读取出直接信任计算所需的序列 H，包含交互目标节点信息、交互的满意度、交互时间。

节点推荐数据 R_{all}，用于存储从网络中获得的序列 R_2，包含交互目标节点信息、推荐节点信息、交互的满意度、交互时间。

节点可靠度序列 $\mathrm{CN_{all}}$，从中读取出推荐信任计算所需的序列 CN，包含推荐节点信息、该节点的推荐可靠度、该节点推荐准确的次数 ns 和推荐不准确的次数 nf。

2. 直接信任计算

直接信任受本地信任数据的影响，时间因素会影响信任数据的可靠度。主体节点 A 和待信任评价的目标节点 B 之间的直接信任计算步骤如图 5-3 所示。

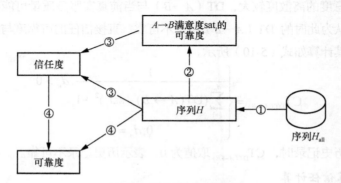

图 5-3　直接信任计算过程

（1）读取节点 A 本地存储的满意度

从本地存储序列 H_{all} 中读取节点 A 关于目标节点 B 的满意度，记为序列 H。序列 $H=\{h_1,\ h_2,\ \cdots,\ h_{d_n}\}$，$d_n$ 为交互次数。序列 H 中，每个元素 h_i 包含当时的服务满意度 sat_i 和交互时间 t_i。

（2）计算本地满意度的可靠度

信任具有时效性，随着时间的延长，满意度 sat_i 结论的可靠度将从可靠变为不可靠。为了模拟这个过程，令 $\text{cr}_i=\theta(t-t_i)$，其中，$\text{cr}_i$ 表示历史服务满意度 sat_i 的可靠度；$\theta(t-t_i)$ 为时间影响函数，t 代表当前时间，t_i 为记录 h_i 发生的时间，时间影响函数的具体表达方式需要根据具体的应用场景进行选择。

（3）计算直接信任的信任度 $\text{DT}(A\rightarrow B)$

如果某一满意度有较高的可靠度，说明参考价值高，应该提高该数据对 $\text{DT}(A\rightarrow B)$ 结果的影响；反之，若本地满意度的可靠度较低，说明参考价值低，应该降低该数据对 $\text{DT}(A\rightarrow B)$ 的影响。

$$\text{DT}(A\rightarrow B)=\begin{cases}\displaystyle\sum_{i=1}^{d_n}\frac{\text{cr}_i}{\displaystyle\sum_{j=1}^{d_n}\text{cr}_j}\text{sat}_i,d_n>0\\[4mm]0.5,d_n=0\end{cases}\tag{5-9}$$

当没有历史记录时，$\text{DT}(A\rightarrow B)$ 取 0.5，表达既非"信任"也非"不信任"。

（4）计算直接信任的可靠度 $\text{CT}_{\text{DT}}(A\rightarrow B)$。

如果实体 B 和主体节点 A 满意度的离散度较小，说明节点服务稳定，$\text{DT}(A\rightarrow B)$ 和当前真实服务质量预计偏差较小，即 $\text{DT}(A\rightarrow B)$ 结论拥有较高的可靠度；反之，如果满意度的离散度较大，$\text{DT}(A\rightarrow B)$ 与当前真实服务质量可能存在较大的偏差，所以认为此时的 $\text{DT}(A\rightarrow B)$ 结论不可靠。直接信任的可靠度与满意度的离散度有关，其计算如式（5-10）所示。

$$\text{CT}_{\text{DT}(A\rightarrow B)}=\begin{cases}\displaystyle\frac{1}{\displaystyle\sum_{i=1}^{d_n}(\text{DT}(A\rightarrow B)-\text{sat}_i)^2+1},d_n>0\\[4mm]0,d_n=0\end{cases}\tag{5-10}$$

当没有历史记录时，$\text{CT}_{\text{DT}(A\rightarrow B)}$ 取值为 0，表示历史记录不可靠。

3. 推荐信任计算

推荐节点的选择来源于两个方面：主体节点选择 n 个推荐节点，满足推荐节点与目标节点曾经发生交互及推荐节点为主体节点中节点可靠度最高的 n 个节点之一两个条件；当节点数量不足 n 个时，目标节点向主体节点推荐其可信任的用户节点，主体节点随机选取这些节点中的一部分作为目标节点的自荐节点。

主体节点 A 和待信任评价的目标节点 B 之间的推荐信任计算步骤如下所示。

（1）获取并处理关于目标节点 B 的推荐数据

推荐节点的来源有两种：一是推荐路径上的节点，记这些节点的推荐信息为序列 R_1；二是反馈推荐的节点，推荐信息保存在主体节点 A 的本地存储序列 R_{all} 中，利用直接信任的计算方法计算出每个推荐节点的直接信任度与可靠度，将处理后的序列记为序列 R_2。若推荐节点数量为 r_n，令序列 $R=\{r_1, r_2, \cdots, r_n\}$ 表示这些推荐节点的推荐记录，有 $R=R_1 \cup R_2$（若推荐节点同时存在序列 R_1 与序列 R_2，优先使用序列 R_1 中的数据）。r_i 包含 rdt_i、rcr_i：rdt_i 表示推荐节点 i 对目标节点的直接信任的信任度；rcr_i 表示推荐节点直接信任的可靠度，推荐节点通过 rcr_i 向主体节点表达自己对 rdt_i 的确定程度。

（2）从本地 CN_{all} 序列中读取对推荐节点的可靠度评价

在推荐信任中，主要使用的数据来自其他节点而非主体本身，所以主体节点 A 需要根据推荐来源判断数据的可靠度。主体节点从本地信任存储 CN_{all} 序列中读取序列 CN。序列 $CN = \{cn_{r_1}, cn_{r_2}, \cdots, cn_{r_n}\}$ 表示节点的推荐可靠度，如果主体没有节点 i 的推荐记录，cn_i 取默认值 0.5。

（3）计算节点推荐的综合可靠度 rc_i

需要从两个方面考虑 rdt_i 的可靠度：推荐节点对 rdt_i 的可靠度 rcr_i；主体节点对推荐节点的可靠度 cn_i。使用 $rc_i=rcr_i \cdot cn_i$ 表达 rdt_i 对应的可靠度。

（4）计算推荐信任的信任度 $RT（A{\rightarrow}B）$

如果推荐节点 i 直接信任的信任度 rdt_i 对应的可靠度 rc_i 较高，说明推荐节点有较大的把握且主体节点认为推荐节点可靠，所以 rdt_i 具有较高的参考价值，需要提高 rdt_i 对 $RT（A{\rightarrow}B）$ 计算结果的影响；反之，如果 rdt_i 对应的可靠度 rc_i 较低，说明推荐节点不确定推荐其或者主体节点认为推荐节点不可靠，则 rdt_i 参考价值较低，需要降低其对 $RT（A{\rightarrow}B）$ 计算结果的影响。$RT(A \rightarrow B)$ 的计算如式（5-11）所示。

$$RT(A \rightarrow B) = \sum_{i=1}^{r_n} \frac{rc_i}{\sum_{i=1}^{r_n} rc_i} rdt_i \tag{5-11}$$

（5）计算推荐信任的可靠度 CT_{RT}（$A{\rightarrow}B$）

当推荐节点对某一目标节点观点之间的离散度较低，说明 RT（$A{\rightarrow}B$）的结论是推荐节点公认的观点，拥有较高的可靠度；反之，如果推荐节点之间观点的离散度较高，说明推荐节点之间存在着大量的分歧，RT（$A{\rightarrow}B$）的结论比较不可靠。$CT_{RT(A{\rightarrow}B)}$ 的计算如式（5-12）所示。

$$CT_{RT(A{\rightarrow}B)} = \frac{1}{\sum_{i=1}^{r_n}(RT(A{\rightarrow}B)-rdt_i)^2+1} \tag{5-12}$$

节点的综合信任 T 由直接信任和推荐信任构成，具体如下：

$$T(A{\rightarrow}B) = aDT(A{\rightarrow}B) + (1-a)RT(A{\rightarrow}B) \tag{5-13}$$

其中，a 表示直接信任权重：

$$a = \frac{CT_{DT(A{\rightarrow}B)}}{CT_{DT(A{\rightarrow}B)} + CT_{RT(A{\rightarrow}B)}} \tag{5-14}$$

5.4.2 去中心化信任模型

文献[5]提出了一种基于区块链技术的车载网络分布式信任管理方案，该方案属于去中心化结构，可使所有路侧单元（RSU）节点能够以分布式方式参与更新各车辆的可信度，同时提供给 RSU 节点所有在车联网中车辆的信任信息；联合工作量证明（proof of work，PoW）和权益证明（proof of stake，PoS）机制，拥有更大车辆信任度的 RSU 节点更易获得记账权，满足可信度越高越优先被记录的要求。

去中心化信任模型如图 5-4 所示，模型涉及的基本概念如下。

① RSU：由于 RSU 资源和计算能力成正比，故由 RSU 完成主要的任务，如收集各车辆评分和信任值管理。

② 收集评分：由消息接收者对该消息进行打分，评估此消息可信度。但是由于交通环境快速变换和车载单元能力有限，这些信息不能长期本地存储和管理，所以车辆需要定期将其对其他车辆发送消息的评分发送至其附近的 RSU。

③ 信任管理：系统假设任一车辆的信任值，只能由 RSU 基于其收集的关于该车辆"发送消息获得的评分"计算得到，计算得到的信任值是关于该车辆所有意见聚合得到的结果，代表了其发送历史消息的可信度。一旦该车辆的信任值被计算出来，那么其他任意车辆都可查询到该车辆的信任值。

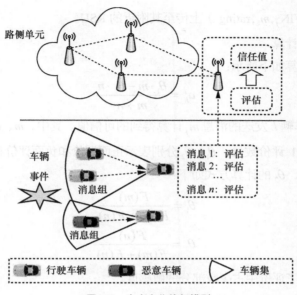

路侧单元

信任值

评估

车辆

事件

消息组

消息1：评估
消息2：评估
⋮
消息n：评估

消息组

行驶车辆　　　恶意车辆　　　车辆集

图 5-4　去中心化信任模型

④ 车辆：车辆配备有车载单元传感器、计算系统、通信设备，可以完成数据的收集、处理和分享操作。

⑤ Reference Set：将车辆附近一定范围内的车辆集定义为 Reference Set。

该模型主要包含消息评分及上传、信任值计算、选择矿工及生成区块、分布式共识 4 个部分。

（1）消息评分及上传

将消息分组为 $\{M_1, M_2, M_3, \cdots, M_j, \cdots\}$，其中 M_j 代表该消息组中的消息预警事件 e_j 会发生。M_j 中每条消息的可信度计算方式如下：

$$c_k^j = b + e^{-yd_k^j} \tag{5-15}$$

其中，c_k^j 代表车辆 k 发送的位于消息组 M_j 中一条消息的可信度，d_k^j 代表车辆之间的距离，b、y 为预设值，分别指消息可信度下限以及其随两车距离的变换速率。如果车辆 k 没有预告事件 e_j 发生，令 $c_k^j = 0$。根据上述计算方法，消息接收者可以获得一个针对事件 e_j 的可信集合 $C_j = \{c_1^j, c_2^j, \cdots\}$；消息接收者可以使用贝叶斯推断方法计算得出事件 e_j 发生的概率。

如果计算得出该事件可能发生的概率超过阈值，则认为该事件会发生，并将预报该事件发生的消息评价为+1，否则将其评价为−1。然后，车辆可以定期将这些评价信息（$\mathrm{VIN}_i, \mathrm{VIN}_j, m_k, \mathrm{rating}$）上传至其附近的 RSU。

（2）信任值计算

信任值的计算如下所示：

$$a_k^j = \frac{\theta_1 \cdot m - \theta_2 \cdot n}{m + n} \tag{5-16}$$

a_k^j 为基于车辆 k 发送的消息 m_j 计算得到的可信值。其中，m、n 分别表示该消息收到的 +1 和 −1 评价数量，θ_1、θ_2 分别表示正面评价和负面评价在其信任评估中所占的权重。θ_1、θ_2 的计算方式如下：

$$\theta_1 = \frac{F(m)}{F(m) + F(n)}$$
$$\theta_2 = \frac{F(n)}{F(m) + F(n)} \tag{5-17}$$

其中，$F()$ 控制了评价中占少数部分的敏感度。

（3）选择矿工及生成区块

将 PoW 和 PoS 两种机制相结合，以可信度作为节点的股东权益，决定其计算出正确 nonce 的难度。拥有较大可信度的 RSU 节点更容易计算出 nonce，从而保证存储在区块中的信息及时更新。具体的选举方法为 $\mathrm{Hash}(\mathrm{ID}_{\mathrm{RSU}}, \mathrm{time}, \mathrm{PreHash}, \mathrm{nonce}) \leqslant S_i$。

其中，S_i 为 RSU_i 节点计算的某个哈希值，其与 F_i 成正相关。所有节点都不断尝试 nonce，直到找到正确的满足上述条件的 F_i，计算如下：

$$F_i = \min\left(\sum_{o_k^j \in O_i} \left| o_k^j \right|, F_{\max} \right) \tag{5-18}$$

其中，O_i 为 RSU_i 当前所有的可信值集合，$F_{\max}$ 为其上限，这样可以避免某一节点一直当选矿工。某一个节点当选矿工之后，其 O_i 会立即清空。

（4）分布式共识

一旦从矿工那里接收到一个区块，RSU 节点需要先检查 nonce 的有效性，验证通过后将该区块添加到其区块链中。有时 RSU 可能同时接收多个块，此时，区块链开始分叉，采用分布式共识方案来解决这一问题。每个 RSU 节点都自主选择一个分叉，然后继续在其后添加新的区块。则经过一段时间后，被多数 RSU 节点认可的区块链增长速度会比其他区块链增长得更快。最长的一条成为网络分布式共识的区块链，而其他分叉被丢弃。此外，每个 RSU 节点需要收集在丢弃的分叉中自己生成的区块，并尝试在未来将它们添加到区块链中。通过这种方式，所有 RSU 都存储相同版本的区块链，确保了网络的一致性。

　　基于有效的信任模型进行网络实体身份提供方的信任管理及信任评估，不仅有助于网络实体身份提供方的规范建设和运行，也有助于实现各种身份管理模式的有效融合，可为系统间的身份可信传递提供可靠机制。

| 5.5　异构身份联盟的可信管理与可信评价 |

　　异构身份联盟是一种由跨体系结构、跨应用领域的多个身份管理系统组成的，以用户为中心的面向异构网络实体身份联盟管理模型。本节对其可信管理框架和可信评价管理模型进行介绍和分析。

5.5.1　异构身份联盟可信管理框架

　　异构身份联盟可信管理框架由身份联盟链、基础资源库管理、统一身份标识管理、身份跨域管理、可信评价管理与数据安全管理等模块组成，如图 5-5 所示。

图 5-5　异构身份联盟可信管理框架

　　（1）身份联盟链

　　身份联盟链是只允许授权节点接入网络的半开放式区块链，针对具有一定信任度的群体或机构，通过对节点授权来设置准入门槛，使数据的产生和接触安全可控，架构如图 5-6 所示。身份联盟链内部设置记账节点与普通节点，记账节点负责打包交易以及产生新区块，普通节点只负责产生交易和查询交易，没有记账权[8]。

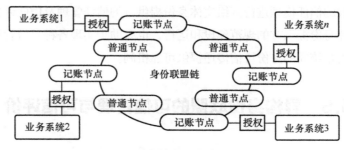

图 5-6　身份联盟链架构

（2）基础资源库管理

基于异构身份联盟的基础架构与服务体系，管理个人、机构、设备、软件等各类网络实体的多维度信息（身份信息、属性信息、行为信息等），并基于密码技术保护数据的保密性、完整性、可用性和实体身份隐私。

（3）统一身份标识管理

基于统一身份标识，实现异构身份联盟中实体的统一身份标识管理，包括实体身份标识（XID）及属性信息生成、发起身份核验、身体标识生成、身份标识维护等全生命周期的管理。实体统一身份标识管理如图 5-7 所示。

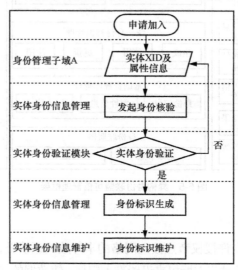

图 5-7　实体统一身份标识管理

以设备实体统一身份标识生成为例进行说明，如图 5-8 所示。

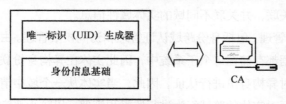

图 5-8　设备实体统一身份标识生成

① 实体身份验证：各类实体提交实体 XID 及属性信息申请加入异构身份联盟，由实体身份验证模块确认实体身份信息的真实性和有效性。

② 身份标识生成：为了监督和管理整个异构身份联盟中实体的行为，统一访问不同域时，在实体注册过程中，UID 生成器根据实体的基本信息生成一个统一身份标识，作为在异构身份联盟中的唯一身份标识。

③ 身份标识维护：通过身份标识维护模块可以实现实体统一身份标识的调用、更新、注销等业务操作。

（4）身份跨域管理

实体身份跨域管理如图 5-9 所示。

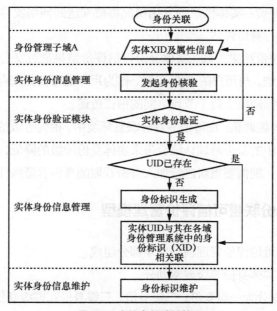

图 5-9　实体身份跨域管理

① 身份关联：为了统一地监督和管理，将实体 UID 与其在各域身份管理系统中的身份标识相关联，并关联不同域的实体属性信息。

② 跨域操作管理：包括身份跨域认证管理和访问权限管理。由于每个实体在不同领域的资源数据都存储在每个子系统中，因此实体在异构身份联盟注册后，需要通过身份联盟链对异构身份进行认证。因此，当实体从一个域中请求访问另一个域的资源时，有必要对实体的跨域行为进行监督和管理，以防止恶意攻击者通过身份欺骗窃取实体的数据或资源。

（5）可信评价管理

不同可信等级的实体（用户）信息在获得各自的属性可信评分后，依据可信等级获得权重并计算实体（用户）的总体属性可信评分。当实体信息发生以下变化时，需要重新计算总体属性可信评分。

① 基本信息变更：更新实体（用户）的基本信息，包括姓名、性别、出生日期和出生地，会导致可信度降低，并触发重新计算。

② 实体（用户）行为属性的变化：实体（用户）行为发生显著变化而产生的新风险将导致可信度下降，如登录地址、个人购物偏好和操作行为的显著变化，因此需要对行为属性进行持续监控，及时重新计算并在达到阈值时处置，以防止身份欺骗。

③ 身份可信评价：实体信息的变化情况将被发送到网络实体身份可信评价模型中进行集成，进行身份评估。

④ 身份可信评价结果关联：实体身份可信评价结果通过身份联盟链发送到统一身份标识管理系统，与用户的 UID 关联，作为用户的可信数据存储在基础资源库中，这个过程可以保障链上每个节点之间的信任传递。

⑤ 身份可信等级调整：在可信的身份联盟环境中，相同等级的实体身份可保持原级；非可信环境中的身份跨域认证会带来实体身份等级的降低，每次跨域降低一级，如等级为最低，则需要重新进行加入身份联盟的身份验证操作。

5.5.2 异构身份联盟可信评价管理模型

异构身份联盟可信评价管理模型由 4 部分组成。

（1）异构联盟实体身份等级要素划分

① 身份等级划分为一级身份、二级身份、三级身份和四级身份。一级身份：无要求，申请人自己声称一个身份，即可获得身份标识符，证明是申请者。二级身份：

该等级要求身份证据来自权威机构,声称的身份在现实世界真实存在且有活动历史,或申请人与所声称的身份相关联。三级身份在二级身份的基础上，要求使用现场认证方式确定申请人和所声称身份的关联性，增加了身份信息验证对比要求。四级身份在三级身份的基础上，要求提供更多证据、属性等和执行额外的验证程序以防止身份的冒用或伪造，如使用生物特征等。

② 每个等级从五大要素作要求。要素 A：身份证据的强度，即验证申请者身份证据生成或发放过程的安全性和合规性。要素 B：身份证据有效性验证，即验证身份证据本身的真实有效性。要素 C：身份关联性验证，即验证身份证据与申请者之间的绑定关系。要素 D：反欺诈审查，即审查申请者本人的违法违纪行为。要素 E：历史活跃度审查，即验证申请者历史活跃度。

（2）异构联盟实体身份分级评估（如 5.1 节所述）

（3）异构联盟实体身份静态定级与动态调整

① 静态定级：在实体身份发行评估阶段，根据申请者提供的身份属性信息以及所收集的身份属性证据，对身份的可靠程度进行综合评分，给出初始的电子身份凭证颁发等级。

② 动态调整：在使用阶段，如果实体的网络行为记录（消费记录、登录记录、历史活动记录等）异常，身份服务提供方可以对其身份凭证级别进行调整，有严重不良行为记录的申请者将被拒绝为其提供服务。OpenID 支持方也可以根据身份动态调级的结果对用户的操作权限进行调整。

（4）异构联盟实体身份可信评价（如 5.3 节所述）

依据实体身份可信评价与管理模型对实体身份进行综合管理。其中，异构身份联盟可信评价管理模型如图 5-10 所示。

图 5-10　异构身份联盟可信评价管理模型

| 5.6 异构身份联盟风险评估流程及风险分析 |

本节根据异构身份联盟架构特点，给出异构身份联盟风险评估流程，并对联盟架构及联盟跨域访问的风险因素进行说明和分析。

5.6.1 异构身份联盟的风险评估

信息安全风险评估工作的主要规范是 GB/T 20984—2007《信息安全技术 信息安全风险评估规范》。该规范中的风险分析原理如图 5-11 所示。

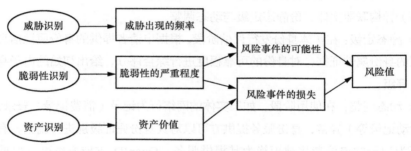

图 5-11 风险分析原理

风险评估的 3 个基本要素是资产、脆弱性和威胁。根据资产价值和脆弱性的严重程度确定风险事件发生将会造成的损失，根据威胁出现的频率和该威胁将会利用到的脆弱性的严重程度确定事件发生的可能性，再由两者计算出一旦事件发生所造成的影响，即风险评估的结果（风险值）。

由于异构身份联盟架构的特殊性，在各联盟成员的信息安全风险评估中要考虑联盟用户的风险行为[9]。用户的风险行为如 SQL 注入、越权访问等都会对联盟成员信息系统构成一定的威胁，异构身份联盟是统一的身份管理体系，联盟用户在单一系统下的行为是完全可能在其他系统中发生的。因此，每个联盟成员系统的风险评估可以将整个联盟用户的风险行为因素纳入评估中，即将联盟用户风险行为作为威胁识别的附加值。

异构身份联盟架构风险评估分析框架如图 5-12 所示。

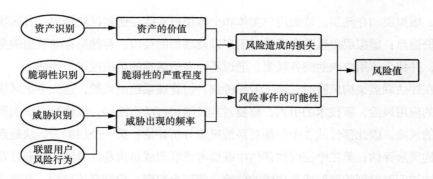

图 5-12　异构身份联盟架构风险评估分析框架

根据以上分析内容，给出异构身份联盟风险评估流程，如图 5-13 所示。

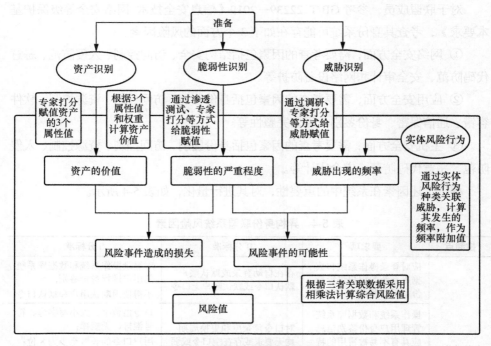

图 5-13　异构身份联盟风险评估流程

5.6.2　联盟架构风险因素及分析

联盟是基于区块链的异构身份联盟管理系统[10]，其整体架构由 3 层组成：区块链层、虚拟层和存储层。联盟用户实体和个体用户实体注册到区块链层，各区块存储身份信息；虚拟层提供整个系统对用户以及联盟的接口；存储层存储联盟的身份文件，并将个体用户映射到各联盟，通过不同身份属性的可信度进行评估。

在评估联盟架构风险时，除了考虑传统身份管理系统的风险，还应考虑区块链架构的应用风险。新技术的引入，需要对其风险进行动态跟踪，以便及时识别和控制新的风险。因此预计从 3 个层面对系统风险分析评估：第一个层面为区块链系统的架构风险评估；第二个层面在评估中既要考虑联盟成员自身的风险，又要注意进行跨域访问时对别的联盟成员构成的危险；第三个层面，根据系统架构，联盟成员在其他第三方系统（各类互联网应用平台）的用户身份信息泄密等，可能造成联盟身份信息安全风险。

对于联盟成员，参考 GB/T 22239—2019《信息安全技术 网络安全等级保护基本要求》，考查其身份系统可能存在如下 3 个方面的风险因素。

① 网络安全方面，需要考查的因素包括结构安全、访问控制、入侵防范、恶意代码防范、安全审计和网络设备防护等。

② 应用安全方面，需要考查的因素包括身份鉴别、访问控制、资源控制、软件容错、通信保密、身份鉴别、通信完整性等。

③ 主机安全方面，需要考查的因素包括身份鉴别、访问控制、资源控制、入侵防范、恶意代码防范、安全审计等。

根据上述因素在系统中的重要性，对其进行量化，如表 5-4 所示。

表 5-4　异构身份联盟系统风险因素

控制点	要求项	0 分标准	5 分标准
身份鉴别	应对登录操作系统和数据库系统的用户进行身份标识和鉴别	存在自动登录或默认账户默认口令或默认账户无口令	对登录操作系统和数据库系统的用户进行身份鉴别；不得使用默认用户和默认口令
	操作系统和数据库系统管理用户身份鉴别信息应具有不易被冒用的特点，口令应有复杂度要求并定期更换	对口令复杂度和更换周期均无要求或存在空口令或弱口令（6 位数字及以下）	口令由数字、大小写字母、符号混排，无规律；用户口令的长度至少 8 位；口令每季度更换一次，更新的口令至少 5 次内不能重复
	应启用登录失败处理功能，可采取结束会话、限制非法登录次数和自动退出等措施	无登录失败处理功能或未启用登录失败处理功能	已启用登录失败处理功能；限制非法登录尝试次数，超尝试次数后实现锁定策略；设置网络连接超时自动退出

续表

控制点	要求项	0 分标准	5 分标准
身份鉴别	当对服务器进行远程管理时,应采取必要措施,防止鉴别信息在网络传输过程中被窃听	当对服务器进行远程管理时,鉴别信息明文传输	当对服务器进行远程管理时,鉴别信息非明文传输
	为操作系统和数据库的不同用户分配不同的用户名,确保用户名具有唯一性	操作系统和数据库系统的用户名不具有唯一性	操作系统和数据库系统的用户名具有唯一性
入侵防范	当检测到攻击行为时,记录攻击源 IP、攻击类型、攻击目的、攻击时间,在发生严重入侵事件时应提供报警	未保留攻击行为记录;未能对攻击行为进行报警	监控设备能够检测到攻击行为,并保存有攻击源 IP、攻击类型、攻击目的、攻击时间等相关记录;在发生入侵事件时,监控设备能够提供声音、短信或邮件等,主动报警
恶意代码防范	应在网络边界处对恶意代码进行检测和清除	网络边界处未部署安全防范措施	在网络边界部署恶意代码检测系统,如防病毒网关、统一威胁管理和入侵防御传感器的防病毒模块等;网络边界处的恶意代码检测系统有相关检测记录
	应维护恶意代码库的升级和检测系统的更新	3 个月内恶意代码库未更新升级	及时对恶意代码库进行升级更新;恶意代码库为最新版本
网络设备防护	应对登录网络设备的用户进行身份鉴别	未对登录网络设备用户进行身份鉴别	对登录网络设备的用户进行身份鉴别;不得使用默认用户和默认口令
	应对网络设备的管理员登录地址进行限制	未对管理员登录网络设备地址进行任何限制	对管理员登录网络设备地址进行限制,如在堡垒机和防火墙上对网络设备的管理员登录地址进行限制,只允许管理员从堡垒机上远程登录网络设备等
	网络设备用户的标识应唯一	有多人使用同一账号的现象	网络设备用户的标识唯一,各网络管理员都使用各自独立的用户名和密码,实行分账户管理
	主要网络设备应对同一用户选择两种或两种以上组合的鉴别技术来进行身份鉴别	仅使用一种身份鉴别技术	采用两种或两种以上的组合鉴别技术对网络设备用户进行身份鉴别
	身份鉴别信息应具有不易被冒用的特点,口令应有复杂度要求并定期更换	对用户名/口令方式的身份鉴别,对口令复杂度和更换周期均无要求,或存在空口令或弱口令(6 位数字及以下)	口令由数字、大小写字母、符号混排,无规律;用户口令的长度至少为 8 位;口令每季度更换一次,更新的口令至少 5 次内不能重复

续表

控制点	要求项	0分标准	5分标准
网络设备防护	应具有登录失败处理功能,可采取结束会话、限制非法登录次数和当网络登录连接超时自动退出等措施	未启用任何登录失败处理功能	设备已启用登录失败处理功能; 限制非法登录尝试次数,超尝试次数后实现锁定策略; 设置网络登录连接超时自动退出
	当对网络设备进行远程管理时,应采取必要措施防止鉴别信息在网络传输过程中被窃听	当对网络设备进行远程管理时,鉴别信息明文传输	当对网络设备进行远程管理时,鉴别信息非明文传输
	应实现设备特权用户的权限分离	只配置一个管理人员; 存在兼任	区分不同用户的操作权限,实现设备特权用户的权限分离,如可分为系统管理员、安全管理员、安全审计员等

5.6.3 联盟跨域访问风险因素及分析

由于用户会在联盟成员之间进行跨域访问,因此需要考查对于联盟系统进行跨域访问时的风险因素。对于联盟成员,需要建立对应的数据库,需要考查跨域访问情况的项包括源联盟成员、目的联盟成员,每一个联盟成员又包含身份等级、安全等级、业务类别等。

由于每个联盟成员在属性方面的不同,跨域访问存在的可能风险因素如下。

① 访问权限设置方面可能出现越权访问。由于每个联盟成员的各方面属性(身份等级、安全等级、业务类别等)不同,联盟成员对于访问自身的用户会进行审核,采用多种方式对用户进行身份鉴别,对于跨域访问,会减少一些安全风险,但增加了其他安全风险。因为从联盟成员跨域访问另一个联盟成员,各方面属性不同,跨域的权限设定也应不同。因此,权限的设置容易发生错误,尤其是从安全等级低的联盟成员跨域访问安全等级高的联盟成员时,容易带来风险。如果为联盟成员两两之间的跨域访问设定不同的访问方式,对于具有一定规模的联盟,很耗费时间而且代价很高。

② 由于从安全等级高的联盟成员跨域访问安全等级低的联盟成员受到的访问限制少,因此安全等级高的联盟成员的身份管理系统会成为恶意攻击的首选目标。一旦攻击成功,就会对所在联盟系统的其他成员构成极大威胁。

| 5.7 异构身份联盟风险评估实现方法 |

5.7.1 异构身份联盟的风险评估指标

风险因素分析的全面性和准确性是异构身份联盟风险评估成功的关键因素，只有经过全面分析风险诱因制定的指标体系才具有较强的科学性和合理性，反之将导致风险评估的结果不准确，对异构身份联盟体系建设没有实质性促进作用。

对于由多个机构组成的异构身份联盟而言，其风险评估工作是先分解到各个机构，再组合到一起。每个机构的风险评估是由资产所面临的威胁、存在的脆弱性被利用而造成的损失或影响共同决定的。因此可以从资产价值、威胁识别、脆弱性识别 3 个方面识别风险异构身份联盟架构风险因素，最终得到异构身份联盟架构风险评估指标体系。其一级指标为资产价值、威胁识别、脆弱性识别；二级指标为风险因素的上级分类，一共包含 16 个二级指标；影响异构身份联盟信息安全的 46 个风险因素作为三级指标。异构身份联盟系统风险因素指标如表 5-5 所示。

表 5-5 异构身份联盟系统风险因素指标

一级指标	二级指标	三级指标
资产价值	硬件	网络设备
		计算机设备
		存储设备
		传输设备
		保障设备
		安全保障设备
	软件	系统软件
		应用软件
	数据	源代码
		应用数据
		内部文档

续表

一级指标	二级指标	三级指标
资产价值	服务	信息服务
		网络服务
		办公服务
	人员	核心管理人员
		涉密人员
威胁识别	网络攻击	预攻击行为
		口令入侵
		Web 应用程序攻击
		拒绝服务攻击
		安全漏洞攻击
		木马攻击
	越权滥用	越权访问
		滥用权限
	软硬件故障	硬件故障
		应用软件故障
		系统软件故障
	泄密	内部信息泄露
		外部信息泄露
	误操作	操作失误
		维护错误
	物理环境威胁	自然灾害
		资产环境
脆弱性识别	应用系统	访问控制脆弱性
		数据安全脆弱性
		代码安全脆弱性
	网络结构	边界安全脆弱性
		网络配置脆弱性
		访问控制脆弱性
	系统软件	操作系统脆弱性
		访问控制脆弱性
	物理环境	机房供电脆弱性
		机房环境脆弱性
		设备安全脆弱性
	组织管理	安全管理制度脆弱性
		安全运维管理脆弱性

5.7.2　异构身份联盟的风险评估方法

根据系统资产、脆弱性、威胁等指标，以及用户行为[11]等可以进行风险计算，下面介绍异构身份联盟风险评估流程涉及的具体计算方法。

（1）资产识别

资产识别工作是对联盟成员资产进行识别发现并且分别对其赋值，对每项资产进行 3 个属性维度赋值，分别是资产的保密性、完整性和可用性。根据每个属性的重要性以及保护要求，采用 5 个等级的方式进行赋值，每个等级所代表的具体含义可参考 GB/T 20984—2022《信息安全技术　信息安全风险评估方法》[12]。并且需要给每个属性设定相应的权重，采用专家打分法的方式确定这些数据。最终形成的数据示例如表 5-6 所示。

表 5-6　资产识别数据示例

资产编号	资产名称	安全属性赋值			权重赋值			资产价值
		保密性	完整性	可用性	保密性	完整性	可用性	
A001	数据库服务器	2	4	5	0.1	0.4	0.5	4.3
A002	应用服务器	2	3	5	0.2	0.3	0.5	3.8

资产价值计算方式如下：

$$V = v_c \cdot w_c + v_i \cdot w_i + v_a \cdot w_a \tag{5-19}$$

其中，v_c 表示保密性的赋值，w_c 表示保密性的权重，v_i 表示完整性的赋值，w_i 表示完整性的权重，v_a 表示可用性的赋值，w_a 表示可用性的权重。

（2）脆弱性识别

脆弱性识别是以资产为对象，识别并评估资产存在的脆弱性。在实际应用中，脆弱性识别最常见的方法是渗透测试，全面测试系统的脆弱性，根据测试结果进行打分，一般是专家打分或者采用规则匹配，针对资产存在的漏洞分类自动打分。评估人员通过专家打分等方式确定资产存在的脆弱性并且赋值，赋值评分根据其严重程度分为 5 个等级，分别为很低、低、中等、高、很高，对应评分为 1～5。脆弱性评估数据示例如表 5-7 所示。

表 5-7　脆弱性评估数据示例

资产名称	脆弱性 ID	脆弱性名称	脆弱性描述	严重程度
数据库服务器	VLN-001	弱口令	主机密码弱口令	5
	VLN-002	木马	存在木马后门	5

（3）威胁识别

威胁识别常用的方法是问卷调查、现场考察、查看日志或者根据国际社会组织发布的威胁统计。威胁识别的不确定性比较大，为了更加准确地进行威胁识别，风险评估系统设计了威胁附加值，即将联盟用户的风险行为频率作为威胁附加值，由系统自动计算，每种风险行为有对应的威胁分类。威胁评估数据示例如表 5-8 所示。

表 5-8　威胁评估数据示例

资产	威胁	威胁频率	威胁附加值	威胁赋值	脆弱性名称	严重程度
数据库服务器	未授权访问	3	1	4	弱口令	5
	恶意代码	1	0	1	木马	5

威胁附加值计算方式如式（5-20）所示。

$$f = \mathrm{count}(风险行为) / \mathrm{time} \tag{5-20}$$

其中，count 为风险行为次数，time 为风险行为首次时间和末次时间差，单位为天。威胁附加值换算如表 5-9 所示。

表 5-9　威胁附加值换算

风险行为次数	威胁附加值
0～100	0
101～1 000	1
1 001 及以上	2

（4）风险计算

风险计算使用相乘法，计算示例如表 5-10 所示。

表 5-10　风险计算示例

资产	资产价值	威胁	威胁频率	脆弱性	严重程度	风险事件发生的可能性	风险事件的损失	风险值
数据库服务器	4	未授权访问	4	弱口令	5	$\sqrt{20}$	$\sqrt{20}$	20
	4	恶意代码	1	木马	5	$\sqrt{5}$	$\sqrt{20}$	10

风险评估涉及两个要素，通常采用相乘法计算出另一个要素的值，风险评估系

统计算风险事件发生的可能性和风险事件的损失使用的计算公式如下：

$$z = f(x,y) = \sqrt{x \cdot y} \tag{5-21}$$

以表 5-10 第一组数据为例，根据资产面临的威胁和资产脆弱性，可使用式（5-21）得到风险事件发生的可能性，风险事件发生的可能性为 $\sqrt{4 \times 5} = \sqrt{20}$ 。根据资产价值和资产脆弱性计算得到风险事件的损失为 $\sqrt{4 \times 5} = \sqrt{20}$ 。最终根据这两项数据，采用相乘法计算风险事件的风险值：

$$R = f(x,y) = x \cdot y \tag{5-22}$$

即风险值为 $\sqrt{20} \times \sqrt{20} = 20$ 。

根据以上的方法继续计算资产的其他风险值，然后根据风险值确定风险等级。风险等级划分如表 5-11 所示。

表 5-11　风险等级划分

风险值	风险等级
1～5	1
6～10	2
11～15	3
16～20	4
21～25	5

按照上述计算原理，可得到最终的风险等级，如表 5-12 所示。

表 5-12　风险结果示例

资产	资产价值	威胁	威胁频率	脆弱性	严重程度	风险事件发生的可能性	风险事件的损失	风险值	风险等级
数据库服务器	4	未授权访问	4	弱口令	5	$\sqrt{20}$	$\sqrt{20}$	20	4
	4	恶意代码	1	木马	5	$\sqrt{5}$	$\sqrt{20}$	10	2

各联盟成员需要存储最终的风险评估结果，为了真实地反映风险，联盟成员风险评估的最终结果采用木桶原理，将系统资产风险最大的项作为最终风险值，即：

$$R = \max(r_0, r_1, \cdots, r_i) \tag{5-23}$$

5.8 小结

    网络实体身份评估实际应用尚不多，但随着《个人信息保护法》《数据安全法》等相关法律的出台，其重要性日趋凸显。网络实体身份可信度的分级评估以及网络实体身份标识发行方、网络实体身份鉴别方的信息评估和风险评估将越来越频繁。本章对网络实体身份评估流程、可信等级划分、身份属性的可信评价、网络实体身份提供方的信任管理及评估、异构身份联盟风险评估流程和实现方法等方面进行了初步分析和探讨，之后还需通过网络实体身份评估实践工作进行补充和完善。

参考文献

[1] 林璟锵, 马原, 荆继武, 等. 适用于云计算的基于 SM2 算法的签名及解密方法和系统[P]. 2014.

[2] 梁晓实, 邹福泰, 谭越. 基于 AHP-GRA 的用户身份可信评价方法[J]. 通信技术, 2020, 53(4): 943-951.

[3] LIU H, ZHANG Y, YANG T. Blockchain-enabled security in electric vehicles cloud and edge computing[J]. IEEE Network, 2018, 32(3): 78-83.

[4] LIU H, YAO X X, YANG T, et al. Cooperative privacy preservation for wearable devices in hybrid computing-based smart health[J]. IEEE Internet of Things Journal, 2019, 6(2): 1352-1362.

[5] ZHANG P F, LIU H, ZHANG Y. Blockchain enabled cooperative authentication with data traceability in vehicular edge computing[C]//Proceedings of 2019 Computing, Communications and IoT Applications (ComComAp). 2019: 299-304.

[6] ZHANG S P, LIU H. Environment aware privacy-preserving authentication with predictability for medical edge computing[C]//Proceedings of 2019 International Conference on Cyber-Enabled Distributed Computing and Knowledge Discovery (CyberC). 2019: 90-96.

[7] LUO J, LIU H, CHENG Q Y. Cooperative privacy preservation for Internet of vehicles with mobile edge computing[C]//Cyberspace Safety and Security. 2019: 289-303.

[8] 郭上铜, 王瑞锦, 张凤荔. 区块链技术原理与应用综述[J]. 计算机科学, 2021, 48(2): 271-281.

[9]　张仕斌, 许春香, 安宇俊. 基于云模型的风险评估方法研究[J]. 电子科技大学学报, 2013, 42(1): 92-97, 104.

[10]　张仕斌, 许春香. 基于云模型的信任评估方法研究[J]. 计算机学报, 2013, 36(2): 422-431.

[11]　蒋泽, 李双庆, 尹程果. 基于多维决策属性的网络用户行为可信度评估[J]. 计算机应用研究, 2011, 28(6): 2289-2293, 2320.

[12]　国家市场监督总局, 中国国家标准化管理委员会. 信息安全技术　信息安全风险评估方法: GB/T 20984—2022[S]. 北京: 中国标准出版社, 2022.

第6章

网络电子身份标识的发展与应用

网络实体中最重要的是公民个人。当前，加强公民的网络身份管理成为各国政府的共识，很多国家开展了相关研究和实践[1]。其中，主要从战略计划、项目实施、应用推广等方面开展了公民网络身份管理的大规模部署和推进。

在各国公民网络身份管理推进过程中，国际主流的做法是由政府为公民颁发与其真实身份相关联的公民网络电子身份标识（electronic identity，eID）。本章对国内外网络电子身份标识的发展和应用情况进行介绍和分析。

6.1 各国网络身份管理及网络电子身份标识战略计划

近年来，很多国家和组织开展了公民网络身份管理的大规模部署和推进，欧盟及其主要成员国、美国、澳大利亚、加拿大、日本等大多将网络电子身份标识作为网络身份管理战略计划的核心。

6.1.1 欧盟网络身份管理及网络电子身份标识战略计划

欧盟 1999 年发布了《关于建立有关电子签名共同法律框架的指令》，确立了网络身份管理的技术路线。自 2000 年开始，在"i2010"战略计划及其后续推进计划"欧洲数字议程""适合数字时代的欧洲"等中，始终将建立和完善覆盖整个欧盟的网络身份管理体系作为重点工作。各战略计划相互承接、环环相扣，保障了欧盟网络身份管理及网络电子身份标识的持续发展。

在此过程中，欧盟委员会主导各个项目、计划、战略的建立与实施，并颁布公共的法律法规，其重心在整个欧洲网络身份管理及网络电子身份标识的互操作性上，欧盟各成员国为参与方，欧洲标准化委员会、欧洲电信标准化协会等提出共同遵守的公共标准。

欧盟近年来有以下主要举措。

① 2005 年，欧盟委员会正式提出了"i2010——欧洲信息社会：促进经济增长和就业"[2]，简称"i2010"战略计划。

② 2006 年，欧盟委员会发布了《2010 年泛欧洲 eID 管理框架路线图》[3]，如图 6-1 所示。

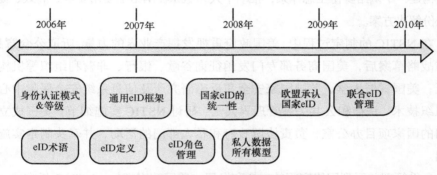

图 6-1　2010 年泛欧洲 eID 管理框架路线图

③ 2009 年，欧盟委员会下设的欧洲网络与信息安全局（European Network and Information Security Agency，ENISA）发布了《泛欧洲网络身份管理倡议发展现状的报告》。

④ 2010 年，欧盟委员会启动了欧洲公共管理交互解决方案项目。

⑤ 2011 年，欧洲议会推出了"i2010"的后续推进计划——"欧洲数字议程"[4]，"欧洲数字议程"一期（2010—2020 年）、"欧洲数字议程"二期（2020—2030 年）相继启动，是欧洲 2020 年可持续和智能增长战略的 7 项主要举措中的第一项。

⑥ 2012 年 11 月，欧盟启动了"FutureID"大规模集成项目（2012 年 11 月至 2015 年 10 月），参与者包括来自 11 个成员国的 19 个合作伙伴，旨在为欧洲建立一个全面、灵活、隐私感知和无处不在可用的身份管理基础设施。它集成了现有的 eID 技术、可信基础设施、新兴的联邦身份管理服务以及现代的证书技术，创建了以用户为中心的系统，来保证身份声明是可信的且被负责任地管理。

⑦ 2019 年 7 月，欧盟委员会发布了 2019—2024 年的 6 项优先战略事项，其中一项为"适合数字时代的欧洲"战略计划，此战略计划包含欧洲数字身份行动。

该行动的目的是使每个有资格获得 eID 的人都有权拥有在欧盟任何地方都认可的数字身份，用来在线识别或确认个人身份属性，以便访问整个欧盟的公共和私人数字服务。

6.1.2　美国网络空间可信身份国家战略

2011 年 4 月 15 日，美国发布了《网络空间可信身份国家战略（NSTIC）》[5]，计划构建一个网络身份生态体系，推动个人和组织在网络上使用安全、高效、易用的身份解决方案。

在 NSTIC 的制定过程中，美国政府重视发挥产业界的力量，听取公众意见，发布战略草案后，美国商务部专门发函征询谷歌、银行、非营利组织等机构的意见；美国雪城大学、美国国家安全和反恐研究所及信息系统安全保障中心多次组织技术、法律和公共关系管理界人士，研讨 NSTIC 实施细节。美国成立了专门的国家项目办公室，负责协调政府和私人部门的活动，并牵头制定实施路线图。

身份管理关系到网络空间的安全和发展。美国政府表示，NSTIC 旨在建立综合的身份管理系统，而不是国家身份证；实施 NSTIC 要由用户自愿，并由联邦政府咨询私营机构制定标准。因此，NSTIC 由美国商务部国家标准技术研究所（NIST）负责，强调在自由、宽松、自愿的原则下服务社会公众，支持社会经济发展。政府的一系列做法获得了社会各界尤其是产业界的积极回应。微软、谷歌、IBM、智能卡联盟等商业机构表示支持 NSTIC 计划，将会配合商务部开展工作，并建议政府从立法、市场推广、市场竞争、用户接受、安全教育等方面，完善 NSTIC 计划的配套措施。

美国政府建议由私营企业运作网络身份标识生态系统，政府只是在先期启动、示范应用上做表率。具体的分工建议为：联邦政府提供领导、协调、协作和激励，加强与私营部门、州、地方及各国政府的合作，参考私营机构的意见制定证书标准；证书提供商授权提供、管理和存储证书；企业使用数字证书认证用户身份；终端用户购买身份证书用于身份认证，明确与各方共享的不同信息内容。此外，NSTIC 实施过程遇到的法律、激励、成本、技术问题，需要各方的共同参与和相互配合，确保建成一个安全、可靠、高效、便捷的身份认证系统，使广大用户仅管理少数几个账户就能够获得高质量的网络经济和信息服务，享受互联网带来的巨大好处。

从 2014 年开始，美国宾夕法尼亚、密歇根、加利福尼亚等州开展了网络身份认证在线测试和相关法案的制定工作，涉及电子商务、居民健康、网上教育等领域。

6.1.3　其他国家和地区网络身份管理战略计划

（1）澳大利亚

2007 年，澳大利亚开始发展并逐步实施全国范围的网络身份安全战略，战略旨在建立一套关于身份注册与登记、身份文件的安全性证明、身份数据的完整性校验、电子认证等的标准体系。根据该战略，澳大利亚公民身份卡倡议已成为电子政务的核心部分，许多私人以及公共部门发行了可以被用作公民身份卡的令牌，这成为澳大利亚电子政务策略的一部分，公民可以通过单次认证来多次访问或访问多个政府网站，以享受联邦政府信息服务。

国家证件验证服务（document verification service，DVS）是一个可以在线实时验证用户提供的身份证件的系统。DVS 系统可以帮助工作人员核实某个证件是否为合法发行的、证件中的数据是否与证件持有人相符、证件是否有效等。

DVS 不但可以被各政府部门访问，也可以被一些私营部门访问。澳大利亚采取了两项措施来提高电子商务与电子政务之间接口的安全性与简便性。标准业务报告项目：主要通过软件来简化电子商务与电子政务的报告，对已经认证并登录的用户，自动提供符合国际标准的报表。VANguard 平台：用来提高电子商务到电子政务的安全性。该平台类似一个可信的代理，用来指导电子商务与电子政务之间的事务。

信息安全与隐私保护是澳大利亚网络身份管理战略中的重要部分。战略虽然没有提供具体的工具设施，但网络安全策略及相关法律能够保障信息安全及用户隐私。政府工作人员受相关法律法规及标准的约束，如《澳大利亚政府信息安全手册》等，个人的数据隐私有相应的隐私法律保障。

（2）加拿大

1999 年，加拿大政府正式颁布了国家电子政务战略计划"政府在线"，提出政府要成为使用信息技术和互联网的模范[6]，其目标是在继续提供传统服务的基础上，使公民和企业更容易获得在线信息和服务。

2005 年秋，加拿大召开了魁北克部长级会议，会议发表了有关发展"泛加拿大电子政务策略"的联合声明。会议还强调了建立通用标准，实施基础设施间的互操作性以及实现安全识别认证的重要性。

2006 年 6 月，召开了第一届关于服务交付合作的副部长级会议，会议定义了 12 个优先级的合作计划。最高优先级的合作计划是制定辖区间公民和企业身份管理、鉴别的标准。

2006 年 11 月 17 日，公共部门服务联合委员会提交了报告，指出制定辖区间公民和企业身份管理和鉴别的标准已迫在眉睫。随后，决定建立身份管理和鉴别特别小组，并规划了预算。

身份管理和鉴别特别小组提交报告指出，实施泛加拿大身份管理和鉴别框架将有效促进以客户为中心、跨辖区、多渠道公民和企业服务交付[7]。并且该小组提出了相关的策略、建议和行动计划。

（3）日本

2010 年 6 月 22 日，日本发布了"新信息通信技术战略进程表"；2010 年 6 月 29 日，内阁官房战略室随之公布了"为实现国民 eID 制度，进行必要系统开发的成本将达 6 100 亿日元"的测试结果[8]。由于具体的日程表与估计成本已出台，2010 年 7 月 11 日参议院选举结束后，各省厅随即开始遵循预算与修正法的工作。

实施民主党一直提倡并在施政纲领中明确记载的"国民 eID 制度"，似乎已成为此次新 IT 战略的核心工作。"国民 eID 制度"赋予每个国民独有的身份号码，目标在于实现更加公正的社会保障与税收。

日本的"国民 eID 制度"本身的运用范围尚未固定下来，随着国民 eID 在不同场合的运用，"国民 eID 市场"的规模将发生变化。另外，由于国民 eID 方案尚未确定，系统开发的规模也暂不明确。为此，日本召开了专门的研讨会，会上提出了 3 个方案：直接沿用基础养老金号，直接沿用居住证号，设置新的号码。

6.2 各国网络电子身份标识发行情况

已经有多个国家发行了网络电子身份标识，这些国家均已经颁发了 eID 来替代传统的身份证件，使 eID 既具备现场身份识别的功能，又具备线上身份识别功能。

6.2.1　欧盟成员国网络电子身份标识发行情况

欧盟成员国中，德国、比利时、西班牙、爱沙尼亚、奥地利、葡萄牙的网络电子身份标识已经普及，基本覆盖全国居民。

接下来以德国、比利时、西班牙为例做简要说明。

（1）德国

德国联邦内政部（BMI）的 IT4 小组（Unit IT4）是整个 eID 开发过程的牵头部门，2005 年起负责该项工作。IT4 小组除了负责 eID 卡，还负责民事登记和护照管理。

联邦信息安全办公室（BSI）隶属于 BMI，它是联邦政府主要的 IT 安全服务提供者，根据通用标准和 ISO 标准向公共或私营机构提供数字证书。作为 eSignature、e-passport 和 eID 安全技术的核心机构，BSI 是最重要的技术相关参与者之一。

BMI 和 BSI 还邀请德国各 IT 制造企业参与，组织开发制定 eID 卡的技术和功能规范（芯片卡、终端和中间件的接口定义），其目的是建立 eID 卡的德国标准（DIN），并将其推广到欧洲标准化机构（CEN），以在国际上推广德国 eID 解决方案。

eID 卡的管理是国家层面的。联邦州负责公共管理事务并行使警察的权力，他们在身份证和认证事务上有很大的发言权。BMI 通过召开内政部长会议，召集来自16 个联邦州的代表一起讨论公共隐私、行政改革、修改条例等问题来达成一致意见，通过了 eID 卡的概念和法律草案。各州负责提供 eID 卡的应用及发行过程（包括数字指纹采集）。

各部门、各行业的合作，共同推动了德国 eID 卡的管理与应用推广。2010 年 11 月，德国 eID 卡正式开始发行。

德国 eID 卡的发行管理方式如下。

① 当用户申请 eID 卡时，需要记录个人信息并由民事登记处核查信息，然后制作 eID 档案。接着，用户会获得 eID 新功能的全面资料。最后，用户核对数据、签署申请表并支付相应的费用。登记机关生成 eID 卡号，核对信息后将申请表以电子方式发到联邦印务局。与之前的处理方法不同的是，申请 eID 卡时，个人生

物信息都是以电子方式记录的；指纹信息只有在公民同意的情况下才会记录，存储在 eID 卡的芯片中。eID 卡发行后，指纹信息会从登记机关和联邦印务局的档案中删除。

② 核对数据和序列号之后，联邦印务局会预先制作一个卡体，然后将生物特征信息、eID 卡数据、密钥对和证书写入芯片，然后生成用于撤销操作的 PIN/PUK 码。之后，将 eID 卡发往发行登记处，并向用户发一封带有掩码的 PIN/PUK 信通知其去登记处领取 eID 卡。同时，联邦印务局生成并管理 eID 卡号登记册，从而不必存储个人信息就可以了解 eID 卡的下落。

③ eID 卡被移交给登记机关。因为公民会收到全面的信息资料，他们可以决定是否使用在线身份认证、电子签名等功能，任何时候都可以在登记机关打开或关闭这些功能，并且功能的开启、关闭和撤销操作在登记机关都有记录。

④ 公民可以查看存储在 eID 卡中的数据，也可以使用 eID 卡的身份认证功能在线注册购买数字签名证书，并将其下载到 eID 卡的射频识别（radio frequency identification，RFID）芯片中。

（2）比利时

2000 年，比利时部长理事会提出最初的网络电子身份标识卡项目，公民可通过公钥加密和数字证书等方法访问电子政务服务，密钥和证书存储在智能卡中。2001 年，比利时部长理事会决定采取措施进一步发展 eID 卡。2002 年，比利时启动了 eID 相关基础设施的建设。

2003 年，比利时政府依据《国家个人登记处组织法》开始在若干省份推动互联网身份管理系统和带有 eID 的智能卡。

国家注册机构（RRN）作为联邦政府部门，负责管理所有比利时公民的身份信息，其中公民申请 eID 卡的流程是经由 RRN 完成的。eID 卡生产过程中有任何改变都会反映到 RRN 的数据库中。市政当局作为 RRN 和公民之间的桥梁，是公民身份信息的注册中心。eID 卡上的可视信息由卡个性化工厂印刷，卡初始化工厂初始化并生成卡的数字内容。

Zetes 公司是比利时 eID 卡提供商，同时负责 eID 卡的后勤管理（eID 卡申请表的配送、持卡人 PIN 和 eID 卡激活码的发行）、eID 申请表的验证、eID 卡的物理组装、eID 卡的印刷以及 eID 卡的初始化（密钥对的生成、数据文件的初始化、eID 卡证书的处理等）等。

2004 年，比利时政府决定开始推行 eID 的广泛使用，试行阶段成功后，最终推广到全国范围。

迄今为止，比利时政府将电子政务管理与电子商务签名认证统一架构，eID 已被当作官方身份证明和欧洲旅行证件使用，形成了具有自身特色的管理体制。

（3）西班牙

1998 年，eID 卡首次成为西班牙警察总署和内政部的议题。警察总署下属的信息部开始致力于开发公务卡的加密功能。2000 年，eID 卡首次列入信息 XXI 倡议计划中，在西班牙数据保护局和国家加密中心的支持下，信息部负责 eID 卡的定义以及技术细节的制定。西班牙数据保护局保证公民隐私受到尊重；国家加密中心隶属于国防部的国家情报中心，它设定安全要求。2006 年，第一批 eID 卡在布尔戈斯试点发行，在此基础上，eID 卡在西班牙全国其他地区的推广陆续开展起来。

西班牙 eID 卡由遍布全国的 256 个警察局的发行机构发放。公民首次申领西班牙 eID 卡，必须亲自去发行机构办理相关手续，并提交一份民事登记处的出生登记证明。eID 卡需要更换时，公民必须本人携带 eID 卡到发行机构支付相应的费用。为了保证这种分布式服务体系的顺利实施，警察总署开发了预约系统，市民无须排队等候。

西班牙 eID 卡的组织方式延续了生产和分发旧版身份卡的方式，由当地警察局执行，这需要为遍布全国的 256 个警察局内的发行机构购置新设备，还需要培训公务员，设计新的安保措施等。这种分散模式沿用了建立旧版身份卡的基础设施，因此更新速度很快并且非常成功。没必要成立中央生产组织部门，不需要新的订购和分发过程。

就技术途径而言，所有技术特点要遵循广泛使用的标准。并且在 eID 之前，数字证书已经在使用，这为引进 eID 卡提供了技术保障。

另外，与西班牙 eID 相关的大部分职能和责任交汇到内政部的警察总署这个单一机构。由警察总署集中设定决策，与其他公共管理参与者协调和沟通工作，提高项目的效率和速度，并避免公共管理机构间的讨论分歧。

截至 2014 年年底，整个欧盟 eID 卡发行总量超过 1.5 亿张。具体发行情况如表 6-1 所示。

表 6-1 各国网络电子身份证 eID 卡的发行情况

国家	发行年份	发行量	生物数据	应用领域	是否支持电子签名	是否支持移动环境	是否支持旅行功能国际民用航空组织（ICAO）	读取方式	其他说明
德国	2010 年	6100 万，覆盖 100%德国公民（16 岁以上）	脸部、指纹	电子政务、电子商务	是（自愿开通）	测试中	是，但不覆盖	非接触式	10 年有效期费用：28.8 欧元标准：CEN TC224中间件：ISO 24727
比利时	2003 年	2000 万，覆盖 100%人口	无	电子政务、电子医疗、电子商务	是（自愿开通）	否	否	接触式	14 岁以上公民均有10 年有效期费用：10 欧元
西班牙	2006 年	3400 万，覆盖 74%人口	脸部、两个指纹	电子政务、网上银行	是（自愿开通）	否	否	接触式	10 年有效期费用：10.4 欧元
奥地利	2004 年	900 万，覆盖 100%人口	无	电子政务、电子医疗、电子商务	是（自愿开通）	是（自愿开通）	否	接触式	16 岁以上公民均有10 年有效期费用：10 欧元无面部照片
爱沙尼亚	2003 年	130 万，覆盖 100%人口	无	电子政务、电子商务	是（强制开通）	是	否	接触式	10 年有效期费用：10 欧元欧洲唯一强制开通电子签名功能
葡萄牙	2007 年	700 万，覆盖 64%人口	指纹	电子政务、电子社交、网络社交、网上交税、养老金查询	是（自愿开通）	否	否	接触式	10 年有效期eID 卡自愿申领标准：ECC CEN
芬兰	2002 年	2500 万，覆盖 50%人口	脸部	电子政务、电子签名、网上银行	是（自愿开通）	是	否	接触式	eID 卡自愿申领10 年有效期费用：29 欧元

续表

国家	发行年份	发行量	生物数据	应用领域	是否支持电子签名	是否支持移动环境	是否支持旅行功能	读取方式	其他说明
爱尔兰	2011年	少于100万，覆盖17%人口	无	电子政务、网络社交、e养老金查询发放、网上交税	是（自愿开通）	否	否	接触式	10年有效期
意大利	2006年	2000万公民服务卡，200万电子身份证（CIE），覆盖37%人口	脸部、指纹	电子政务、电子医疗、电子门票	是（自愿开通）	否	否	接触式	CNS：5年有效期 费用：25欧元 CIE：10年有效期 费用：20欧元
拉脱维亚	2012年	11万，覆盖5%人口	脸部、两个指纹	电子政务、电子商务	是（密钥和证书已写入，激活可选）	否	是（ICAO EU EAC+ SAC）	接触式/非接触式	5年有效期 费用：14欧元
立陶宛	2009年	100万，覆盖31%人口	脸部	电子政务	是（自愿开通）	否	是（ICAO BAC）	接触式/非接触式	10年有效期 标准：CEN TC224 和 ICAO 9303
摩纳哥	2009年	少于100万	脸部	电子政务	是（自愿开通）	否	是（ICAO BAC）	接触式/非接触式	10年有效期 标准：CEN TC224 和 ICAO 9303
瑞典	2005年	150万，覆盖15%人口	脸部	电子政务、电子商务	是（自愿开通）	是	是（ICAO BAC）	接触式/非接触式	10年有效期 ID/eID卡自愿申领 标准：CEN TC224 和 ICAO 9303
荷兰	2006年	400万	脸部、指纹	无	否	否	是（ICAO BAC ICAO EAC）	非接触式	无
捷克	2012年	少于100万人口，覆盖9%	脸部	电子政务	是（自愿开通）	否	否	接触式	10年有效期 标准：CEN TC224 和 ICAO 9303

6.2.2 其他国家网络电子身份标识发行情况

（1）阿联酋

2003 年起，阿联酋政府开始建设国家级公钥基础设施，为公民发放基于电子签名的电子身份卡，主要用于网络支付、文件签名、公证和电子投票等领域。

阿联酋于 2003 年实施了国家身份计划，成功登记了 99% 的公民。在此基础上开展了电子身份卡发行工作，目标是每个公民都有一张智能 ID 卡，即 eID 卡。阿联酋的 eID 卡包含唯一识别号码、基本履历资料、生物识别信息（年龄超过 15 岁的人）以及持卡人的数字证书。

（2）秘鲁

1993 年的秘鲁《宪法》创建了国家身份和公民身份登记处（RENIEC），该机构负责登记重大事件和公民身份变化。1995 年，秘鲁通过《RENIEC 组织法》，创建了自然人身份唯一登记处，确立了国民身份证（DNI）作为个人身份证和行使选举权的专属文件。秘鲁实施了"全国公民身份登记与鉴别"项目，发行了基于电子签名的电子身份卡，可用于国家选举、银行交易、公共部门的网上身份认证服务，同时还实现了电子印章，可以在网上对企业进行认证。

（3）俄罗斯

根据 2010 年 7 月 27 日颁布的《关于国家组织和市场服务联邦法》的规定，俄罗斯启动了通用电子卡（universal electronic card，UEC）。UEC 替代原有的地方、区域或国家形式的身份卡，成为俄罗斯公民最基本的身份证件之一，提供医疗保险、养老保险、银行卡支付等服务，并且还可以提供具有认证资格的其他国家或地区的服务。该卡与欧盟各国的 eID 卡类似。俄罗斯联邦政府资料显示，多达上千种国家或地区的服务以及上万家商业机构支持 UEC。

在 2011 年 2 月的俄罗斯联邦总统会议上，关于在俄罗斯实施通用电子卡的计划未获批准，主要原因是 UEC 基础设施建设和发行成本过高。这个结果反映了硬件智能卡方式的网络电子身份标识在成本和效益方面的问题对其发行和推广造成了一定的阻碍。

| 6.3　各国网络电子身份标识的典型应用 |

欧盟是全球网络身份管理体系建设及网络电子身份标识发行推广最成功的组织，在各成员国的支持和推动下，欧盟的 eID 应用取得了长足的进展。多数欧盟成员国颁布了 eID 应用规划，采用 eID 来解决网络应用中身份鉴别、电子签名、数据保护等问题。eID 广泛应用于电子政务、电子商务、金融支付等领域，欧盟各成员国不仅实现了国内范围的网络可信身份识别与验证，而且实现了欧盟范围的跨境网络身份识别与信任服务。

以下先介绍欧盟 STORK 项目，再对比利时和爱沙尼亚的 eID 典型应用进行介绍。

6.3.1　欧盟 STORK 项目

跨境安全身份链接项目[9]，简称"STORK 项目"，是欧盟在竞争力和创新框架计划的 ICT 政策支持计划下共同资助的项目，与"欧洲数字议程"中的关键行动保持一致，作为欧洲数字经济的关键推动因素。STORK 项目包括两期。

一期项目从 2010 年 6 月至 2011 年 12 月，目的是建立一个欧洲 eID 互操作性平台，使得欧盟成员国的公民可以通过展示本国颁发的 eID 来与欧盟其他国家的个人或企业建立跨境电子关系。STORK 一期项目包括 6 个试点。

① 试点 1：跨境认证平台——用于电子服务。

② 试点 2：更安全地聊天——促进儿童和青少年安全使用互联网。

③ 试点 3：学生流动性——帮助想要在不同成员国学习的人。

④ 试点 4：电子交付——建立跨境机制，确保文件的安全在线交付。

⑤ 试点 5：更改地址——协助人们跨越欧盟边界。

⑥ 试点 6：欧盟委员会认证服务（ECAS）。

建立跨境电子交付机制的试点的目的是让其他各国公民使用其各自的 eID 访问某个国家的电子交付入口，也可以让某国公共管理机构直接通过各国的电子交付入口向各国公民发送电子文档。该试点的特点是通过使用 STORK 实现用户身份标识与认证，从而应用于跨境电子交付。例如，对于爱沙尼亚的公民，他可以使用自己国家的 eID（爱沙尼亚 eID 卡），在本国的电子交付门户入口注册，继而接收该国的电子交付信息。爱沙尼亚的公民也可以通过 STORK 的 PEPS[①]跳转到其他国家，使用自己国家的 eID（爱沙尼亚 eID 卡），在某国家（如奥地利）的电子交付门户入口注册。该公民可以通过该入口，接收其他国家（如奥地利）发送的电子交付信息，真正实现跨境电子交付。

二期项目（即 STORK 2.0）从 2012 年 4 月开始，为期 3 年，聚集了 19 个成员国及 58 个组织，其主要目标是：加速公共服务 eID 的部署，同时确保各国和欧盟计划的协调，并基于现有的 eID 体系，支持整个欧洲的联合 eID 管理架构；最大限度地在整个欧盟范围内采用其可扩展的解决方案，并围绕 eID 服务产品（由参与的欧盟国家和行业支持）的强烈愿景，坚定地致力于开放规范和长期可持续性；寻求并展示私营和公共部门在全面运营的框架和基础设施中的融合，其中包括 eID，用于对法人和自然人（包括以不同形式授权的设施）进行安全和一致的电子认证，这些认证在整个欧盟广泛使用，形成用户完全可控的高水平数据保护和属性交换安全机制。

二期项目分为 8 个工作包（WP），这些工作包侧重于特定的实施领域，并开展不同但相互关联的活动，如项目管理、共同规范和构建块、试点协调、试点评估、传播和沟通等，以确保顺利有效运作和长期提供足够的可扩展产品，以及整个欧洲的可行和可持续的影响。

STORK 2.0 的试点集中在电子学习和学历、电子银行、商业公共服务和电子卫生 4 个关键领域，从这些大规模试点中获得的经验被纳入欧盟近年的决策中。

具有集中式节点的 STORK 2.0 基础架构示例如图 6-2 所示。一位来自斯洛文尼亚的用户过去曾在斯洛文尼亚和西班牙学习，她将通过以下步骤使用她的斯洛文尼亚 eID 证书访问比利时的求职门户网站，完成身份验证和学历验证。

① 用户在比利时服务提供商处选择其来自的国家/地区。

② 比利时 PEPS 重定向到斯洛文尼亚国家/地区。

③ 她通过斯洛文尼亚国家身份提供商（身份验证门户）的合格证书进行身份验证。

④ 在用户同意的情况下，从本国（斯洛文尼亚）和外国（西班牙）高等教育机构（属性提供者）收集她的学历。

---

① 泛欧洲代理服务（pan-European proxy service，PEPS），各国各自部署集中式代理网关，负责管理本国的跨境认证，是国家 eID 框架与 SP 之间的媒介。

⑤ 她愿意向服务提供商披露所收集的资格(属性),然后由斯洛文尼亚 STORK 节点通过比利时 STORK 节点发送给服务提供商。

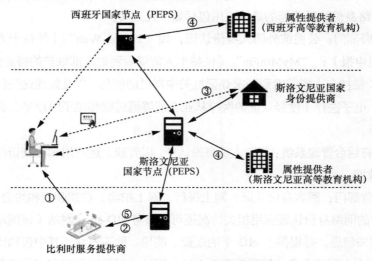

图 6-2　STORK 2.0 基础架构示例

6.3.2　比利时 eID 卡的典型应用

比利时采用的新型国家电子身份卡除了可作为公民身份证使用,还可充当联邦身份令牌以及社会保障卡使用。公民可以使用他们的 eID 访问许多电子政务服务,如通过网上税务提交在线纳税申报,查阅国家登记册持有的个人档案,提交警方投诉或使用电子健康和移动应用程序。与此同时,eID 也广泛应用于商务领域,包括在线电子文件签署、购物等。以下介绍比利时 eID 卡的典型应用情况。

(1)现场身份验证

政府机构、私营部门等越来越多的机构使用 eID 卡登记来访者、病人或顾客。当现场使用专用的读卡器读取 eID 卡时,可以安全访问卡中各类数据文件,身份和地址文件里的信息可以被简单快速地提取出来而不用担心数据泄露。在使用时,持卡人只需将卡放到专用读卡器上,检查者除了基于卡本身进行可视识别外,由专用读卡器对 eID 卡的芯片、密钥系统和密钥体制进行验证,并提取卡中的信息与卡面信息和本人相貌特征进行一致性比对。由于一般在脱机条件下使用,不要求持卡人输入 PIN 进行数字签名操作,也不用进行卡撤销状态及证书状态的比对,因此存在丢失或者被窃的卡被用来进行现场身份认证的风险。

（2）网络身份认证

eID 网络身份认证功能的具体应用包括如下几方面。

① 政府部门：公民或外国人身份认证，如"Tax-on-Web"（使持卡人能够在线完成纳税申报）；"MyMinFin"（使持卡人能够看到财政部维护的特定信息）；"MyFile"（使持卡人能够看到国家登记机关中自己的信息，以及处理这些信息特定的事务）；电子医疗（使经认证的医疗从业者能够通过联邦电子医疗平台获得病人的信息）等。

② 政府后台管理系统：公职人员身份认证，以管理上述应用和控制访问其中包含的个人数据。

③ 私营部门：顾客身份认证，网上银行、网上拍卖、在线聊天和约会网站等。

eID 卡的网络身份认证应用相关情况还可以参考 eID-shop 网站（该网站介绍了eID 卡的相关信息，并提供了 eID 卡的配置、使用、购买方法，其中包括比利时电子医疗平台个人医疗业务的使用）和 belgium 网站（提供比利时官方信息与服务的网站）。

（3）合格电子签名

合格电子签名也被称为"不可抵赖性签名"，欧盟电子签名指令指出不可抵赖性签名应该与手写签名具有同等法律效力。

eID 卡合格电子签名功能允许持卡人对电子文件签名，该签名与手写签名具有同样的法律效力。合格的签名功能也用于在线申报等业务。

（4）电子合同服务

比利时建立了基于 eID 的在线电子合同服务网站，提供以下服务。

① eID 信任服务：通过 eID 信任服务门户，公民可以在线验证其 eID 证书的有效性；eID 信任服务的核心是提供基于 XKMS2 的 Web 服务，用于证书链验证。

② eID 数字签名服务（digital signature service，DSS）：允许 Web 应用程序创建和验证数字签名；DSS 附带一个门户，用于以文档为中心的签名创建和验证，可以访问门户获得所有支持的文档格式和签名协议的说明。

③ eID 身份服务提供方（IDP）：允许 Web 应用程序使用 eID 卡以安全的方式对最终用户进行身份验证，也可以直接访问 eID IDP，了解所有受支持的身份鉴别协议。

④ 比利时信任列表：根据电子签名服务指令（eSignature 1999/93/EC 指令）的

要求，比利时提供了一个可信列表，列出了所有合格的证书服务提供商。

6.3.3　爱沙尼亚 eID 的典型应用

爱沙尼亚虽然人口不多，却是世界上数字化程度较高的国家之一，约 600 项公民电子服务、2 400 项企业电子服务可通过网络提供，包含电子政务、电子银行、网上购物、医疗保健、合同签署、选举投票等，并已经开始参照签证发放模式向外国人颁发 eID。爱沙尼亚 eID 卡的应用较为广泛，除了之前提到的网上银行和电子政务服务，还有两个主要的应用，分别是电子车票和电子驾照。

① 电子车票：在塔尔图、塔林及其周边城市，每天有超过 12 万的用户将 eID 卡用作电子车票，通过计算机网络、手机或固话订票，或者到 80 多个代售网点均可购买 9 天以内的车票。工作人员使用基于移动互联网的手持终端进行快速和自动检票。

② 电子驾照：几乎所有的交通警车都装备有 eID 相关设备，可以从驾照中心数据库中查询驾驶员驾照信息、车辆保险信息及车辆登记信息等。当驾驶员出示其 eID 卡时，可以快速地从数据库中读取信息并核实驾驶员身份。

无论是在公共部门还是私营部门，基于网页的应用都需要较高的身份鉴别安全等级，使用 eID 可以满足这一需要。大多数网站支持 eID 卡登录和手机 eID 登记，身份鉴别使用 SSL/TLS 协议，这意味着服务提供者能够获得完整的用户证书。

政府门户网站提供单一的入口，链接主要的公共服务。爱沙尼亚税务和海关局提供自然人和企业在线税务申报服务。大多数应用可以使用银行 eID 登录，但由于安全的需要，卫生信息系统只能使用 eID 卡作为其身份认证方式。

eID 卡促进了在线投票的发展，爱沙尼亚 2007 年创建了法定的"互联网在线投票"模式，任何一名爱沙尼亚登记选民都可以凭 eID 卡，通过连接计算机的读卡器，并且输入个人密码，在互联网上的选举投票系统（网页）投票，这与在投票站投票具有相同的法律效力。

6.4　移动电子身份标识的发展与应用

eID 以智能卡形态为主，适合于桌面端及现场应用，但由于需要携带卡片，以及读取和验证时需要配套机具，已难以适应移动互联网时代人们对身份鉴别在方便快捷和安全保障方面的需求。因此，欧盟成员国和美国等陆续推出面向移动互联网的 eID 形态——移动电子身份标识（mobile eID，mID），由于其易用性和安全性方面的提升，mID 被称为 eID 的增强版本或下一代 eID。以下对欧盟成员国和美国的情况分别进行介绍。

6.4.1 欧盟移动电子身份标识发展现状

欧盟 STORK 项目在 2010 年启用了移动终端的电子签名功能，这样用户不再必须使用"eID 卡+安装软件（客户端）+额外的硬件（读卡器）"的方式。

2016 年，欧洲电信标准化协会（ETSI）公布了 SR 019 020《签名标准化框架；移动和分布式环境中的 AdES 数字签名标准》，其主要为移动和分布式环境中创建和验证高级数字签名提供了标准化框架，主要覆盖以下场景：使用签名者的个人设备保存签名密钥的本地签名用例；服务器签名用例，其中签名密钥保存在共享服务器中；验证签名，其中数字签名验证服务由服务器提供。

从 SR 019 020 所定义的场景可以看出，数字签名主要包含本期签名和服务器签名两条技术路线，欧盟成员国 mID 发行和应用也基本是按这两条技术路线开展的，使用 mID 的国家有 9 个：奥地利、爱沙尼亚、挪威、土耳其、芬兰、瑞典、荷兰、冰岛和意大利[10]。以下分别对奥地利、爱沙尼亚的情况进行介绍。

（1）奥地利

2004 年，奥地利开始发行 mID，几乎与卡片方式的 eID 同时开始发行，而卡片方式的 eID 主要与健康保障卡集成在一起发行。

关于 mID 的技术路线考虑过两种方案：一种是爱沙尼亚等国采用的基于 SIM 卡作为安全电子签名生成设备（SSCD）的方案；另一种是服务器签名方案，即 SSCD 部署在服务端。考虑到需要协调多家电信运营商、更换为支持 mID 的专用 SIM 卡等情况，最终选择了第二种方案。服务器签名方案的优势在于：无须协调电信运营商及改变移动网络基础设施；用户无须更换为支持 mID 的专用 SIM 卡或更换移动终端；对欧盟其他成员国的电信运营商开放。

奥地利 mID 的特点在于：由证书服务提供者（CSP）负责提供合格证书服务；签名生成数据（签名所需的密钥、证书及相关数据）由 CSP 生成和存储但由用户控制；采用双因子身份鉴别方式；采用符合 eIDAS 法规的安全电子签名生成设备

SSCD，从而满足 eIDAS 法规中规定的"高级电子签名"由合格证书和安全签名生成设备所产生的要求。

mID 既可以现场发行，即类似于卡片方式的 eID，到注册机构进行申领；也可以基于卡片方式的 eID 进行在线申领。奥地利 mID 发展迅速，大约有 300 个公共部门和私营部门的在线服务中使用了 mID，有 mID 的活跃用户约 70 万个，每天约有 1.5 万到 2 万的 mID 使用量；相比之下卡片方式的 eID 只有 12 万活跃用户。在奥地利商务服务门户网站，可以采用"用户名/口令+短信验证码"或"用户名/口令+二维码扫描"的方式进行用户身份鉴别。

（2）爱沙尼亚

爱沙尼亚虽然人口不多，却是世界上数字化程度较高的国家之一，eID 覆盖率几乎达到 100%，99% 的银行交易是在线进行的，30% 以上的公民通过网络投票，98% 的公民在网上纳税。移动电子身份标识于 2007 年启动，已成为 eID 最主要的形态。截至 2019 年，17% 的爱沙尼亚公民使用 mID。

mID 可以在爱沙尼亚全国公共和私营部门的 300 多个组织中使用，基于 mID 的电子签名功能可以完成访问个人信息（健康保险、残疾援助、学校奖学金、学位、建筑许可证等）、申报和纳税、申请驾照、注册开公司、提交法院文件、购买和管理住房、缴纳公共事业费（电费、水费、煤气费）、购买门票（火车票、比赛门票、博物馆门票、动物园门票）等业务。

与最初的假设相反，爱沙尼亚 mID 的发展在很大程度上是由私营部门推动的，而非由公共部门推动。随着移动互联网的发展，越来越多的应用通过移动网络提供服务，爱沙尼亚的企业和消费者对其接受程度也越来越高。mID 用户只需 15 min 就可以完成一项新业务的合法注册。

爱沙尼亚 mID 采用本期签名技术路线，具体解决方案是使用支持 mID 的特殊 SIM 卡，私钥保存在 SIM 卡的安全芯片中。

mID SIM 卡由爱沙尼亚三大电信运营商 Telia、Elisa 和 Tele2 在其服务点发行，验证公民身份时遵循与签发卡片方式的 eID 相同的要求，公民申请 mID 是自愿的，由运营商根据客户要求签发。当然，每个运营商都有自己的关于发放 mID 的规则，如年龄限制、服务费、用户条款和条件等。mID 适用于所有 16 岁以上的公民、居住在爱沙尼亚的欧盟公民、居住卡所有者，仅在电子环境中使用。用户每月必须支付 1 欧元才能使用 mID。

6.4.2 美国移动电子身份标识发展现状

mID 在美国各州迅速发展，特拉华州、亚利桑那州、俄克拉何马州等率先开展了推广应用，主要实现方式是将其与驾照融合，承载于智能手机中。除了身份证件和驾照功能外，还集成了信用卡、房屋钥匙、汽车钥匙、活动门票等功能。

mID 根据亚利桑那州交通部机动车辆部门存档的用户现场申领驾照或身份证时采集的信息进行在线申领和身份验证，并且通过后台保障验证结果的准确性和有效性，如图 6-3 所示。到 2021 年，已经可以使用 mID 在亚利桑那州范围内完成在线增强验证服务，如在线转让车辆所有权或申请注册退款。除在线验证外，还可通过扫描 mID 的条形码视图和二维码进行现场验证。

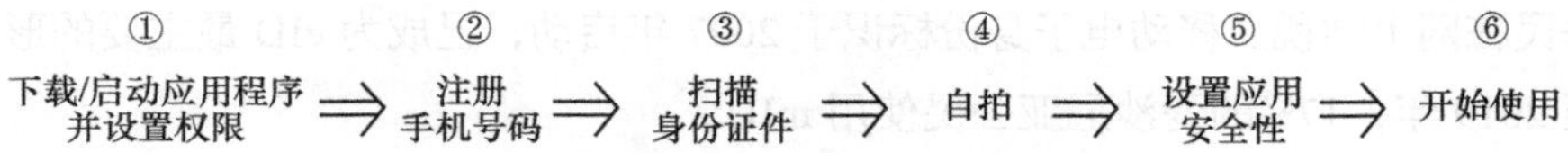

①	②	③	④	⑤	⑥
下载/启动应用程序 并设置权限 ⟹	注册 手机号码 ⟹	扫描 身份证件 ⟹	自拍 ⟹	设置应用 安全性 ⟹	开始使用

图 6-3 mID 申领过程

安全性方面，mID 依托智能手机的 FaceID、TouchID 等生物特征验证机制或 PIN 码验证机制进行人机操作验证，只有通过验证才能解锁应用程序并访问 mID，可以有效防止 mID 被盗用。并且，mID 还提供了"隐私视图"功能，允许用户仅共享完成当前业务场景所必需的属性信息。例如，当用户想在餐厅购买酒精类饮料时，服务员不需要知道其出生日期、体重、眼睛颜色或地址，而只需要知道其已达到合法年龄。

│ 6.5 我国网络电子身份标识发展情况 │

我国网络电子身份标识工作自 2010 年启动以来，已经取得了长足的进展。以下从 eID 定义和特点、基本功能、总体发展情况 3 个方面进行介绍。

6.5.1 eID 定义和特点

我国网络 eID 依据《居民身份证法》《电子签名法》《网络安全法》《个人信息保护法》等相关法律要求，在国际网络电子身份标识主流技术的基础上做了进一步创新，以国产商用密码技术为基础、以智能安全芯片为载体，能够在不泄露身份信息的前提下在线识别自然人主体。

eID 既可以解决数字空间数据的虚拟性、易复制性、易重构性等特点所带来的主体识别、数据确权授权、行为抗抵赖和隐私保护等难题，也可以在物理空间解决传统离线证件难以有效挂失的缺陷，具有开放性、便捷性、安全性、唯一性和跨域性。

（1）开放性

eID 的开放性主要体现在载体和技术体系两方面。

① eID 载体的开放性：根据载体类型及认证方式的不同，eID 主要有通用 eID 与 SIMeID 两种类别。通用 eID 常加载于银行金融 IC 卡、USBkey、移动智能终端等内置的智能安全芯片；SIMeID 主要加载于支持 PKI 功能的 SIM 卡、USIM 卡、SIM 贴膜卡、eSIM 芯片等复合的智能安全芯片。例如，嵌入智能安全芯片的带有网络通信功能或近场通信（NFC）功能的移动设备可作为 eID 载体。

支持 eID 加载的移动智能终端包括华为、荣耀、vivo、OPPO、小米、魅族、realme、一加等国内主流移动设备。

② eID 技术体系的开放性：eID 技术体系以公开发布的国家标准、通信行业标准的形式进行规范，涵盖数据格式、载体、机具和验证等方面，凡是符合 eID 相关标准要求的身份依赖方、身份服务提供方以及载体、机具等均可接入 eID 技术体系。

（2）便捷性

eID 便捷性主要体现在开通和应用两个方面。

① 开通便捷：eID 由用户持本人法定身份证件通过在线或临柜的方式开通，其中用户 eID 在线方式的开通已集成到移动终端厂商自带的钱包应用（Wallet）中，可实现分钟级空中开通、秒级认证。

② 应用便捷：支持 eID 的身份依赖方（App），可根据 eID 标准在系统中集成 eID 应用功能，已经开通 eID 的移动终端可以直接启用 eID。公民只需在开通 eID 时完成一次完整的身份验证，之后使用互联网服务时通过 eID 进行安全身份鉴别即可注册不同的应用，不需要在互联网应用注册中反复地提交身份信息。

（3）安全性

eID 安全性主要体现在载体和个人身份信息保护两个方面。

① 载体安全：eID 基于国产商用密码算法中的 SM2 椭圆曲线公钥密码算法[11]、SM3 密码杂凑算法[12]、SM4 分组密码算法[13]实现数字签名、对称加解密和杂凑等

密码运算；eID 由一对非对称密钥（公钥和私钥）及相关电子信息文件组成，其载体为智能安全芯片，私钥的生成、存储且运算全部在智能安全芯片内部完成，确保全程操作安全且无法被读取、复制、篡改或非法使用，符合《电子签名法》第十三条"签署时电子签名制作数据仅由电子签名人控制"的要求。

② 个人身份信息保护安全：结合个人信息保护的法规和标准要求，对个人身份信息全程保护。这是 eID 安全的核心关注点，主要包括：公民网络电子身份标识码是以公民身份号码、姓名和 128 byte 随机数的字串为参数，采用国产商用密码算法进行运算得出的安全编码，在保持与个人真实身份具有一一对应关系的同时实现去标识化，保护个人身份信息隐私；在个人身份信息采集、传输、处理的全过程中，遵循本地化原则和最小化原则，采用密码技术进行数据安全防护；结合移动智能终端的安全功能，进一步增强了 eID 的安全能力，eID 的开通和验证只在移动智能终端的安全芯片内部进行，包括移动智能终端厂商在内的任何第三方都无法获取用户个人信息，此外，移动智能终端的可信执行环境加强了对用户授权的保护。

（4）唯一性

eID 的唯一性覆盖在开通和使用全过程：eID 开通时通过现场活体人脸检测和身份证信息及照片的识别与比对保证人证同一，防止被冒领或身份伪造；个人可能同时拥有多个符合 eID 载体相关国家标准和行业标准、可以加载 eID 的载体，但在同一时间，一人只能有唯一一个 eID，只有通过挂失或注销现有 eID，才能申请开通新的 eID。

（5）跨域性

类似于网络电子身份标识不同于某一组织或集团内部、某一行业、某一地区范围内的网络身份标识，eID 可实现跨应用、跨行业、跨地区的无差别使用。

6.5.2　eID 基本功能

eID 具有在线身份鉴别、签名验签和现场身份验证等基本功能，能够在保护公民个人信息安全的前提下准确识别自然人主体身份，为有强身份鉴别需求的网络服务提供有效的解决方案，可以运用在数字金融服务、政务民生服务、数据合规流通、在线签约服务、现代智慧物流等场景中。

（1）在线身份鉴别

公民开通 eID 后，用户访问在系统中集成 eID 应用功能的网上服务（身份依赖方）时，基于 eID 的身份服务提供方，通过结合 eID 载体的安全密码运算，可向身份依赖方发出声明人与注册用户（或所声称身份）一致或不一致的断言，以便身份依赖方判断是否向声明人提供相应的数字服务。在此过程中，无须填写姓名、公民身份证号等个人身份信息即可实现基于 eID 的高强度在线身份鉴别，实现安全可信的应用注册、登录和授权访问等操作。

（2）签名验签

基于 eID 的签名验签技术符合《电子签名法》第十三条"签署时电子签名制作数据仅由电子签名人控制"的要求，可以有效确保线上行为出自本人意愿，具有对抗抵赖的优势，有助于在互联网上确认法律主体、固定网络行为数据，更好地实现电子证据的客观性、合法性。并且经身份核验后公民本人可对 eID 进行挂失和注销，相关操作将于线上实时同步，基于 eID 的身份服务提供方生效，可有效防止身份被盗用和冒用。

（3）现场身份验证

eID 的现场身份验证功能加载于移动智能终端，类似于欧盟成员国及美国的mID 现场身份验证功能，可在用户忘带身份证件的情况下提供身份验证。

以上 eID 的基本功能，由电子签名、数据加密、密钥管理、人脸识别、活体检测、近场通信等技术机制共同实现。

6.5.3　eID 总体发展情况

以下从技术研究、标准体系、系统建设、载体发行和应用推广 5 个方面介绍我国网络 eID 的总体发展情况。

（1）技术研究

2012—2016 年，我国科学技术部从网络身份管理的关键技术研发和示范应用着手，设立了"网域空间身份管理及其应用技术与系统"这一项目，支撑网络电子身份标识的技术研究以及相关系统建设及试点应用工作。该项目团队由公安部第三研究所、国防科技大学、北京邮电大学等数十家国内网络身份管理技术领域科研机构、院校、企业组成。该项目形成了 eID 管理与服务的完整技术体系，完成了原型系统的研制和关键技术验证。

（2）标准体系

在标准方面，中国通信标准化协会于 2013 年年底专门设立了"网域空间身份管理标准子工作组"，公安部第三研究所牵头制定了 30 余项 eID 标准，其中 23 项已作为国家及行业标准正式发布，5 项标准课题已结题，初步形成了 eID 标准体系，包括基础标准、管理标准、服务标准、应用标准 4 个层次。eID 标准体系的形成，保障了 eID 的高安全性、高可靠性和强互操作性，并对 eID 建设和应用技术路线实现了全面规范。

（3）系统建设

国家发展和改革委员会专门设立了"网络真实身份管理系统""下一代互联网环境下网络身份验证应用示范""面向下一代互联网的 eID 市民卡"等信息安全专项，由公安部第三研究所承担建设与产业化任务。公安部第三研究所建成了公民网络身份识别系统，其作为 eID 基础设施，负责网络用户的身份验证和管理、eID 数字证书的签发和管理、eID 载体的制作和全生命周期管理。2013 年 1 月，公民网络身份识别系统通过了国家密码管理局的安全性审查。

（4）载体发行

2012 年 9 月，北京邮电大学面向全校师生发放了 3 万张智能密码钥匙形态的 eID，基本覆盖北京邮电大学全校教职员工；2012 年 10 月起，在全国发行的工商银行金融 IC 卡中嵌入 eID，开启了金融 IC 卡形态 eID 载体的发行进程；2018 年 4 月，江西省共青城市发出首批 SIMeID 贴膜卡；2018 年 8 月，华为在手机中启动了 eID 载入试点，这是 eID 载入手机终端安全模块的开始。到 2021 年年底，累计发行的金融 IC 卡、SIM 贴膜卡、智能手机等形态的 eID 载体数超过 2 亿。

（5）应用推广

伴随着"网域空间身份管理及其应用技术与系统"项目的实施，eID 试点应用首先从校园（北京邮电大学）应用、社交网络（新浪微博）应用和电子商务（阿里云）应用开展。例如，在北京邮电大学，eID 可用于论坛、邮件系统、校园信息门户、网上报销系统、校园网认证网关等网上应用；使用 eID 可以方便快捷地完成用户注册、登录、密码重置等操作，同时不用在系统留存任何个人身份信息，既可以很好地保护个人隐私，又无须担心个人账号被盗。蓬勃开展的大规模试点应用完成了 eID 推广的全流程验证，推动了 eID 的正式推广应用。

| 6.6　我国网络电子身份标识应用情况 |

近年来，我国网络 eID 推广应用，主要集中在数字金融服务、政务民生服务、数据合规流通服务、在线签约服务、智慧物流服务等领域。

6.6.1　eID 数字金融服务

金融领域的风险防控、安全保障是监管部门关注的重点，其关键环节在于客户身份鉴别，即金融行业的 KYC（know your customer）。使用加载了 eID 的移动智能终端，即可基于 eID 的在线身份鉴别和签名验签能力，实现远程开户和大额转账等原先需要本人到银行网点现场办理的关键操作，解决了移动互联网时代，人们不愿去银行网点排队，金融机构又必须确保准确核验客户身份、防止欺诈。以下介绍两个典型案例。

（1）西安银行手机银行大额转账

2019 年 9 月，西安银行在其手机银行 App 基于 eID 的在线身份鉴别和签名验签能力，实现了手机银行客户端 7×24 小时在线大额（500 万元以上）转账。用户不用再去网点现场办理，实现了账户安全和客户体验的同步提升。首先，用户需要在手机钱包 App 中开通 eID。以华为手机为例，打开华为手机钱包 App，选择"卡包"——右上角"+"号——"证件"——"eID 公民网络电子身份标识"，按提示完成身份证识别、人脸识别、身份核验、客户授权等步骤后即可开通。在完成 eID 开通后，用户即可基于 eID 的在线身份鉴别和签名验签能力，完成在线大额转账。

从上述手机银行结合 eID 的典型案例可以看出，整个在线大额转账过程，由于引入了 eID，能够在符合现有各项金融安全标准与监管规定要求的同时，满足用户在个人隐私、网络交易及数字财产等方面的安全保障需求。

（2）东莞农村商业银行 eID 远程开户

2019 年 10 月，东莞农村商业银行（简称为东莞农商银行）宣布，已在其直销银行中基于网络 eID 实现了个人银行结算账户远程开立。

直销银行是一种新型银行运作模式，相对于传统银行，直销银行没有营业网点，不发放实体银行卡，客户主要通过计算机、手机等远程渠道获取银行产品和服务。

东莞农商银行在直销银行个人银行结算账户开立业务中率先使用 eID，综合运用电子签名、数据加密、密钥管理、人脸识别、活体检测、近场通信等技术机制，保障直销银行开户流程的安全性。

客户在直销银行远程开户时，类似于大额转账案例，也需要在手机钱包 App 中开通 eID，经过身份证识别、人脸识别、身份核验、客户授权后，即可在东莞农商银行直销银行 App"D+Bank"中，安全快捷地完成开户所需的身份核验和签名确认流程，与传统方法相比，该方法具有更高的安全性、更快的速度、更良好的体验。东莞农商银行 eID 远程开户流程如图 6-4 所示。除远程开户外，用户还可以进行登录密码重置、账户升级、销户、贷款申请、久悬不动户恢复等操作。

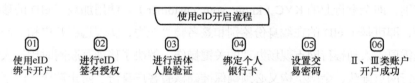

图 6-4 东莞农商银行 eID 远程开户流程

未来，网络 eID 还将应用于手机银行登录、手机号码注册及变更、硬件令牌申请和小微融资等金融业务场景，为用户提供更具价值的金融生活服务。

6.6.2 eID 政务民生服务

在电子政务推进中，实现业务办理"最多跑一次"甚至"一次也不用跑"，个人身份鉴别和意愿确认是关键环节。以下首先以江苏省全程电子化登记为例说明 eID 在电子政务服务中的作用；接着，对民生应用的典型案例"航旅纵横"App 中的 eID 应用进行简要介绍。

（1）江苏省全程电子化登记

开展全程电子化登记是市场监督管理局推进"互联网+政务服务"，深化商事制度改革的重要举措。江苏省全程电子化登记将市场监督管理局颁发的电子营业执照和网络 eID 相结合，实现了企业法人和自然人的在线身份鉴别和电子签名。

营业执照登记主要包括企业法人和个体工商户两大类用户。在江苏省全程电子化系统中，企业法人的身份验证是通过电子营业执照实现的；个体工商户的身份验证，则是通过 eID 实现的，即引入 eID 的在线身份鉴别和签名验签能力，使得申请人与受理审核人员"零见面"即可安全便捷地完成营业执照登记，真正实现营业执照登记的全流程电子化。

个体工商户主可在银行开设账户时申领可加载 eID 的金融 IC 卡（以下简称"eID 卡"），之后即可使用 eID 卡访问全程电子化登记系统，进行注册、登录，在准确识别登记人身份的同时确保了个人身份信息安全。在用户完成信息登记后，即可提交申请；之后数据通过后台流转共享，在市场监督管理局受理后，个体工商户即可领取电子营业执照。在此过程中，基于 eID 的签名验签功能实现了对用户注册、提交申请、网上签名、受理审核、发照归档等操作过程的留痕管理，做到可追溯、可查询，确保线上行为不可抵赖。

引入了 eID 的全程电子化登记平台，包括网上申请、网上受理、网上审核和网上发照在内的全部注册流程都在网上完成，大幅度提高了登记效率。可以看出，实现全程电子化的关键之处在于身份鉴别和电子签名。身份鉴别解决虚假主体的问题，电子签名防止信息伪造、信息篡改、行为抵赖等问题。

（2）"航旅纵横"的 eID 身份验证

"航旅纵横"提供完整的行程管理、机票搜索、地图导航等功能，是用户量最大的航旅类 App。eID 在"航旅纵横"中主要应用于注册、登录场景，既可以使用加载 eID 的金融 IC 卡（eID 卡），也可以直接使用加载了 eID 的移动智能终端（移动 eID）完成。

① 基于 eID 卡的注册、登录：2015 年 6 月，"航旅纵横"上线了基于 eID 卡的注册、登录功能，在"航旅纵横"的登录界面，选择"eID 登录"；将 eID 卡紧贴在手机 NFC 感应区，输入 eID 签名密码，用户无须提交身份信息注册，即可贴卡登录；登录成功，即可开始使用"航旅纵横"的所有功能。

② 基于移动 eID 的注册、登录：2018 年 9 月，"航旅纵横"上线了基于移动 eID 的注册、登录功能。在"航旅纵横"App 上注册时，用户可以直接在登录方式中点击 eID 图标，输入手机钱包支付密码（也可以采用钱包支付的指纹认证方式），通过 eID 在线身份鉴别后即注册登录成功。在这一过程中，用户无须输入姓名、身份证号、账号、密码等个信息，从而降低了个人信息泄露的风险；相比基于 eID 卡的注册登录，移动 eID 的注册登录更加方便快捷。

未来，"航旅纵横"将加快推动手机端 eID 在航旅出行的延伸应用，以安全便捷的用户体验为服务目标，进一步增强个人隐私保护能力。

6.6.3　eID 数据合规流通服务

（1）背景

随着我国全社会网络安全意识的增强以及相关法律法规的不断完善，信息保护不再只是个人需求，企业对个人信息保护的重视程度显著提高，信息保护的对象不仅限于自然人，还包括企业、组织和设备等。针对上述需求，上海数据交易中心等企业基于 eID 的去标识化特性和数据加密等技术机制，实现了以个人身份信息保护为核心的数据合规流通服务。

在数据价值愈来愈大的情况下，数据的安全管理与合规流通已经成为一个重要的研究方向。《中华人民共和国网络安全法》与《最高人民法院、最高人民检察院关于办理侵犯公民个人信息刑事案件适用法律若干问题的解释》对数据合规存储与流通的管理提出了更高的要求。很多行业普遍存在的共性痛点问题包括：系统中个人隐私数据使用明文存储，业务人员在数据使用过程中可直接接触客户的个人隐私数据，给内部数据管理带来风险；在风控、反欺诈等业务过程中，需将个人隐私数据发送至第三方征信数据提供方，往往未经个人授权同意或未得到充分授权，这不仅是管理风险，更是个人隐私数据大量泄露的重要源头；个人信息即客户信息数据的向外发送不可避免会存在商业秘密的泄露等。

（2）实现方式

在基于 eID 的数据合规流通服务中，基于 eID 的去标识化特性和数据加密技术机制，能将个人验证信息（personally identifiable information，PII），如姓名、身份证号、银行卡号、手机号，根据应用域进行加密处理实现去标识化，达到"个人信息经过处理，使其在不借助额外信息的情况下无法识别特定自然人的过程"的要求。并且，这种去标识化方法能确保个人识别信息经处理后在不同应用域之间以不同的形式呈现，形成个人识别信息的跨域隔离，而在需要和得到授权时又可对不同应用域的去标识化信息进行特定的安全识别。

基于 eID 的去标识化特性和数据加密技术，可以对个人验证信息及相关隐私信息进行安全处理，增强企业安全采集、传输、存储和共享数据的能力；在提供数据共享服务时，可以建立起多应用域之间个人验证信息的跨域隔离机制，保护个人验证信息及相关隐私信息，避免了数据流通过程中的安全隐患，保障了数据流通的安全性；同时，基于 eID 的去标识化特性和数据加密技术，完善了数据流通方式的合规性，可以降低企业的信息安全维护成本，实现大数据生态圈成员的互利共赢，从而打造健康安全的网络环境。

6.6.4　eID 在线签约服务

（1）背景

我国每年有超过 200 亿份各类合同、协议等各类电子文件被签署。随着我国数字化发展，在线签约服务已成为各行业都迫切需要的重要业务基础支撑，尤其是用户的在线身份鉴别、真实意愿确认以及隐私保护等需求是其中的痛点问题。接下来，以典型案例"法大大"平台在线签约为例进行说明。

"法大大"是一个电子合同/电子签名软件即服务（software as a service，SaaS）平台，主要为金融、旅游、O2O、B2B 等企业和个人用户提供电子文件签署及存证服务，具体包括面向互联网平台、电子商务企业及个人，提供在线电子合同缔约、数据电文证据保存服务，并整合相关律师事务所的资源，提供合规审核、法律咨询、维权支持等延伸法律服务。

（2）实现方式

针对互联网电子合同出现的安全性问题，"法大大"通过结合 eID，对电子文书签订者的身份进行在线识别和验证。具体场景为：用户在"法大大"电子合同平台进行实名认证或合同签署时，通过"法大大"App 扫描网页上的二维码后，发起 eID 认证，然后通过手机的 NFC 功能读取 eID 卡信息，输入 PIN 码，由 eID 基础设施"公民网络身份识别系统"核验在线用户身份的真实性和有效性或验证当前操作是否为公民本人操作。

在此基础上，依据《中华人民共和国电子签名法》《中华人民共和国合同法》等法律法规及相关技术标准，建立可信电子凭证证据链，使用数字证书对最终形成的电子凭证进行电子签名，有效保证了电子合同的合法性、完整性和可追溯性，从而保证电子签名及电子合同的安全性及法律有效性。

2016 年 7 月，上海市嘉定区劳动人事争议仲裁委员会在裁决一起劳动合同纠纷时，将 eID 身份识别结果作为案件裁定的决定性证据，认定了一份在"法大大"平台上签订的劳动合同的法律有效性。申请人张某使用加载 eID 的工商银行金融 IC

卡在"法大大"平台上注册了账户，并与上海某公司签订了一份线上劳动合同，申请人质疑线上劳动合同的真实性，认为其并无法律效力并要求企业依照相关条文规定支付两倍工资。仲裁庭认为，当事双方在平等自愿的基础上，通过国家认可的电子签名平台以电子形式签订劳动合同，符合《中华人民共和国电子签名法》的相关规定，该合同真实有效，驳回了申请人的请求。这则劳动裁决书的下达，表明司法机构对网络 eID 在线上签约场景下的身份认定作用给予了充分认可。

6.6.5 eID 智慧物流服务

（1）背景

物流行业已成为事关民生、工业生产和经济发展的重要行业。物流行业在发货、运输及签收环节存在匿名发运、签收欺诈、无信用担保等问题。结合网络 eID 的在线身份鉴别和签名验签能力，可建立基于身份的物流动态管理机制，使商品从源头开始被实施跟踪和管理，并可逐渐建立真实有效的发货人、物流公司及收货人的信用记录，实现物流的自动化、可视化、可控化、网络化，为物流行业的发展提供真实有效的大数据服务。以下对物流行业应用的典型案例——安保泓物流联盟服务平台中的 eID 应用做简要介绍。

安保泓物流联盟服务平台是一个智慧物流 O2O 服务平台，是利用集成智能化技术，基于 eID 的在线身份鉴别和签名验签能力，建立的统一的物流服务平台，为广大的企业及个人货主提供标准化、高效、精准、安全的物流信息服务。

（2）实现方式

安保泓物流联盟服务平台主要有以下两大类的 eID 应用。

① 在用户注册及登录环节：承担发货方、物流公司员工、收货方等不同角色的用户，均可以在具有近场通信功能的手机或者读卡器上使用 eID 认证服务，实现快速的强身份鉴别，防范个人隐私信息泄露风险。

② 在货物的各个移交环节：承担发货方、物流公司员工、收货方等不同角色的用户，均可以在具有近场通信功能的手机上使用 eID 认证服务及签名服务，通过快速的强身份鉴别和数字签名，实现实名发货、实名收件、实名运输、实名派送、实名签收等业务，建立起基于身份的物流动态管理机制。

以货物签收为例，货物从发货方到达收货方之前要经过多次流转，每次货物交接都存在物权转移的确认,当前行业内物权转移确认多数采用人工面单签字的形式,但多数流程不规范,加上缺乏有效手段对签收人员身份进行确认,在发货、运输及签收环节存在纠纷、欺诈、无信用担保等问题,严重阻碍物流行业的快速发展。通过引入基于 eID 的签收环节,不仅使物流各方可以实时在线查看物流状态,而且为每一步的物权转移都留下电子凭证,一旦出现纠纷,可以有效追溯责任。由于缺乏安全便捷的电子结算方式,当前物流行业普遍采用代收货款的方式,收货方清点货物完毕后在回单上签收,并将货款支付给承运商,由其连同回单一起交给发货方,然后发货方再向承运商支付运费。整个过程耗时长,回单容易丢失,还经常出现承运商携巨额货款跑路的情况。未来,用户在使用 eID 签收后,可以直接基于 eID 支付或转账,货款实时到账,实现物流、信息流、资金流的统一。

（3）特点分析

物流行业引入 eID 在线身份鉴别和签名验签技术,具有以下特点和作用。

① 有效确认物权转移,实现物流状态可视化,责任可追溯。传统物流行业的物权转移只基于信任或者手工面单,在发货、运输及签收环节存在纠纷、欺诈、无信用担保等问题,发生纠纷时难以取证。基于 eID 的安全、准确的在线身份鉴别和签名验签技术,可以明确每一个物权转移环节的法律主体,具有抗抵赖的优势。

② 促进物流行业信用体系走向成熟。eID 是物流行业引进保险、金融服务和建立信用的基础。物流行业信用体系尚不完善,银行、保险公司很难对物流企业,尤其是中小微企业的信用进行评价,使其无法获得保险和信贷等金融服务支持。借助基于 eID 的物流信息动态管理,将促进物流行业服务信用体系的建立,可逐渐形成真实有效的发货方、物流公司员工及收货方的信用记录,从而促进各金融服务帮助物流行业深化发展。

③ 有助于物流行业信用体系创新发展。eID 将有助于"众包物流"等创新物流模式的快速发展,基于 eID 的物流信用记录既可以保持中小物流企业自由灵活的运营特点,又可以使"人人快递"等众包物流模式有信用可依,整合中小物流企业运力,聚沙成塔,有助于形成"大众创业,万众创新"的高效智能物流新局面。

④ 安全高效地满足多方需求。eID 的智慧物流应用实现了对个人、快递企业以及政府监管部门多位一体的需求:对个人,收发快递不再必须携带二代身份证,更重要的是有效保护个人身份信息,避免泄露风险;对快递企业,在实施快递实

名制过程中，不影响用户体验和快递收发环节的业务效率，也不需要考虑由于二代身份证专用适度设备的大量配置，以及后台身份验证费用而增加的运营成本压力；对政府监管部门，可有效保护个人身份信息隐私，避免出现大规模的公民身份信息泄露事件。同时能够有效推进快递实名制政策的执行落地，一旦出现问题，可通过 eID 实现审计追溯。

| 6.7 小结 |

本章从各国网络身份管理及网络电子身份标识战略计划的概览出发，对各国 eID 发行情况和典型应用进行介绍和分析，并对欧盟成员国和美国的移动电子身份标识发展现状进行了典型国家案例分析。从中可以发现，大多数国家将网络电子身份标识作为网络身份管理战略计划的核心，移动互联网应用已成为 eID 的主要应用领域。

随后，本章介绍了我国网络电子身份标识的发展情况，对 eID 的定义和特点、基本功能、总体发展情况进行说明和分析；最后，介绍了我国网络电子身份标识 eID 的应用情况。从中可以看出，我国 eID 具备开放性、便捷性、安全性、唯一性和跨域性，可满足公民在网络交易、虚拟财产安全保障及个人隐私保护等方面的迫切需求，并将随着应用的拓展和深化而不断演进。

| 参考文献 |

[1] Identity management[EB]. 2016.

[2] European Commission. i2010-A European information society for growth and employment[EB]. 2008.

[3] European Commission. A roadmap for a pan-European eIDM framework by 2010[R]. 2010.

[4] The European Parliament. Digital agenda for Europe[EB]. 2010.

[5] 胡传平，邹翔，杨明慧. 全球网络身份管理的现状与发展[M]. 北京：人民邮电出版社，2014.

[6] FONTANA J. A national identity card for Canada[J]. Standing Committee on Citizenship and Immigration, House of Commons Canada, Tech Rep, 2003.

[7] NIKOLEJSIN D, ROSCISZEWSKI M. A Pan-Canadian strategy for identity management and

authentication[R]. 2007.

[8]　工业和信息化部电子科学技术情报研究所. 日本国民 ID 系统开发将达 6100 亿日元[J]. 世界信息化信息, 2010, (3).

[9]　eID User Community. D1.13Final publishable summary report[R]. 2012.

[10]　胡传平, 陈兵, 方滨兴, 等. 全球主要国家和地区网络电子身份管理发展与应用[J]. 中国工程科学, 2016, 18(6): 99-103.

[11]　国家密码管理局. SM2 椭圆曲线公钥密码算法第 1 部分：总则: GM/T 0003.1—2012[S]. 北京: 中国标准出版社, 2012.

[12]　国家密码管理局. SM3 密码杂凑算法：GM/T 0004—2012[S]. 北京: 中国标准出版社, 2012.

[13]　国家密码管理局. SM4 分组密码算法：GM/T 0002—2012[S]. 北京: 中国标准出版社, 2012.

第 7 章
网络电子身份标识的技术架构与实现

第 6 章对国内外网络电子身份标识的发展和应用情况进行了介绍和分析，本章将对网络电子身份标识的功能与架构以及实现方式等进行具体分析。鉴于国内外网络电子身份标识主流技术路线的一致性，本章先对网络电子身份标识的功能、架构、实现方式、隐私保护进行分析，并介绍欧洲数字身份架构和参考框架，最后介绍和分析我国网络电子身份标识的标准体系和实现方法。

| 7.1 网络电子身份标识的功能与架构 |

在欧盟多个成员国，网络电子身份标识已经普及，其作为网络空间中在线身份识别的权威电子身份标识。以下分别介绍两个国家——德国和比利时的网络电子身份标识的功能与架构。

7.1.1 德国网络电子身份标识

6.2 节介绍了德国 eID 卡的发行情况，德国在 2010 年启用了新版非接触式身份证，发行总量已达到 6 100 万，覆盖了 100%德国公民（16 岁以上）。

根据文献[1]，德国 eID 卡主要分为两大类：德国身份卡，发给德国公民；德国居住证，发给居住在德国的非欧盟公民。

1. 德国 eID 卡主要功能与特点

德国 eID 卡基于 eIDAS 令牌规范[2]要求，其详细系统架构在电子身份卡和电子居住证架构[3]文档中定义。

（1）数据存储

德国 eID 卡的芯片中包括一个专门的 eID 应用，可以安全地存储持卡人的个人数据，主要包括：姓名、学位（可选）、出生日期、出生地、居住地址、到期日、服务或卡的标识（假名）、宗教（可选）。

（2）双向身份鉴别

双向身份鉴别是通过德国 eID 卡进行电子识别的基本原则，即不仅 eID 卡的持有者通过 eID 卡向服务提供方（身份依赖方）进行身份验证，而且服务提供方也直接向德国 eID 的芯片进行身份验证；此外，服务提供方和 eID 芯片之间建立起端到端安全保护通道进行直接通信。eID 卡持有者和服务提供方之间的双向身份鉴别如图 7-1 所示。双向身份鉴别过程中，服务提供方必须证明授权才能访问相关数据。只有在服务提供方成功进行身份鉴别并经验证具有相应的访问权限后，才能访问 eID 卡数据。并且，与电子签名等操作不同，电子识别不会导致在物理世界中永久的身份证明，识别过程只是当时有效，无法用于向第三方证明。

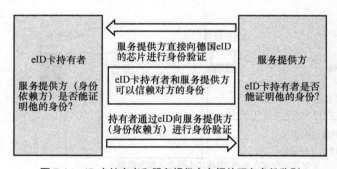

图 7-1　eID 卡持有者和服务提供方之间的双向身份鉴别

（3）身份验证机制

德国 eID 卡的身份验证机制被称为通用身份验证过程，如图 7-2 所示。主要包括以下内容。

① 基于口令验证链接建立（password authenticated connection establishment，PACE）协议进行 PIN 验证。PACE 协议用于验证用户是否知道他的 eID 卡 PIN 码，并在持卡人的本地用户设备和德国 eID 的芯片之间建立一个加密的、受完整性保护的通道，该通道具有高强度会话密钥保障消息安全传递。成功执行 PACE 后，与本地用户设备的后续通信将受到保护。PACE 的优点是密码长度对加密的安全级别没

有影响，这意味着即使使用较短的 PIN 码，数据在 eID 芯片上和传输过程中也可以受到强有力的保护。

② 通过扩展访问控制进行双向身份鉴别。服务提供方的身份验证方面，证明基于"质询–响应"的服务提供方的真实性和访问权限。扩展访问控制协议基于德国联邦信息安全办公室（BSI）作为国家信任根的授权 PKI；存储在芯片应用中的所有个人相关数据都需要通过终端身份验证进行访问权限证明。eID 公钥验证（被动身份验证）方面，提供了存储在德国 eID 卡上的数据真实性的证明，特别是芯片的公钥。因此，德国 eID 芯片的公钥由 eID 卡制造商使用文档 PKI 签名。eID 私钥验证方面，往往与公钥验证一起用于验证德国 eID 的真实性。并且，在 eID 芯片和服务提供方之间建立了端到端密码安全保护通道，只有在建立安全保护通道后，依赖方才能访问存储在德国 eID 芯片上的个人相关数据。

③ 有效性检查和读取个人数据。服务提供方检查 eID 卡的有效性，即是否被撤销或过期。服务提供方可以根据其访问权限访问存储在德国 eID 卡上的数据并执行具体操作。

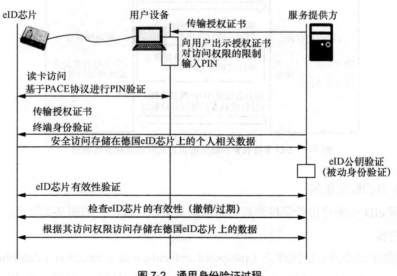

图 7-2　通用身份验证过程

（4）授权

为了访问存储在德国 eID 上的数据，服务提供方需要获得授权。具体而言，授权是通过授权 PKI 内颁发的授权证书分配的，服务提供方需要授权证书才能执行在线身份验证并访问德国 eID 的相关数据。

2. 德国 eID 系统架构

德国 eID 的在线身份验证，基于服务提供方和用户之间的双向身份鉴别，不需要第三方参与，其优点是避免了第三方（后台系统）集中验证可能造成的安全风险集中以及用户行为被跟踪的风险。此外，直接验证关系让服务提供方自行保障服务质量，而无须与其他第三方签订服务保障协议，这样服务提供方只需实时检索新证书和当前吊销列表。

德国 eID 系统架构主要包括用户环境、服务提供方、后台系统 3 个组件，如图 7-3 所示。

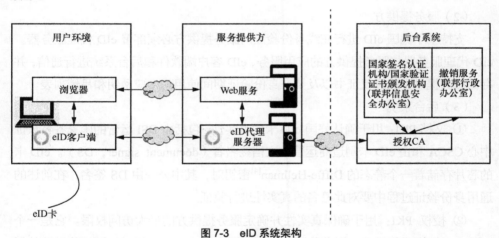

图 7-3　eID 系统架构

德国 eID 的在线身份验证，包括以下步骤：

① eID 持有者（用户）请求 Web 服务（属于服务提供方），该 Web 服务需要验证用户身份；

② Web 服务向服务提供方的 eID 代理服务器发送身份验证请求，并通过用户的应用程序（如浏览器）通知 eID 客户端；

③ eID 客户端将浏览器重定向到服务提供方的 eID 代理服务器；

④ eID 客户端给 eID 持有者查看有关服务提供方的信息和相应的访问权限，eID 持有者可以删除特定访问权限或拒绝身份验证；

⑤ eID 持有者同意身份验证过程，并通过输入 PIN 码来进行人机验证；

⑥ 执行通用身份验证过程，eID 客户端验证 Web 服务的证书是否与服务提供

方的授权证书一致；验证成功后，相关个人数据将从 eID 卡传输到服务提供方的 eID 代理服务器；

⑦ eID 代理服务器将包含相应个人数据的身份验证结果返回给服务提供方，并将 eID 客户端重定向至 Web 服务会话；

⑧ 服务提供方检查身份验证结果和相应的个人数据，并决定是否授予 eID 持有者访问权限。

（1）用户环境

用户环境由终端设备（台式计算机、便携式计算机、手机等）、eID 客户端软件和读卡器组成。

（2）服务提供方

支持基于德国 eID 进行在线身份验证的服务提供方必须部署 eID 代理服务器。eID 代理服务器与服务提供方的应用服务、eID 客户端软件和后台系统进行通信，并存储服务提供方的授权证书以及要在身份验证期间使用的相应私钥和吊销列表。

（3）后台系统

① 文档 PKI：用于确认德国 eID 卡的真实性，包括由 BSI 运营的国家签名认证中心 CSCA 和由 eID 卡制造商运营的文档签名者（document signer，DS）。eID 卡的芯片存储着一个静态的 Diffie-Hellman[4]密钥对，其中公钥由 DS 签名，在前述的通用身份验证过程中要对此签名的真实性进行验证。

② 授权 PKI：用于确保真实性并确定服务提供方的最大访问权限。它是一个 3 层 PKI 架构，包括 BSI 运营的国家验证认证中心 CVCA、经过认证机构运营的授权 CA（BerCA）和服务提供方持有的授权证书（至少一个）。服务提供方的授权证书只有很短的有效期（约 1 天），以避免需要对授权证书进行吊销管理。

③ 吊销系统：为了阻止非法使用丢失或被盗的 eID，eID 持有者必须能够进行撤销。根据德国 eID 的设计原则，eID 后台系统不提供全局吊销列表或所有被吊销卡的序列号，因为这将构成 eID 持有者的全局标识。相反，德国 eID 后台系统使用特定于服务提供方的吊销列表。也就是说，每个 eID 卡都向服务提供方提供特定的吊销令牌，用于根据该服务提供方特定的吊销列表进行验证。各个服务提供方的特定吊销列表由授权 CA 根据从吊销服务获取的通用吊销列表生成。

3. 与 eIDAS 互操作架构的集成

由于德国 eID 系统架构未设置集中式组件，德国 eID 可根据 eIDAS 要求，通过中间件集成模型集成到 eIDAS 互操作性框架中。因此，德国向其他成员国和欧盟委员会提供中间件（德国 eIDAS 中间件）。德国 eIDAS 中间件实现了为 eID 代理服务器增加 eIDAS 支持接口的功能，执行基于德国 eID 的服务器端身份验证过程。德国 eIDAS 中间件集成到 eIDAS 网络的示意如图 7-4 所示。eIDAS 中间件是开源的，以虚拟机形式提供。

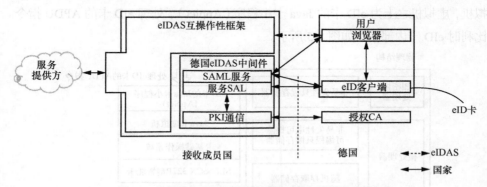

图 7-4　德国 eIDAS 中间件集成到 eIDAS 网络的示意

欧盟其他成员国的公共部门机构有权从用户的德国 eID 中请求个人身份数据。因此，德国免费向每个成员国提供授权证书，在委托授权 CA 上进行身份识别和初始注册；初始注册后，德国 eIDAS 中间件会自动更新授权证书、提供授权证书，还提供必要的 eID 吊销列表。

7.1.2　比利时网络电子身份标识

1. 比利时 eID 卡简介

不同于德国 eID 卡的非接触式接口，比利时 eID 卡带有嵌入式接触芯片。比利时 eID 卡包含 3 类卡片：公民 eID 卡（12 岁以上）、外籍 eID 卡、儿童 eID 卡（12 岁以下）。比利时 eID 卡内部通过智能芯片存储个人身份信息数据，包括姓名、住址、生日、居民登记号码，其中持卡者照片直接呈现于卡上。比利时 eID 卡采用 PIN（个人身份码）保护措施，公民需输入 PIN，其个人信息可被专门读卡机读取，且该卡的使用无须主动激活。eID 卡的居民登记号码包括标识码持有者的生日及性别代码，根据当地相关法律，非政府机构/单位不可用此 eID 标识进行身份验证。

2020 年 1 月，比利时 eID 卡推出新版，主要进行了两项防伪技术升级：加入指纹，持有者两枚食指的指纹将存储在卡芯片中；卡表面增加额外的保护层，卡背面有一张持有者的透明照片。

比利时 eID 卡为 SLE66CX 322P 型智能卡，包含微处理器、加密协处理器、非易失性只读存储器（ROM）、随机存取存储器（RAM）和非易失性电擦除可编程只读存储器（EEPROM）等部件；逻辑结构上，卡的基础操作系统之上是 Java 卡虚拟机，虚拟机之上为 eID 卡的 Java 卡小程序（Applet），处理 eID 卡的 APDU 指令。比利时 eID 卡内部结构如图 7-5 所示。

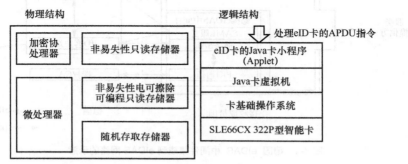

图 7-5 比利时 eID 卡内部结构

eID 卡内部存储的文件包括个人身份数据文件和 PKI 文件两类。个人身份数据文件包括身份文件、照片文件、地址文件和国家注册中心对身份文件、地址文件的签名文件；PKI 文件包括认证证书及认证密钥对、签名证书及签名密钥对、公民认证中心证书、政府根认证中心证书和国家注册中心证书。比利时 eID 卡采用 PKCS#15 文件结构，如图 7-6 所示。

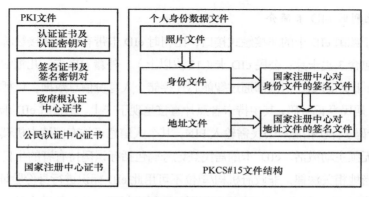

图 7-6 比利时 eID 卡文件结构

2. eID 卡技术架构

比利时 eID 在技术架构上，由识别机制、认证机制、签名机制和信任机制 4 部分组成。

（1）识别机制

识别机制主要指通过 eID Applet 实现身份文件、照片文件、地址文件等个人信息的读取，以及所读取文件的解析和完整性校验。

（2）认证机制

eID 卡内包括认证证书和签名证书两个证书。认证机制中，使用认证证书及认证密钥对。认证机制涉及终端和服务提供方两方面。终端方面，在 eID Applet 的基础上，实现了一组 eID 应用中间件和软件接口，包括面向 Windows 平台的加密服务提供程序、面向 macOS 的 tokend、面向 Linux 平台的 PKCS#11 等。在访问网络应用时，终端上的各类浏览器可以通过调用 eID 应用中间件和软件接口，完成基于 eID 卡的数字签名、证书校验、PIN 码校验、密钥交换等操作，实现与服务提供方的 Web 服务器之间的双向 SSL 身份鉴别。

（3）签名机制

签名机制与认证机制类似，但使用签名证书及签名密钥对。eID 卡的签名功能和它的认证功能具有相同的安全等级，因为它们的安全保护措施是一样的。唯一的不同是所使用的证书和签名密钥（同样的密钥长度和算法类型）。但从法律的角度看，这两个证书明显不同：签名证书所签名的文档内容具有不可抵赖性（与手写签名一致）。

（4）信任机制

信任机制主要指比利时 eID 的公钥基础设施 PKI 架构。比利时 eID 的 PKI 层次结构分为 3 个等级，如图 7-7 所示。

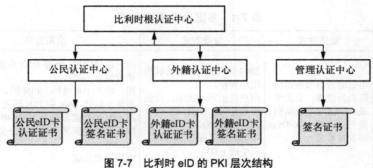

图 7-7　比利时 eID 的 PKI 层次结构

第一级是比利时根认证中心，比利时根认证中心具有两个根 CA 证书，一个是存储在 eID 卡中的自签名根 CA 证书，另一个是可由 GlobalSign 发行可在浏览器中自动验证的比利时根 CA 证书。第二级是 eID 操作（运营）认证中心，包括公民认证中心，面向公民 eID 卡；外籍认证中心，面向外籍 eID 卡；管理认证中心，颁发签名证书。第三级是用户证书，包括公民 eID 卡的认证证书和签名证书、外籍 eID 卡的认证证书和签名证书等。

以上分别介绍了德国和比利时的网络电子身份标识 eID 的功能与架构，两国分别以非接触式 eID 卡和接触式 eID 卡作为主要载体形式，各国 eID 卡的功能与架构均与之类似，只是在具体实现上有所不同。

| 7.2 移动电子身份标识的实现方式 |

eID 的载体形式灵活，不仅政府发放的健康卡可作为 eID 载体，银行发放的芯片卡、通信运营商发行的 SIM 卡以及服务器密码机，只要满足相关标准规定，都可以作为 eID 载体。6.4 节介绍了多国移动电子身份标识的发展与应用情况，mID 由于具有易用性和安全性，得以快速推广应用，其活跃用户和用量远超卡片形态的 eID。在一些国家，mID 已成为 eID 的主流形态，这代表着 eID 的发展与应用趋势。本节首先介绍多国 mID 的实现方式及分类，再对其中典型案例——奥地利 mID 的技术实现进行具体分析。

7.2.1 多国移动电子身份标识的实现方式分类

以下从载体方式、发行方式、应用方式 3 个方面对多国 mID 的实现方式进行介绍，如表 7-1 所示。

表 7-1 多国 mID 实现方式

国家	载体方式	发行方式	应用方式
奥地利	电信运营商服务器密码机为载体；负责生成、存储用户公私钥、证书，证书由 A-Trust 颁发和管理	2004 年开始，由注册机构现场发行；用户需出示 eID 卡，提供手机号码，签署纸质合同，设置 PIN 码；电信运营商服务器密码机生成 mID	用户访问应用，选择 mID 重定向到电信运营商服务器；用户输入手机号码、PIN 码、TAN；服务器验证 TAN 和 PIN 码无误后，使用 PIN 码解密服务器 HSM 中的私钥；服务器创建签名，并将用户公钥证书发给应用；应用完成认证

续表

国家	载体方式	发行方式	应用方式
爱沙尼亚	支持 PKI 功能的 SIM 卡为载体；每个 SIM 卡存储两个公私钥对，分别用于认证和数字签名；证书由 Sertifitseerimiskeskus 颁发和管理，5 年有效期	2007 年开始，由电信运营商负责发行；用户需出示 eID 卡；电信运营商颁发的 SIM 卡上生成 mID	信任服务提供商（TSP）维护统一接口，应用无须与运营商接触，向 TSP 发送 mID 服务请求；TSP 根据用户 SIM 卡号找到相应电信运营商，发送签名请求到用户 SIM 卡；用户在 eID 卡上完成签名，将签名发送给 TSP；TSP 返回响应给应用
挪威	支持 PKI 功能的 SIM 卡为载体；SIM 卡仅存储用户私钥，相应的用户证书存储在证书服务器中；证书由 Telenor 颁发和管理	2007 年开始，由 5 家电信运营商（NetCom、Telenor、Phonero、TDC、TELE2）负责发行；用户需出示 eID 卡；电信运营商颁发的 SIM 卡上生成 mID	用户访问应用，根据认证要求输入手机号；用户输入 PIN 码，对报文进行签名（符合 PKCS#1），连同 ICCID 返回给服务器；服务请求 VA（验证机构）验证签名，VA 能够根据 SIM 卡的 ICCID 检索证书
土耳其	使用 SIMPlus 卡作为载体；支持更多存储空间和 PKI，需经过 CC EAL4+检测	2007 年开始，由电信运营商 Turkcell 负责发行；用户先在网上填写个人资料申请，之后现场出示 eID 卡，签署合同，激活移动签名服务；激活服务的同时，SIM 卡生成公私钥，公钥传给服务器，生成证书，发布并返回给用户	用户根据应用提示点击签名，输入手机号，通过 SMS 接收待签名报文；用户确认，输入 PIN 码，SIM 卡上完成签名，返回给应用；应用完成验证
芬兰	支持 PKI 功能的 SIM 卡为载体；每个 SIM 卡存储两个公私钥对，分别用于认证和数字签名；证书有效期 5 年	2005 年开始，由两家电信运营商 Elisa、Sonera 负责发行；用户领取 SIM 卡后，需有效证件亲自去专门机构（如警察局）注册，机构后台连接到相关系统，生成用户有效证书；用户 SIM 卡设置签名、加密密码	用户访问各应用，可基于 mID 进行身份鉴别、签名、支付；应用跳转到一个中心服务（VETUMA），中心服务提供统一的身份鉴别、签名、支付接口
瑞典	支持 PKI 功能的 SIM 卡为载体；SIM 卡仅存储用户私钥，相应的用户证书存储在电信运营商的证书服务器中	2005 年开始，由电信运营商负责发行；用户向电信运营商申领 SIM 卡；之后与电信运营商的证书服务交互确认激活，生成用户证书	用户访问应用，输入手机号；应用通过 PKI 搜索引擎查找用户对应的证书服务；应用将待签名消息发给用户；用户输入 PIN 码，SIM 卡签名；电信运营商将签名结果发给应用，应用通过证书服务验证

续表

国家	载体方式	发行方式	应用方式
冰岛	支持 PKI 功能的 SIM 卡为载体；SIM 卡仅存储用户私钥，相应的用户证书存在移动签名服务器 MSSC（mobile signature server）上	2010 年开始，由银行负责发行；用户向电信运营商领取支持 PKI 的 SIM 卡，然后去银行申领 mID；用户输入用于 mID 的特定 PIN 码，SIM 卡中生成公私钥对，然后公钥被安全地发送至 MSSC，后者再将其转发至证书服务，证书服务颁发证书，将用户及其唯一公钥绑定	首先，用户需要向在线服务机构提供手机号码或任何其他的唯一标识符，该标识符首先由身份验证服务器校验；然后，身份验证服务器请求 MSSC 通过消息服务器以加密 SMS 的形式向用户手机发送身份验证或签署请求；之后，手机 SIM 卡通知用户审核关于正在执行的交易的信息，通过输入用户 PIN 来验证手机是否在合法所有者的手中，输入正确的 PIN 之后，SIM 卡签署交易，并通过消息服务器将其发送至 MSSC 进行验证；最后，MSSC 将签名发送至身份验证服务器进行验证，以便允许或拒绝用户访问服务，或接受安全的交易
美国	以智能手机的安全单元、可信计算环境为载体，可通过智能手机的钱包 Wallet 应用或第三方 App 访问	2020 年开始，由交通部门负责发行（与移动驾照结合在一起）；用户在线通过身份证件信息核验和人脸核验自主申领	主要应用场景是现场身份鉴别或属性证明，即由 mIDAPP（智能手机的钱包 Wallet 应用或第三方 App）生成二维码或条码，供扫码验证

从表 7-1 可以看出：载体方式方面，主要包括支持 PKI 功能的 SIM 卡（爱沙尼亚、挪威、土耳其、芬兰、瑞典、冰岛）、智能手机的 SE/ TEE、服务器密码机（奥地利）3 种形态；发行方式方面，主要包括政府公共部门发行（奥地利、美国）、电信运营商发行（爱沙尼亚、挪威、土耳其、芬兰、瑞典）、银行发行（冰岛）3 种方式；应用方式方面，主要包括建立在线身份鉴别、签名、验签服务（奥地利、爱沙尼亚、挪威、土耳其、芬兰、瑞典、冰岛）和提供现场身份鉴别或属性证明（美国）两类。

7.2.2 奥地利移动电子身份标识

奥地利的 mID 于 2005 年，与 eID 卡同期发行，已成为该国 eID 的主流形态。其成功的原因在于：零起步——任意智能手机皆可，不需要额外的费用；无依赖——不依赖于特定的硬件，无须升级为支持 PKI 功能的 SIM 卡；易使用——易于激活，操作方便。

（1）mID 的系统架构

奥地利 mID 的系统架构由用户域和移动签名域组成，如图 7-8 所示。用户域包括用户与智能手机。移动签名域由数据库、服务器密码机、Web 前端服务器、短信网关 4 部分组成。数据库中存储的主要数据包括：经过加密的签名私钥以及相关信息，加密因子包括用户的手机号码、口令以及服务器密码机密钥；服务器密码机负责完成公私钥对生成、密钥加密和数字签名；Web 前端服务器负责向用户提供 Web 服务入口；短信网关负责向用户的智能手机提供短信服务入口。

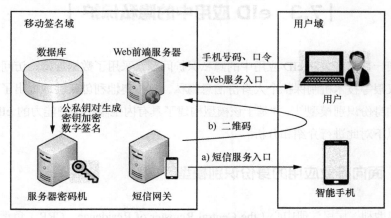

图 7-8　奥地利 mID 的系统架构

（2）mID 的签名流程

由于用户的签名公私钥对在移动签名域生成和存储，要完成 mID 签名，需首先完成用户身份鉴别，以确认用户身份及签名意愿的真实性和有效性。用户登录 Web 前端服务器后，可以采用"手机号码/口令+短信验证码"或"手机号码/口令+二维码"方式与移动签名域进行身份鉴别。完成身份鉴别后，即可对用户的待签名文档进行数字签名。移动签名域的具体操作包括：

① Web 前端服务器将待签名数据和用户手机号码发送到服务器密码机；

② 服务器密码机根据用户手机号码从数据库中提取加密的用户签名私钥；

③ 服务器密码机使用手机号码、口令以及服务器密码机密钥作为密钥因子解密用户签名私钥；

④ 服务器密码机使用用户签名私钥对待签名数据进行数字签名；

⑤ 服务器密码机将签名结果通过 Web 前端服务器返回给用户。

由于用户的签名公私钥对由移动签名域的服务器密码机托管，即电子签名制作数据由服务器端托管，主要依靠权威第三方对服务器端的安全认证和监管来防止服务器端的误操作或对用户签名制作数据的滥用。虽然这种方式能够满足欧盟 eSignature 1999/93/EC 指令的安全电子签名生成设备 SSCD 和 eIDAS 条例的合格电子签名生成设备 QSCD 的要求，但并不符合我国《电子签名法》第十三条"签署时电子签名制作数据仅由电子签名人控制"的要求。

| 7.3　eID 应用中的隐私保护 |

各国一直高度关注 eID 应用中的隐私保护问题，采用了数据加密、访问控制、最小化权限等技术机制保护个人身份信息隐私，其中奥地利创新性地提出了面向行业应用的身份识别模型[5]，并基于该模型构建了具有内生隐私保护能力的 eID 系统架构，以下对此进行介绍和分析。

7.3.1　面向行业应用的身份识别模型

在奥地利，居民注册中心（the Central Register of Residence，CRR）负责公民注册和信息登记，并为登记在册的居民分配一个唯一的号码，即 CRR 号码。CRR 号码可以唯一标识公民身份，但出于保护隐私的考虑，奥地利法律规定 CRR 号码不得直接用于在线电子政务、电子商务应用。因此，奥地利数据保护委员会下属的源个人身份标识码注册机构（SourcePIN Register Authority，SRA）对 CRR 号码进行加密，派生出一个新的唯一标识符，称之为源个人身份标识码（sourcePIN）。

sourcePIN 与其他身份数据（如姓名、出生日期以及与公民身份绑定的合格签名证书）一起存储在奥地利 eID 载体上。这些身份标识数据被包装在一个特殊的基于 XML 的数据结构中，即身份链接。身份链接由 SRA 进行电子签名，一方面确保公民身份标识数据的完整性和真实性，另一方面验证身份标识数据与合格签名证书之间的一致性。身份链接最终仅存储在奥地利 eID 载体上。

奥地利的 eID 体系依赖于公民在 CRR 中注册。为保障未列入 CRR 的个人（如外国公民或目前在外国居住的奥地利公民）的身份管理与服务，则在自然人补充登记处（Supplementary Register for Natural Persons，SR）进行注册和信息登记。通过在 SR 中注册，这些人也可以获得分配的 sourcePIN，从而加入奥地利 eID 体系。通过这种方式，外国公民可以在在线应用中取得奥地利公民同等待遇，这种待遇的法律依据是《电子政务等效法令》，该法令于 2010 年正式发布。奥地利的 eID 体系也支持法人电子身份识别，每个法人都可以通过商业登记机构进行注册，并为其分配唯一的法人身份标识号码。

为了保护公民的隐私，奥地利《电子政务法》禁止在在线应用中直接使用 sourcePIN进行识别。根据此法案，源 PIN 也不得存储在身份链接之外。然而，由于在线应用需要能够唯一地识别用户，奥地利提出了面向行业应用的身份识别模型，如图 7-9 所示。该身份识别模型的具体实现方法是：对 sourcePIN 和某个行业部门（如财务、税务等）标识符的组合使用杂凑函数，派生出特定于该行业部门的个人身份标识码（sector-specific PIN，ssPIN），以 ssPIN 作为用户访问在线应用时的唯一个人身份标识码。

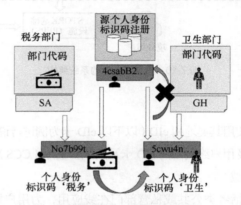

图 7-9　面向行业应用的身份识别模型

如图 7-9 所示，面向行业应用的身份识别模型为用户在每个行业部门派生了特定的 ssPIN，该模型具有以下优势：杂凑函数的抗碰撞性确保了 ssPIN 的唯一性，即用户在每个行业部门中的 ssPIN 唯一；杂凑函数的单向性使得无法从给定的ssPIN 中重新计算出 ssPIN 或其他行业部门的 ssPIN；用户在某个行业部门的 ssPIN仅在该行业域中有效，用户信息及活动不会被其他机构或部门跨域查询或跟踪，可以很好地保护个人隐私。

7.3.2　具有内生隐私保护能力的 eID 的系统架构

奥地利 eID 的系统架构[6]如图 7-10 所示，具体包括：用户域、服务提供者域、源个人身份标识码注册机构域、商业注册域、境外域。

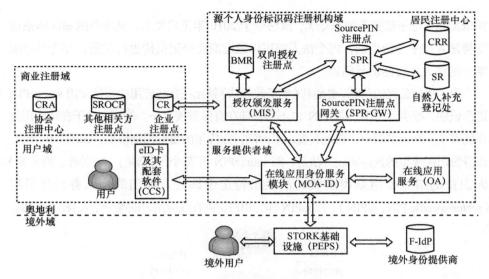

图 7-10 奥地利 eID 的系统架构

（1）用户域

用户域包括希望使用其奥地利 eID（以下以 eID 卡为例进行说明）访问公共或私营部门服务的用户，以及用户终端上的 eID 卡及其配套软件（CCS）。

（2）服务提供者域

服务提供者域包括各类公共或私营部门在线应用，为用户提供各类 Web 服务。为支持这些在线应用服务基于奥地利 eID 卡进行合格且安全的身份识别、验证和数字签名，在线应用服务中需部署中间件——在线应用身份服务模块（MOA-ID），在线应用的身份识别、验证和数字签名统一由 MOA-ID 处理和管理。

MOA-ID 完成 3 个方面的交互：与 eID 配套软件的 eID 卡功能交互；为在线应用提供身份识别、验证和数字签名结果及相关数据以供进一步处理；与源个人身份标识码注册机构域、境外域的功能和数据交互。

（3）源个人身份标识码注册机构域

源个人身份标识码注册机构域即 SRA 域，包括授权颁发服务（mandate issuing service，MIS）、双向授权注册点（bilateral mandate register，BMR）、SourcePIN 注册点（sourcePIN register，SPR）、居民注册中心（CRR）、自然人补充登记处（SR）、SourcePIN 注册点网关（SPR-GW）。

MIS 在公民作为自然人或法人（机构）代表进行身份验证时调用，负责动态发布电子授权。为了查询法人（机构）代表的授权信息，MIS 需要查询 BMR。为了获取法人（机构）的授权信息，MIS 需要向商业注册域发起查询。

为了完成自然人之间代表授权的身份验证过程，MIS 需要查询 SPR。SPR 更像是一个虚拟注册点，它将 CRR 和 SR 的信息打包在一起；SPR-GW 仅在外国公民身份验证的情况下调用。

（4）商业注册域

商业注册域中包括企业注册点（company register，CR）、协会注册中心（central register of associations，CRA）、其他相关方补充注册点（supplementary register for other concerned parties，SROCP），这些注册点的管理者是奥地利司法部或内政部，其管理着各类法人（机构）的资料以及电子业务中的授权信息。

（5）境外域

在大多数情况下，外国公民通过 STORK 基础设施进行身份验证。STORK 基础设施在境外运营，通过查询合适的境外身份提供商（foreign identity provider，F-IdP）来进行公民身份识别和验证。经过身份验证的公民数据，通过 STORK 基础设施传输到奥地利的 eID 系统的 MOA-ID 中间件。

从图 7-10 可以看出，各个组件具有不同的部署方法。例如，MOA-ID 采用本地部署方法，每个在线应用在其系统中运行一个 MOA-ID 实例。而 MIS 和 SPR-GW 在 SRA 域中集中运行。此外，STORK 基础设施的部署遵循集中式方法，即每个成员国运行一个集中式网关（passive entry passive start，PEPS），提供跨境 eID 功能。

虽然 MOA-ID 的本地部署方法在端到端安全性和可扩展性方面具有一些明显的优势，但采用集中式运行方法也有一定的优势。如果采用集中式 MOA-ID，公民只需要信任特定的身份服务提供者，服务质量和安全性便可得到保证。此外，集中式 MOA-ID 将允许公民跨不同域单点登录，且无须每次都分别在每个在线应用上重新进行身份验证。此外，在线应用也可以从这种方法中受益，因为它们不需要运行和维护单独的 MOA-ID 实例。文献[7]提出了在公有云上集中部署奥地利 eID 系统关键组件的方法。

当然，集中部署方法也有一些缺点：单个实例构成单点故障或攻击。此外，与本地或分布式部署相比，集中部署方法的可扩展性是主要问题，所有公民身份验证过程都将通过此集中式实例运行，这很容易导致负载瓶颈，因为从理论上讲，所有公民都可以使用这项服务。该结论同样适用于 MIS、SPR-GW 或 PEPS。

7.3.3 奥地利 eID 的系统用例分析

以下依次分析奥地利公民、法人（机构）代表和外国公民的在线身份识别和验证用例。

（1）奥地利公民在线身份识别和验证用例

奥地利公民在线身份识别和验证过程的参与方包括公民、在线应用、MOA-ID、终端配套软件，如图 7-11 所示。

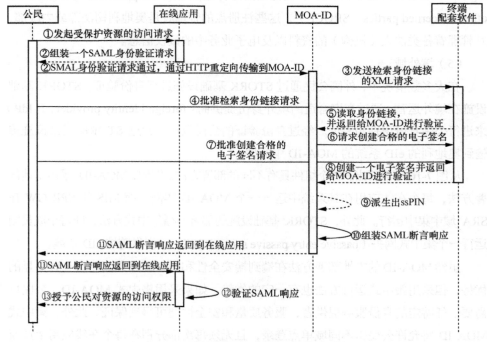

图 7-11 奥地利公民在线身份识别和验证时序图

奥地利公民在线身份识别和验证的具体流程为：

① 公民（持有 eID 卡）向在线应用发起受保护资源的访问请求；

② 在线应用组装一个 SAML 身份验证请求，该请求通过 HTTP 重定向传输到 MOA-ID；

③ MOA-ID 向终端配套软件发送检索身份链接的 XML 请求，以便从 eID 卡中检索身份链接；

④ 公民在终端配套软件界面上根据实际情况批准此请求;

⑤ 终端配套软件从 eID 卡中读取身份链接,并返回给 MOA-ID 进行验证;

⑥ MOA-ID 请求创建合格的电子签名,表明公民进行在线身份验证的真实意愿;

⑦ 公民在终端配套软件界面上根据实际情况批准此请求;

⑧ 公民通过终端配套软件创建一个电子签名,并返回 MOA-ID 进行验证;

⑨ MOA-ID 根据身份链接中的 sourcePIN 为该在线应用所属行业派生出正确的 ssPIN;

⑩ MOA-ID 组装一个 SAML 断言响应,其中包括 ssPIN 和来自身份链接的其他公民数据;

⑪ MOA-ID 通过 HTTP-POST 将 SAML 断言响应返回到在线应用;

⑫ 在线应用验证 SAML 响应;

⑬ 验证成功后,在线应用将授予公民对资源的访问权限。

（2）奥地利法人（机构）代表在线身份识别和验证用例

奥地利法人（机构）代表在线身份识别和验证过程的参与方包括公民、在线应用、MOA-ID、终端配套软件、MIS、CR,如图 7-12 所示。

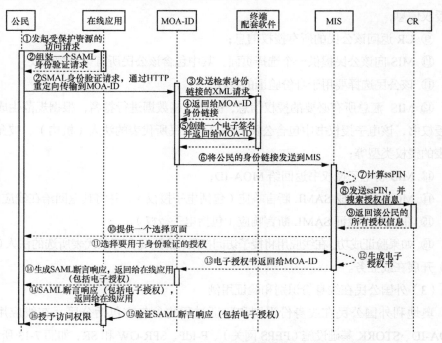

图 7-12　奥地利法人（机构）代表在线身份识别和验证时序图

奥地利法人（机构）代表在线身份识别和验证的具体流程为：

① 此步骤与奥地利公民在线身份识别和验证的步骤①基本一致，但公民选择代表某法人（机构）进行身份验证；

② 此步骤与奥地利公民在线身份识别和验证的步骤②基本一致，完成 SAML身份验证请求重定向；

③ 此步骤与奥地利公民在线身份识别和验证的步骤③基本一致，发送检索身份链接的 XML 请求；

④ 此步骤与奥地利公民在线身份识别和验证的步骤④～⑤基本一致，将身份链接返回 MOA-ID；

⑤ 此步骤与奥地利公民在线身份识别和验证的步骤⑥～⑧基本一致，将公民代表身份验证的电子签名返回 MOA-ID；

⑥ 由于公民希望代表某法人（机构）进行身份验证，因此当前的 MOA-ID 方法将公民的身份链接发送到 MIS，以访问公民获得的所有授权；

⑦ MIS 根据身份链接中的 sourcePIN，计算在企业注册点 CR 的 ssPIN；

⑧ MIS 将计算得到的该公民 ssPIN 发送给 CR，在 CR 中根据 ssPIN 搜索相应的授权信息；

⑨ CR 返回该公民的所有授权信息；

⑩ MIS 向该公民提供一个选择页面，其中包含该公民所有可用的授权；

⑪ 该公民选择要用于身份验证的授权；

⑫ MIS 汇总所有必要的授权信息，并对这些数据进行签名，根据规范生成电子授权书，该电子授权书中包含公民的信息、公民所代表的法人（机构）、被允许代表的授权类型等；

⑬ MIS 将电子授权书返回给 MOA-ID；

⑭ MOA-ID 生成 SAML 断言响应（包括电子授权），并将其返回给在线应用；

⑮ 在线应用验证 SAML 断言响应（包括电子授权）；

⑯ 如果验证成功，在线应用将授予访问权限，公民现在可以代表所选的法人（机构）开展在线业务。

（3）外国公民在线身份识别和验证用例

奥地利外国公民在线身份识别和验证过程的参与方包括公民、在线应用、MOA-ID、STORK 基础设施（PEPS 网关）、F-IdP、SPR-GW 和 SR，如图 7-13 所示。

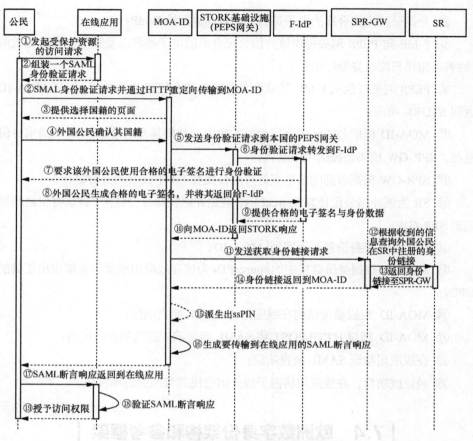

图7-13 外国公民在线身份识别和验证时序图

奥地利外国公民在线身份识别和验证的具体流程为：

① 外国公民发起访问奥地利在线应用请求；

② 在线应用组装一个 SAML 身份验证请求，该请求通过 HTTP 重定向传输到 MOA-ID；

③ MOA-ID 向外国公民提供一个选择国籍的界面；

④ 外国公民确认其国籍；

⑤ 根据 STORK 设计，外国公民将在其本国接受身份验证，因此，MOA-ID 将身份验证请求发送到本国的 PEPS 网关；

⑥ PEPS 网关选择合适的 F-IdP，并将身份验证请求转发到 F-IdP；

⑦ F-IdP 要求该外国公民使用合格的电子签名进行身份验证；

⑧ 外国公民生成合格的电子签名，并将其返回给 F-IdP；

⑨ F-IdP 向 PEPS 网关提供该外国公民合格的电子签名以及其他个人身份数据（姓名、出生日期、身份标识等）；

⑩ PEPS 网关打包从 F-IdP 检索到的与该外国公民相关的数据，并向 MOA-ID 返回 STORK 响应；

⑪ MOA-ID 提取与该外国公民相关的数据，并将其发送给 SPR-GW 请求身份链接，SPR-GW 核实公民的电子签名；

⑫ SPR-GW 根据收到的信息查询外国公民在 SR 中注册的身份链接；

⑬ SR 为该外国公民计算 sourcePIN，创建并组装其身份链接，将该身份链路返回到 SPR-GW；

⑭ SPR-GW 将身份链接返回到 MOA-ID；

⑮ MOA-ID 根据身份链接中的 sourcePIN 为该在线应用所属行业派生出正确的 ssPIN；

⑯ MOA-ID 生成要传输到在线应用的 SAML 断言响应；

⑰ MOA-ID 通过 HTTP-POST 将 SAML 断言响应返回到在线应用；

⑱ 在线应用验证 SAML 断言响应；

⑲ 验证成功后，在线应用将授予该外国公民对资源的访问权限。

| 7.4 欧洲数字身份架构和参考框架 |

基于欧盟各成员国网络电子身份标识发行和应用实践经验，根据欧洲数字身份行动计划和 eIDAS 法规要求，欧盟委员会委托 eIDAS 专家组提出了欧洲数字身份架构和参考框架，并于 2022 年 2 月 22 日正式发布。以下从背景和目标、体系组成、功能需求 3 个方面进行说明和分析。

7.4.1 背景和目标

（1）背景

2021 年 6 月 3 日，欧盟委员会通过了 2021/946 号建议，呼吁成员国努力开发一个工具库，包括一个技术架构和参考框架（technical architecture and reference framework，ARF）、一套通用标准和技术规范以及一套共同准则和最佳实践。该建议指出，该工具库将在欧盟委员会的密切协调下，由重新组合的 eIDAS 专家组中的各成员国专家开发，其他有关公共和私营部门各方积极参与。工具库完成并获得认可后，将作为实施《数字身份框架条例》的基础，而开发工具库的过程不会干扰或误导立法过程。

根据建议书设定的指示性时间表，eIDAS 专家组在 2021 年 9 月 30 日的第一次会议上就流程和工作程序达成一致，并讨论了委员会提出的关于欧洲数字身份钱包生态系统（以下简称"EUDI 钱包"）的非正式建议。在此基础上，专家组决定 2021 年 10 月至 12 月期间，给出聚焦于 EUDI 钱包的概念、功能和安全方面以及一些核心用例的详细说明。

（2）目标

欧洲数字身份钱包的首要目标是为所有欧洲人推广可信的数字身份，允许用户控制自己的在线互动和状态，使用户能够安全地请求、获取和存储信息，使他们能够访问在线服务、共享有关数据以及对各类文档实施电子签名、电子签章，其具体形态可以是几种产品和信任服务的组合。

eIDAS 专家组正在研究的用例领域，主要包括以下 5 个方面。

① 访问在线服务时安全可信的身份鉴别：安全身份鉴别是 EUDI 钱包的一项功能，身份依赖方可使用一组预定义的个人识别数据来识别用户，以允许访问在线公共和私人服务，特别是当其需要强用户身份鉴别时更应使用 EUDI 钱包进行在线识别。

② 移动和数字驾驶执照：EUDI 钱包可以为在线和离线场景赋能全数字化的欧洲驾驶执照，它可以链接到公共或私有的身份提供商提供一系列证明，涵盖交通领域的法律要求（如专业能力证书）或业务标准（如道路收费）。

③ 健康：为在欧盟范围内便利地获取健康数据，根据欧盟 COVID-19 数字证书的经验，EUDI 钱包将允许访问患者诊断书、电子处方等。

④ 教育/文凭：EUDI 钱包可以成为教育数字凭证的存储库，以可验证、可信和可消费的形式跨境共享给企业和雇主、教育和培训机构以及其他学术机构，取代既昂贵又耗时的纸质文件和人工资格认证程序。

⑤ 数字金融：EUDI 钱包可以促进具有高度安全性的支付身份验证，实现非常流畅的支付体验。

7.4.2 体系组成

EUDI 钱包体系组成如图 7-14 所示,其中包括 14 个实体角色,以下依次进行说明。

① EUDI 钱包终端用户:指使用 EUDI 钱包的自然人或法人,用户可以使用 EUDI 钱包接收、存储和共享身份、属性、意愿证明以及创建合格的电子签名和电子印章。根据欧盟立法提案,公民使用 EUDI 钱包不是强制性的。但是,成员国有义务向其公民提供 EUDI 钱包。

② EUDI 钱包发行方:各成员国授权或认可的公共或私营机构,负责按照 EUDI 钱包的功能、性能、安全等要求,为最终用户提供 EUDI 钱包。

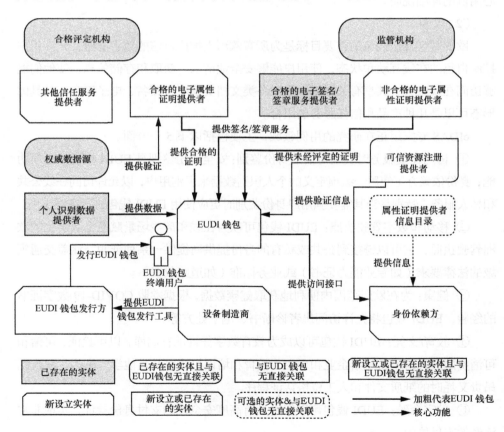

图 7-14 EUDI 钱包体系组成

③ 个人识别数据提供者（person identification data providers，PID 提供者）：负责验证 EUDI 钱包用户的身份，维护一个标准接口以安全的方式向 EUDI 钱包提供 PID，并为依赖方提供信息以验证 PID 的有效性。个人识别数据提供者可以是当前发行官方身份证件、eID 的机构，也可能与 EUDI 钱包发行方是同一机构。

④ 可信资源注册提供者：作为具有公信力的注册机构，为 EUDI 钱包体系中各个角色（EUDI 钱包发行方、个人识别数据提供者等）提供注册服务，并且可为第三方提供注册信息查询服务以验证相关角色是否可信。

⑤ 合格的电子属性证明提供者：（qualified electronic attestation of attributes provider，QEAA 提供者）：合格的电子属性证明（QEAA）将由信任服务提供者（qualified trust service provider，QTSP）提供，其信任框架适用于 QEAA；QEAA 提供者将维护一个用于请求和提供 QEAA 的接口，以及提供可用于查询 QEAA 有效性状态的信息或服务位置。

⑥ 非合格的电子属性证明提供者：（non-qualified electronic attestation of attributes provider，EAA 提供者）：任何 QTSP 均可提供 EAA，它们在受到 eIDAS 监督的同时，可能有其他法律框架，主要管理 EAA 的提供、使用和认可规则，如驾驶执照，教育证书，数字支付等政策领域。

⑦ 合格的电子签名/签章服务提供者：主要指经过合格评定的电子签名/签章服务提供者，也可以是未经评定的，要求 EUDI 钱包用户能够使用合格的电子签名或印章进行签名，可以通过 EUDI 钱包本地或远程的合格签名/印章创建设备（qualified signature/seal creation device，QSCD）来实现。

⑧ 其他信任服务提供者：其他合格的或未经评定的信任服务提供方，如时间戳服务提供商。

⑨ 权威数据源：法律认可或要求依赖方认可的公共或私营数据库或系统，其内容为自然人或法人的属性，如地址、年龄、性别、公民身份、家庭组成、国籍、教育与培训资格和执照、职业资格和执照、公共许可证和执照、财务以及企业数据。

⑩ 身份依赖方：含义与之前的身份依赖方一致，身份依赖方与 EUDI 钱包的交互往往通过代理或网关方式，如各国的公共鉴别网关或私营身份鉴别服务提供商。

⑪ 合格评定机构（conformity assessment body，CAB）：CAB 将由成员国负责认证，负责对 QTSP 及 EUDI 钱包进行审核评估，成员国在发放 EUDI 钱包或信任

服务提供方合格运行之前必须通过 CAB 评估。

⑫ 监管机构：负责对 QTSP 进行监管，当发现问题时，通知成员国主管机构对不合格的 QTSP 采取行动。

⑬ 设备制造商：负责制造 EUDI 钱包载体。EUDI 钱包载体应当具有许多接口，如本地存储、互联网访问、传感器（手机摄像头、红外传感器、麦克风等）、通信通道（低功耗蓝牙 BLE、Wi-Fi、NFC 等）；除本地设备外，云端服务也可以作为 EUDI 钱包载体，如远程的合格签名/印章创建设备 QSCD。

⑭ 属性证明提供者信息目录：作为公共的电子属性证明（QEAA、EAA）提供者服务目录，QEAA 提供者和 EAA 提供者在目录中发布其相关信息，使身份依赖方等其他实体能够发现所提供的属性和方案以及如何进行验证等。

7.4.3 功能需求

EUDI 电子钱包功能架构由 4 部分组成：数据存储、密码资料、访问接口、用户界面，如图 7-15 所示。

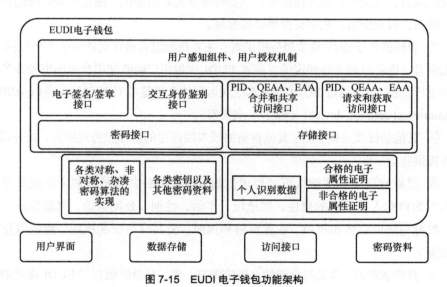

图 7-15 EUDI 电子钱包功能架构

① 数据存储部分：主要包括个人识别数据（PID）和合格的或非合格的电子属性证明的存储，其中 PID 的存储和访问与 eID 卡中现有部分一致。

② 密码资料部分：主要包括各类对称、非对称、杂凑密码算法的实现，各类密钥以及其他密码资料。

③ 访问接口部分：主要包括存储接口、密码接口、电子签名/签章接口、交互身份鉴别接口以及 PID 、QEAA、EAA 访问接口。

④ 用户界面部分：主要包括用户感知组件、用户授权机制。

以下依次进行介绍。

（1）PID、QEAA 和 EAA 的存储

EUDI 钱包的存储接口和数据存储模块，可为 PID、QEAA 和 EAA 提供存储功能，并使用户能够根据请求与身份依赖方共享这些关键数据，无须在线向 PID 提供者、QEAA 提供者和 EAA 提供者请求获取数据，以降低服务提供者跟踪用户电子证明使用情况的可能。

EUDI 钱包存储包括本地的（位于用户持有的设备上）或远程的（在基于云架构的服务中）数据存储，但 EUDI 钱包本地存储是必不可少的，可以仅具有本地存储的形态，或同时具有本地存储与远程存储的混合存储形态。

（2）PID、QEAA 和 EAA 的获取

EUDI 钱包应当集成以下功能：在初始化信息加载期间，能够请求和获取用户的 PID，如通过具有高保证级别的电子识别接口；使用户能够通过与 QEAA 提供者和 EAA 提供者的接口，申请并获得 QEAA 和 EAA；使用户能够从 EUDI 钱包中删除 PID、QEAA、EAA、密码资料等。

EUDI 钱包的电子身份识别/验证过程，可依赖与权威数据源的接口进行，如通过移动终端的 NFC 接口读取身份证件或后台服务接口访问。

（3）密码功能

密码功能是 EUDI 钱包的大部分业务功能所依赖的基础支撑功能，与存储一样，可以是本地实现形态也可以是本地与云端共同实现的形态。

EUDI 钱包的业务功能包括：管理用户与依赖方的电子身份识别或匿名身份鉴别；管理 QEAA、EAA、PID 与 EUDI 钱包相关联时的身份验证；管理 EUDI 钱包本身对第三方的身份验证；管理远程合格签名/印章创建设备 QSCD 的激活方式；管理合格的数字证书及其密钥对（本地 QSCD 模式）；管理 EUDI 钱包的远程存储访问方式（混合存储模式）；管理设备上个人数据的安全存储。

① 密码资料管理：指 EUDI 钱包提供的生成、存储、使用、修改和删除密码资

料的能力，可根据密码材料的敏感性确定该功能以软件或硬件方式实现。

② 可信环境：指不同于标准软件执行环境的安全计算环境，如可信执行环境、安全模块或远程可信计算环境。

（4）双向身份鉴别

为确保用户知情安全级别，EUDI 钱包的相互身份验证功能应涵盖 EUDI 钱包端和第三方端。EUDI 钱包可以与用户相互验证，也应能够识别和验证与其交互的第三方。

双向身份鉴别可以在线或离线进行；为使各方能够无缝使用 EUDI 钱包，身份验证协议要标准化，确保至少在欧盟层面的互操作性。

（5）PID、QEAA 和 EAA 的共享

EUDI 钱包应该能够使用一组特定的 PID 进行用户识别和身份验证。EUDI 钱包应利用通用协议进行身份识别和属性共享以及信息的完整性和真实性验证，以降低解决方案的技术复杂性并简化其部署。此功能将依赖于 EUDI 钱包中存储的 PID、QEAA、EAA 及其共享协议。该功能可以考虑基于现有的 eIDAS 基础设施和功能实现，以支持 EUDI 和现有 eID 手段的无缝兼容。并且，EUDI 钱包无法收集对于提供钱包服务非必需的信息，也不得将 PID 数据、其他个人数据或与使用欧洲数字身份钱包有关的数据，和 EUDI 钱包发行方提供的任何其他服务或来自第三方服务的个人数据相结合，除非用户明确要求。

EUDI 钱包应通过设计和选择性地披露属性来加强隐私保护。属性共享可以采用离线或在线方式处理。

（6）用户界面

EUDI 钱包的用户界面包括两项主要功能：用户感知组件和用户授权机制。

① 用户感知组件。EUDI 钱包应清晰无误地显示信息，以便用户做出正常的决策。用户尤其应明确告知：用户交互方的身份；共享电子属性证明的原因，包括请求者是谁、请求哪些属性以及身份依赖方的请求目的；清楚地了解正在执行的操作类型；用户《在通用数据保护条例（GDPR）》下的数据保护权利。EUDI 钱包允许用户识别身份依赖方强制要求的属性以及信赖方认为可选的属性；EUDI 钱包应向用户显示"欧盟数字身份钱包信任标记"；当执行可靠电子签名 QES 操作时，QES 应显示谁在问、签署哪个文件、根据哪些电子签名政策等信息；显示有关用户 EUDI 钱包使用情况的事件日志。

② 用户授权机制。为了保护用户的隐私并确保用户对其 EUDI 钱包的完全控制，EUDI 钱包应：依靠统一的授权机制，从设计上确保安全和隐私；获取并存储用户授权操作，即通过用户执行特定操作（如单因素或多因素身份鉴别）以证明得到了用户的同意。确保有关创建可靠电子签名 QES 的用户授权，纳入 EUDI 钱包所依赖的合格签名/印章创建设备（QSCD）的处理范围。

（7）合格的电子签名/签章

EUDI 钱包用户应能够通过以下方式创建合格和非合格的电子签名/签章：钱包是 QSCD；本地和云端共同完成，以本地 QSCD 作为核心功能；通过具有合格的服务接口来管理远程 QSCD。在这种情况下，EUDI 钱包应保证由用户激活其签名/签章私钥。

（8）与外部实体的接口

EUDI 钱包的接口包括与各成员国基础设施的接口、与各成员国 eID 卡的接口、与外部共享电子证明的接口、与权威数据源及信息目录的接口、设备接口以及与各类信任服务提供者的接口，如图 7-16 所示。

除与各类信任服务提供者的接口在前面已介绍外，以下依次介绍其余外部接口。

① 与各成员国基础设施的接口。各成员国基础设施主要包括：根据 eIDAS 条例，各成员国负责的权威属性数据源；EUDI 钱包的发行基础设施；与 EUDI 钱包发行相关的身份证明基础设施；身份依赖方、中间件、代理（包括 eIDAS 节点和其他的国家 eID 中间件与网关）；通知 eID 的机制。

② 与各成员国 eID 卡的接口。根据第 2019/115725 号条例，各成员国 eID 包含经过认证的个人识别数据 PID，可通过非接触式接口访问。例如，EUDI 钱包可以在其工作流程中利用这些数据，用来检索经过认证的 PID；辅助进行身份证明过程；增强身份识别或验证声明。此外，电子护照等其他身份证件都可以纳入接口考虑范围。

③ 与外部共享电子证明的接口。该接口包括身份依赖方、中间件或代理。一些身份依赖方可以被视为"EUDI 钱包、[Q]EAA 或 PID 共享协议"和"其他身份识别和验证协议"之间的代理。[Q]EAA 共享协议可以与 EUDI 钱包的电子身份识别和认证协议统一，以方便应用、保证安全性和可维护性。

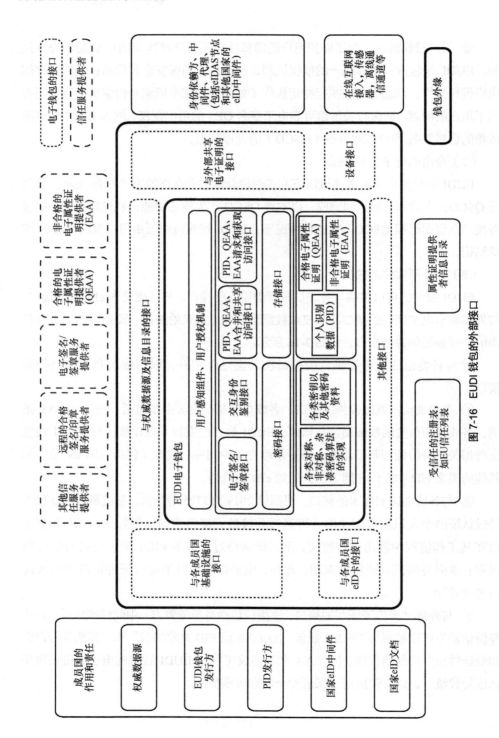

图 7-16 EUDI 钱包的外部接口

④ 与权威数据源及信息目录的接口。该接口主要包括：可信权威机构，如欧盟可信名单、PID 提供者、行业 EAA 提供者、可信身份依赖方、经验证的 EUDI 钱包名单等；PID、[Q]EAA 和 EUDI 钱包的有效性状态，即特定个人 EUDI 钱包的有效性状态以及 PID 或[Q]EAA 的有效性（可能被供应者或用户在特定时间撤销或暂停）。

⑤ 设备接口。EUDI 钱包由一个或多个软件和（或）硬件组件组成。除了提供密码服务和存储功能（如 SE、SIM 或经过安全评估的软件解决方案）的 CSP（密码服务提供者）组件之外，运行 EUDI 钱包软件的其他硬件组件可能位于 EUDI 钱包外部，通过标准接口进行访问。这些接口主要包括：在线互联网接入（通过宽带蜂窝网络、Wi-Fi 或 LAN 连接）；传感器，如智能手机摄像头、红外传感器、麦克风等；离线通信通道（如 BLE、Wi-Fi 感知、NFC 等），发射器（如屏幕、手电筒、扬声器等）。

7.5　我国网络电子身份标识标准体系

中国通信标准化协会于 2013 年年底专门设立了"网域空间身份管理标准子工作组"，开展 eID 系列标准编制工作。我国已有 24 项作为国家及行业标准正式发布，5 项标准课题已结题，eID 标准体系初步形成，可划分为 eID 基础标准、eID 管理标准、eID 服务标准、eID 应用标准 4 个层面，如图 7-17 所示。

① eID 基础标准：整个标准体系的底座，包括网络 eID 的体系架构、术语规范、格式规范、分类与编码规则等基础类标准。

② eID 管理标准：整个标准体系的支柱，包括网络电子身份标识 eID 的全生命周期管理涉及的签发管理、数据管理、维护管理方面的技术要求，以及载体、读写机具的功能、安全、测试等方面的技术要求。

③ eID 服务标准：整个标准体系的门户，包括网络电子身份标识 eID 的桌面、移动、验证服务的接口技术要求、相关测试规范、网域空间虚拟资产描述方法、虚拟身份描述方法等服务类标准。

④ eID 应用标准：整个标准体系的顶端，包括 eID 的电子政务应用、金融信息系统应用、面向 IPv6 的应用、可视智能卡应用等技术要求，以及网域空间虚拟身份、资产的数据存储与交换标准等应用类标准。

eID 应用标准	eID领域应用标准		
	《电子政务eID应用技术要求》	《金融信息系统eID应用技术要求》	《网络虚拟资产描述方法》
	《网络虚拟资产数据存储与交换技术要求》		《面向IPv6的eID应用技术要求》
	eID接口应用标准		
	《网络电子身份标识eID桌面应用接口技术要求》		《网络电子身份标识eID桌面应用接口测试方法》
	《网络电子身份标识eID移动应用接口技术要求》		《网络电子身份标识eID移动应用接口测试方法》

eID 服务标准	eID审计追溯标准		
	《网络电子身份标识eID的审计追溯技术框架》	《网络电子身份标识eID的审计追溯接口技术要求》	《网络电子身份审计追溯的发展趋势研究》
	eID虚拟身份服务标准		
	《网络虚拟身份描述方法》	《网络虚拟身份数据存储与交换技术要求》	《基于eID的多级数字身份管理技术参考框架》
	eID验证服务标准		
	《信息安全技术 公民网络电子身份标识安全技术要求 第3部分：验证服务消息及其处理规则》		《网络电子身份标识eID验证服务接口技术要求》
	《网络电子身份标识eID验证服务接口测试方法》		《基于eID的属性证明技术》

eID 管理标准	eID读写机具标准		
	《网络电子身份标识eID读写机具功能技术要求》	《信息安全技术 公民网络电子身份标识安全技术要求 第1部分：读写机具安全技术要求》	《网络电子身份标识eID读写机具测试方法要求》
	eID载体标准		
	《网络电子身份标识eID载体功能技术要求》	《网络电子身份标识eID载体安全技术要求》	《多应用eID载体商用密码算法接口技术要求》
	《信息安全技术 公民网络电子身份标识安全技术要求 第2部分：载体安全技术要求》	《加载eID的多应用智能卡安全技术要求》	《网络电子身份标识eID载体测试方法要求》
	eID生命周期管理标准		
	《网络电子身份标识eID签发管理技术要求》	《网络电子身份标识eID数据管理技术要求》	《网络电子身份标识eID维护管理技术要求》

eID 基础标准			
	《网络电子身份标识eID术语和定义》	《网络电子身份标识eID体系结构》	《信息安全技术 公民网络电子身份标识格式规范》
	《互联网身份管理与服务信息分类与编码规则》	《网络电子身份标识eID标准体系研究》	《网络电子身份标识eID载体研究》	...

图 7-17　eID 标准体系

7.5.1　eID 基础标准

eID 基础标准包括《网络电子身份标识 eID 术语和定义》《网络电子身份标识 eID 体系架构》《信息安全技术 公民网络电子身份标识格式规范》等标准。

其中，GB/T 36632—2018《信息安全技术 公民网络电子身份标识格式规范》已作为国家标准发布，YD/T 3203—2016《网络电子身份标识 eID 术语和定义》、YD/T 3204—2016《网络电子身份标识 eID 体系架构》已作为通信行业标准发布，《互联网身份管理与服务信息分类与编码规则》《网络电子身份标识 eID 标准体系研究》作为通信标准研究课题已结题。

以下简单介绍各基础标准的主要内容。

① 《网络电子身份标识 eID 术语和定义》。该标准主要规范网络电子身份标识 eID 体系中普遍使用的一系列基本名词术语和概念定义，对其中一些关键术语和定义的基本原理作出进一步的解释和说明。

② 《网络电子身份标识 eID 体系架构》。该标准对网络电子身份标识 eID 体系架构进行规范。主要包括：eID 体系架构的参与实体和参考模型；eID 技术体系逻辑架构，由基础层、身份识别层、验证服务层、应用层、生命周期管理域以及信任管理域组成；从技术实现机制角度，将 eID 技术架构划分为编码机制、识别机制、验证机制、信任机制、审计机制等方面，对 eID 技术涉及的基础、逻辑实体及关联关系、应用环境、生命周期管理、载体、身份及属性验证服务、领域应用、审计、资产管理等方面进行了说明。

③ 《信息安全技术 公民网络电子身份格式规范》。该标准对公民网络电子身份标识的组成及密钥的产生要求进行了规范，对公民网络电子身份标识的格式进行了定义和要求，并给出了公民网络电子身份标识码的编码规则。

④ 《互联网身份管理与服务信息分类与编码规则》。该标准课题对互联网身份管理与服务中的实体身份信息的命名方式和代码生成规则进行了研究论述，主要包括：实体身份标识的方法和编码方式、实体身份标识编码校验方法和服务模式，实体身份标识编码的实例和生成流程说明。

⑤ 《网络电子身份标识 eID 标准体系研究》。该标准课题对 eID 标准体系的组成以及各项标准之间层次、相互关系进行了研究论述。

7.5.2 eID 管理标准

eID 管理标准包括 eID 全生命周期管理、eID 载体、eID 读写机具 3 类共 11 项标准。其中，GB/T 36629.1—2018《信息安全技术 公民网络电子身份标识安全技术要求 第 1 部分：读写机具安全技术要求》、GB/T 36629.2—2018《信息安全技术 公民网络电子身份标识安全技术要求 第 2 部分：载体安全技术要求》已作为国家标准发布，YD/T 3207—2016《多应用 eID 载体商用密码算法接口技术要求》、YD/T 3454—2019《加载 eID 的多应用智能卡安全技术要求》、YD/T 3456—2019《网络电子身份标识 eID 载体安全技术要求》已作为通信行业标准发布，《网络电子身份标识 eID 载体研究》作为通信标准研究课题已结题。

以下简单介绍 eID 全生命周期管理、eID 载体、eID 读写机具 3 类标准的主要内容。

（1）eID 全生命周期管理标准

①《网络电子身份标识 eID 签发管理技术要求》。该标准主要规定 eID 基础设施中 eID 制作、发行、更新等方面的技术机制和流程要求，包括 eID 的签发机构、签发条件、签发流程、制作方法、密钥管理以及 eID 更新（包括密钥更新及用户信息更新）等相关机制和流程要求。

②《网络电子身份标识 eID 数据管理技术要求》。该标准主要规定 eID 基础设施及相关系统中 eID 数据安全管理方面的技术要求，包括 eID 数据采集预处理和安全要求、数据传输安全要求、数据处理安全要求、数据存储安全要求、个人信息去标识化及跨域隔离处理要求等。

③《网络电子身份标识 eID 维护管理技术要求》。该标准主要规定 eID 基础设施及相关系统中运行维护管理方面的技术要求，包括云计算平台维护管理、数据平台维护管理、安全防护系统维护管理、密码系统维护管理、网络维护管理、安全监控审计、数据备份与恢复等相关机制和流程要求。

（2）eID 载体标准

①《网络电子身份标识 eID 载体功能技术要求》。该标准规定了网络电子身份标识 eID 载体的系统结构和基本功能要求，包括 eID 载体类型、逻辑结构、计算能力、存储能力、输入输出、操作系统、文件管理、应用管理等技术要求。

②《信息安全技术 公民网络电子身份标识安全技术要求 第 2 部分：载体安全技术要求》。该标准规定了公民网络电子身份标识载体的基本安全要求、芯片操作系统和

应用安全要求、载体密钥应用管理安全技术要求和载体密码应用服务安全技术要求。

③《网络电子身份标识 eID 载体安全技术要求》。该标准规定网络电子身份标识 eID 载体的应用管理平台、载体操作系统和应用间隔离要求，并规定网络电子身份标识载体文件系统及密钥的类型和访问权限管理机制、身份认证方式、线路保护机制以及网络电子身份标识载体安全芯片组成等各方面。

④《多应用 eID 载体商用密码算法接口技术要求》。该标准规定网络电子身份标识 eID 在加载到多应用安全载体（如 JAVA 卡）时，安全载体上的多应用平台所提供商用密码算法的调用接口，包括商用密码算法的算法标识、接口定义等方面的技术要求，以保障多应用 eID 载体应用的统一性和兼容性。

⑤《网络电子身份标识 eID 载体测试方法要求》。该标准对网络电子身份标识 eID 载体的测试环境进行规范，对 eID 载体功能测试、性能测试、安全测试的用例及方法要求等方面进行技术界定。

（3）eID 读写机具标准

①《网络电子身份标识 eID 读写机具功能技术要求》。该标准定义网络电子身份标识 eID 读写机具的系统结构和基本功能要求，包括读写机具类型、逻辑结构、通信接口等技术要求。

②《信息安全技术　公民网络电子身份标识安全技术要求　第 1 部分：读写机具安全技术要求》。该标准规定了公民网络电子身份标识读写机具的基本安全要求、数据初始化安全要求、密码应用管理安全要求和密码应用服务安全要求。

③《网络电子身份标识 eID 读写机具测试方法要求》。该标准对网络电子身份标识 eID 读写机具的测试环境进行规范，对 eID 读写机具功能测试、性能测试、安全测试的用例及方法要求等方面进行技术界定。

7.5.3　eID 服务标准

eID 服务标准包括 eID 验证服务、eID 虚拟身份服务、eID 审计追溯 3 类共 10 项标准。其中，GB/T 36629.3—2018《信息安全技术　公民网络电子身份标识安全技术要求　第 3 部分：验证服务消息及其处理规则》已作为国家标准发布，YD/T 3150—2016《网络电子身份标识 eID 验证服务接口技术要求》、YD/T 3154—2016《网络电子身份标识 eID 验证服务接口测试方法》、YD/T 3455—2019《基于 eID 的属性证明技术》、YD/T 3208—2016《网络虚拟身份描述方法》、YD/T 3209—2016

《网络虚拟身份数据存储与交换技术要求》、YD/T 3453—2019《基于 eID 的多级数字身份管理技术参考框架》、YD/T 3205—2016《网络电子身份标识 eID 的审计追溯技术框架》、YD/T 3206—2016《网络电子身份标识 eID 的审计追溯接口技术要求》已作为通信行业标准发布，《网络电子身份审计追溯的发展趋势研究》作为通信标准研究课题已结题。

以下简单介绍 eID 验证服务、eID 虚拟身份服务、eID 审计追溯 3 类标准的主要内容。

（1）eID 验证服务标准

①《信息安全技术 公民网络电子身份标识安全技术要求 第 3 部分：验证服务消息及其处理规则》。该标准规定了公民网络电子身份标识验证服务与应用服务提供方间传递的消息及其编码处理规则，适用于公民网络电子身份标识验证服务及使用该服务的应用与系统的设计和开发。

②《网络电子身份标识 eID 验证服务接口技术要求》。该标准规范了通过访问 eID 验证服务接口来实现第三方应用后台与 eID 服务平台进行交互的技术要求，主要包括第三方应用与 eID 服务平台的注册、eID 桌面验证服务接口、eID 移动验证服务接口、数据交互中的签名机制。该标准适用于第三方应用后台与 eID 服务平台的交互接口。

③《网络电子身份标识 eID 验证服务接口测试方法》。该标准与《网络电子身份标识 eID 验证服务接口技术要求》配套，规定了网络电子身份标识 eID 验证服务接口的测试方法，包括 eID 验证服务接口测试目的、测试环境、测试方法等。该标准适用于网络电子身份标识 eID 验证服务接口的测试和评估。

④《基于 eID 的属性证明技术》。该标准定义了在通用验证服务的基础上，基于 eID 的属性证明技术的模型、模式、接口和消息格式。该标准适用于采用 eID 作为用户身份凭证的信息系统中的用户属性获取及有效性证明子系统。

（2）eID 虚拟身份服务标准

①《网络虚拟身份描述方法》。该标准规定了用户在不同互联网应用系统中的虚拟身份内容和格式的描述方法，定义了虚拟身份描述模型，包括应用 eID 标识码，虚拟账号、虚拟身份属性集合和安全控制信息，并提供了虚拟身份数据的 XML 描述。该标准适用于各类互联网应用的虚拟身份管理系统。

②《网络虚拟身份数据存储与交换技术要求》。该标准规定了用户在不同互联网应用系统中的虚拟身份内容和格式的描述方法，定义了虚拟身份描述模型，包括应用 eID 标识码，虚拟账号、虚拟身份属性集合和安全控制信息，并提供了虚拟身

份数据的 XML 描述。该标准适用于各类互联网应用的虚拟身份管理系统。

③《基于 eID 的多级数字身份管理技术参考框架》。该标准规定了基于 eID 的多级数字身份管理体系框架、组件、功能及通用接口，并给出了基于 eID 的多级数字身份管理的工作流程。该标准适用于基于 eID 的多级数字身份管理系统。

（3）eID 审计追溯标准

①《网络电子身份标识 eID 的审计追溯技术框架》。该标准定义了网络 eID 审计追溯的参与方和服务模式。该标准适用于采用 eID 作为用户身份凭证的 eID 应用信息系统、eID 服务平台以及审计追溯平台。

②《网络电子身份标识 eID 的审计追溯接口技术要求》。该标准在《网络电子身份标识 eID 的审计追溯技术框架》的基础上，定义了网络 eID 的审计追溯接口技术要求，包括审计追溯流程、接口消息及参数等。该标准适用于采用 eID 作为用户身份凭证的 eID 应用信息系统、eID 服务平台以及审计追溯平台。

③《网络电子身份审计追溯的发展趋势研究》。该标准课题对网络电子身份审计追溯技术的国内外发展趋势进行了研究论述，并分析与评估了审计追溯技术发展对网络电子身份标识 eID 技术与应用的影响。

7.5.4 eID 应用标准

eID 应用标准包括 eID 应用接口、eID 领域应用两类共 9 项标准。其中，YD/T 3151—2016《网络电子身份标识 eID 桌面应用接口技术要求》、YD/T 3156—2016《网络电子身份标识 eID 桌面应用接口测试方法》、YD/T 3152—2016《网络电子身份标识 eID 移动应用接口技术要求》、YD/T 3155—2016《网络电子身份标识 eID 移动应用接口测试方法》、YD/T 3210—2016《网络虚拟资产描述方法》、YD/T 3211—2016《网络虚拟资产数据存储与交换技术要求》已作为通信行业标准发布，《面向 IPv6 的 eID 应用技术要求》作为通信标准研究课题已结题。

（1）eID 应用接口标准

①《网络电子身份标识 eID 桌面应用接口技术要求》。该标准规范了桌面端 eID 应用的相关接口，包括 eID 桌面应用中间件接口定义及调用方式，并给出了相应的接口调用示例。

②《网络电子身份标识 eID 桌面应用接口测试方法》。该标准与《网络电子身份标识 eID 桌面应用接口技术要求》配套，规定了网络电子身份标识 eID 桌面应用

接口的测试方法，包括 eID 桌面应用接口测试目的、测试环境、测试方法等。该标准适用于网络电子身份标识 eID 桌面应用接口的测试和评估。

③《网络电子身份标识 eID 移动应用接口技术要求》。该标准规范了移动端 eID 应用的相关接口，包括 eID 移动应用中间件接口定义及调用方式，并给出了相应的接口调用示例。

④《网络电子身份标识 eID 移动应用接口测试方法》。该标准与《网络电子身份标识 eID 移动应用接口技术要求》配套，规定了网络电子身份标识 eID 移动应用接口的测试方法，包括 eID 移动应用接口测试目的、测试环境、测试方法等。该标准适用于网络电子身份标识 eID 移动应用接口的测试和评估。

（2）eID 领域应用标准

①《电子政务 eID 应用技术要求》。该标准规范了电子政务领域内实现 eID 应用的技术要求，主要包括电子政务信息系统中基于 eID 的用户注册管理、用户身份鉴别、用户属性服务等方面的流程和处理要求。

②《金融信息系统 eID 应用技术要求》。该标准阐述金融信息系统中实现 eID 应用的技术要求，主要包括金融信息系统中基于 eID 的用户身份鉴别、个人信息安全应用保护、用户属性服务等方面的流程和处理要求。

③《网络虚拟资产描述方法》。该标准规定了网络虚拟资产及其操作的描述方法，包括虚拟资产单元描述和虚拟资产操作描述。该标准适用于虚拟资产交易系统、虚拟资产保全系统。

④《网络虚拟资产数据存储与交换技术要求》。该标准规定了网络空间中虚拟资产数据的存储和交换框架及技术要求，包括虚拟资产数据的存储框架及技术要求和虚拟资产数据的交换框架及技术要求。该标准适用于虚拟资产交易系统、虚拟资产保全系统。

⑤《面向 IPv6 的 eID 应用技术要求》。该标准课题研究 IPv6 环境下 eID 应用的技术要求，对 IPv6 中 eID 注册时双方的交互过程、初始化处理过程、eID 与网络电子身份标识衍生码的映射、服务接口等方面的规范要求进行了研究和分析。

| 7.6　我国网络电子身份标识的实现方法 |

本节以网络电子身份标识码的生成方法、网络 eID 载体的安全机制、网络 eID 的应用接入与验证方式 3 个关键点为例，介绍网络 eID 的实现方法。

7.6.1　网络电子身份标识码的生成方法

根据 GB/T 36632—2018《信息安全技术 公民网络电子身份标识格式规范》中的定义，公民网络电子身份标识格式采用数字证书形式。其中，公民网络电子身份标识持有者信息的名称部分被称为公民网络电子身份标识码（eID_code），共 48 byte，由版本号（eID_version）、杂凑值（HID）和预留位（eID_code_rvb）3 部分组成。eID 制作和发行中，eID_code 的生成是关键，基于网络电子身份标识码才能完成数字证书制发等发行操作。

持有符合 eID 载体标准的用户申领 eID 时，网络电子身份标识码的生成流程如图 7-18 所示。

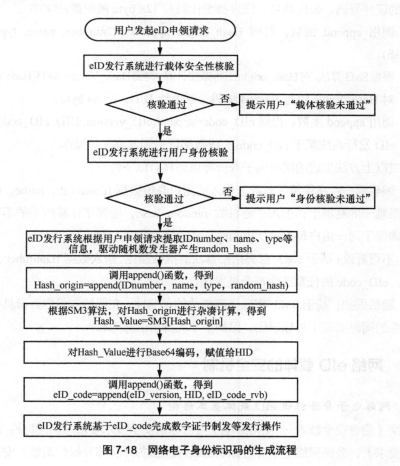

图 7-18　网络电子身份标识码的生成流程

① 用户通过客户端（桌面方式或移动方式）向 eID 基础设施中的发行系统（简称"eID 发行系统"）发起 eID 申领请求。

② eID 发行系统启动载体安全性核验，包括载体安全功能和载体预置密钥的校验，其中可能包括 eID 发行系统与 eID 载体（客户端）的交互过程；如核验不通过，则提示用户"载体核验未通过"。

③ eID 发行系统启动用户身份核验，包括确认用户身份信息的真实性和有效性，以及确认用户身份核验行为的真实性和有效性；如核验不通过，则提示用户"身份核验未通过"。

④ eID 发行系统根据用户申领请求提取 IDnumber、name、type 等信息，驱动随机数发生器产生 random_hash。IDnumber、name、type 和 random_hash 分别是有效证件的证件号码、公民姓名、证件类型代码和 128 byte 随机数的字串。

⑤ 调用 append 函数，得到 Hash_origin=append (IDnumber, name, type, random_hash)。

⑥ 根据SM3算法，对Hash_origin进行杂凑计算，得到Hash_Value= SM3[Hash_origin]。

⑦ 对 Hash_Value 进行 Base64 编码，赋值给 HID，共 44 byte。

⑧ 调用 append 函数，得到 eID_code=append(eID_version, HID, eID_code_rvb)。

⑨ eID 发行系统基于 eID_code 完成数字证书制发等发行操作。

通过以上方法生成的网络电子身份标识码具有以下特点。

① 编码唯一：在保障了对应于输入的用户身份数据 IDnumber、name、type 的计算结果唯一的基础上，引入了随机数 random_hash，增强了计算结果的不可预测性，且确保了同一用户每次 eID 申领时，eID_code 的唯一性。

② 不可篡改：基于 SM3 密码杂凑算法的抗碰撞性，输入数据 IDnumber、name、type 等，eID_code 的任意改变都会被发现。

③ 隐私保护：基于 SM3 密码杂凑算法的单向性，在保持与用户身份具有一一对应关系的同时实现了去标识化，保护了个人身份信息隐私。

7.6.2　网络 eID 载体的安全机制

1．网络电子身份标识 eID 载体基本结构

根据《信息安全技术　公民网络电子身份标识安全技术要求　第2部分：载体安全技术要求》，公民网络电子身份标识的载体应由芯片、芯片操作系统、安全域和

各类应用等部分组成，如图 7-19 所示。

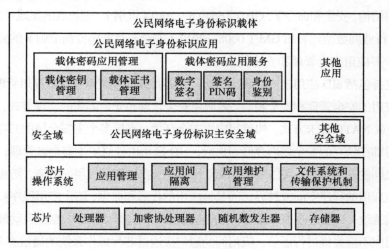

图 7-19　网络电子身份标识 eID 载体基本结构

芯片包括处理器、加密协处理器、随机数发生器和存储器，其中处理器应符合 GB/T 22186—2016《信息安全技术　具有中央处理器的 IC 卡芯片安全技术要求》的规定；加密协处理器的公钥密码算法应符合的 GB/T 32918.4—2016《信息安全技术 SM2 椭圆曲线公钥密码算法　第 4 部分：公钥加密算法》的规定；随机数发生器应符合 GB/T 32915—2016《信息安全技术　二元序列随机性检测方法》的要求，提供真随机数发生器，实现硬件生成随机数算法并具有自检测功能；应提供 3 种硬件存储器，包括非易失性只读存储器、随机读写存储器和可擦除可编程非易失存储器。

芯片操作系统提供独立于读写机具的安全机制，为载体芯片的应用管理提供统一的安全服务接口，实现应用间隔离、应用维护管理、文件系统和传输保护机制。

安全域负责对载体外实体（如发卡方、应用提供方、授权管理者）的应用管理需求提供密码支持，分为公民网络电子身份标识主安全域和其他安全域。一个安全域内允许多个主安全域并存。

应用包括公民网络电子身份标识应用和其他应用，由独立的安全域管理，即不同应用的存储区域和运行环境是独立的。

2．芯片操作系统安全防护机制

（1）基本要求

芯片操作系统应符合 GB/T 16649.3—2006《识别卡　带触点的集成电路卡　第 3 部

分：电信号和传输协议》、GB/T 16649.4—2010《识别卡 集成电路卡 第4部分：用于交换的结构、安全和命令》、GB/T 16649.6—2001《识别卡 带触点的集成电路卡 第6部分：行业间数据元》和GM/T 0008—2012《安全芯片密码检测准则》的要求。

（2）多应用安全管理和安全隔离

为支持包括eID应用在内的多应用运行，芯片操作系统需构建多应用管理环境，实现多应用的安全管理和安全隔离。多应用安全管理和安全隔离的实现方式，可采用JAVA卡或NATIVE卡方式，构建起应用安全环境；支持多个主安全域的并存，使得每个应用都在独立的安全域内存储和执行，eID应用由独立的主安全域管理；载体的各应用之间的安全状态、文件系统、应用代码等应在操作系统层面隔离，防止应用覆盖到其他应用的程序空间或越界访问其他应用的代码和数据，防止应用程序被非法对象干扰或篡改；当发生应用切换时，当前应用的所有过程及状态数据应自动做清空处理；应用间不应直接进行通信，应用间的通信应通过芯片操作系统的通信服务实现。

（3）商用密码算法支持

芯片操作系统统一提供商用密码算法接口，实现商用密码算法支持，如图7-20所示。

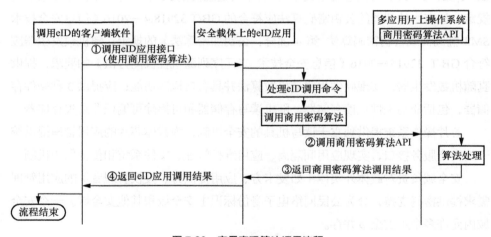

图7-20　商用密码算法调用流程

① 调用eID应用接口：客户端软件通过命令接口调用载体上eID应用。载体上的eID应用收到调用命令后，根据命令进行处理。

② 调用商用密码算法API：如果该命令的处理需要使用商用密码算法，通过载

体操作系统的商用密码算法 API 进行调用。

③ 返回商用密码算法调用结果：商用密码算法 API 被调用后，进行算法处理并向载体上的 eID 应用返回算法处理结果。

④ 返回 eID 应用调用结果：载体上的 eID 应用处理算法结果后，向 eID 应用客户端返回调用结果，流程结束。

3. 载体密码应用安全防护机制

（1）载体密钥管理

载体上的密钥包括 eID 非对称密钥对、应用管理密钥和会话密钥。以下简要说明密钥生成、存储、使用 3 个环节。

① 密钥生成：eID 非对称密钥对在用户申领 eID 时，由 eID 载体芯片产生，符合 GB/T 32918.4—2016《信息安全技术 SM2 椭圆曲线公钥密码算法 第 4 部分：公钥加密算法》的规定；应用管理密钥应在专用密码设备中产生；会话密钥应在载体内部或在专用密码设备中产生。

② 密钥存储：应用管理密钥、公民网络电子身份标识的私钥应持久保存在载体内的密钥文件中，密钥文件应支持保存多条相同密钥类型的密钥记录，根据密钥索引号加以区分；会话密钥应临时保存在载体内的随机读写存储器中。

③ 密钥使用安全技术要求如下：使用密钥的用户应具有密钥的使用权限；应根据密钥类型和密钥索引进行检索，每种类型的密钥只能用于特定功能，如外部认证或线路保护；eID 非对称密钥对的私钥不得读取；会话密钥每次导入或内部生成后只能使用一次。

（2）载体数字证书管理

载体上的数字证书包括颁发系统证书、载体数字证书和公民网络电子身份标识证书。证书应采用明文方式导入，并存储在载体指定的密钥容器文件中。

（3）载体密码应用服务

载体密码应用服务包括身份鉴别服务、数字签名服务和签名 PIN 码服务。签名 PIN 码服务是完成身份鉴别服务和数字签名服务的主要校验机制，应支持对签名 PIN 码进行修改，最大尝试次数不超过 6 次；并且，应支持对签名 PIN 码进行重置。

7.6.3　网络 eID 的应用接入与验证方式

eID 的应用接入与验证，涉及用户、eID 服务平台（eID 基础设施的对外服务部分）和应用服务提供方（各类依赖 eID 身份服务的在线应用）。其中，用户端负责完成基于

eID 应用接口访问 eID 载体、eID 服务平台等完成签名、杂凑等操作，并将计算结果交给应用服务提供方；应用服务提供方基于 eID 服务平台的验证服务完成用户验证。

（1）用户端 eID 应用

用户端包括桌面和移动两种方式。

① eID 桌面应用。根据 YD/T 3151—2016《网络电子身份标识 eID 桌面应用接口技术要求》，桌面应用软件（浏览器或其他应用软件）通过桌面应用接口与 eID（载体形式以卡片式为主）交互，桌面接口函数使用流程如图 7-21 所示。

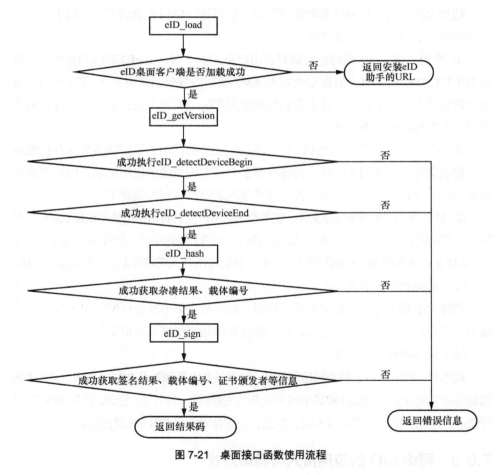

图 7-21　桌面接口函数使用流程

② eID 移动应用。根据 YD/T 3152—2016《网络电子身份标识 eID 移动应用接口技术要求》，移动应用 App 通过桌面应用接口与 eID（载体形式包括卡片、智能

手机的 SE/TEE、SIM 卡等）交互，采用 NFC 读取 eID 卡方式的接口函数使用流程
如图 7-22 所示。

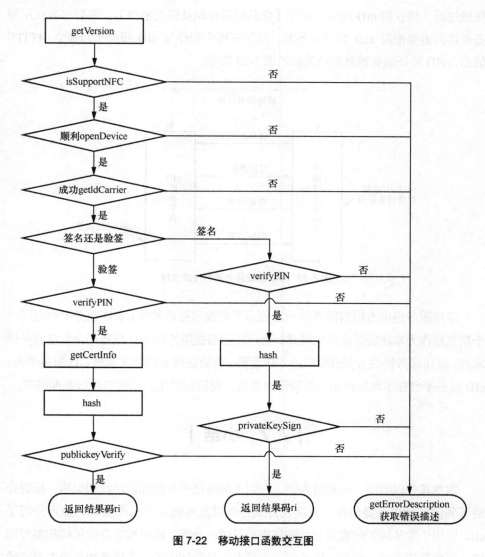

图 7-22　移动接口函数交互图

（2）应用服务提供方 eID 应用

根据 GB/T 36629.3—2018《信息安全技术　公民网络电子身份标识安全技术要
求第 3 部分：验证服务消息及其处理规则》，通过 eID 服务平台和应用服务提供方

的交互过程，完成基于 eID 的用户验证。

在接入 eID 验证服务前，应用服务提供方需先在 eID 服务平台中进行注册，审核通过后，将获得 eID 应用中间件（含其应用标识及相关密钥）。之后，当应用服务提供方需要使用 eID 验证服务时，基于应用中间件与 eID 服务平台建立 HTTPS 信道，eID 验证服务消息传递流程如图 7-23 所示。

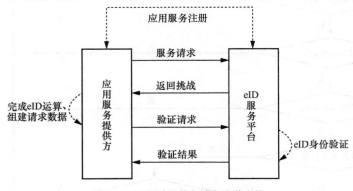

图 7-23　eID 验证服务消息传递流程

应用服务提供方根据需要向 eID 服务平台发送服务请求；eID 服务平台返回一个随机数作为本次验证服务的挑战；当应用服务提供方向 eID 服务平台发送服务请求后，应用服务提供方完成相应的 eID 运算，将验证请求数据发送给 eID 服务平台；eID 服务平台在本地执行相关的验证服务后，将验证结果返回给应用服务提供方。

| 7.7　小结 |

本章首先以德国、比利时为例，介绍了网络电子身份标识功能和架构，接着介绍了各国移动电子身份标识的实现方式分类以及奥地利的具体实现，重点分析了 eID 应用中隐私保护的模型、系统架构和用例，介绍了欧洲数字身份架构和参考框架；在此基础上，介绍和分析了我国网络电子身份标识的标准体系和几个关键点的实现方法。从中可以看出，我国 eID 与国际网络电子身份标识主流技术路线一致，形成了完整、多层面的标准体系，并在编码、载体、发行和应用等方面结合大规模、复杂场景的应用需求做了进一步创新。

参考文献

[1] Federal Office for Information Security. German eID-overview of the German eID system [EB]. 2017.

[2] Federal Office for Information Security. Advanced security mechanism for machine readable travel documents–extended access control (EAC), password authenticated connection establishment (PACE), and restricted identification (RI), technical directive (BSI-TR-03110)[R]. 2009.

[3] Technical Report TR-03127. Architecture electronic identity card and electronic resident permit, German Federal Office for information security[R]. 2011.

[4] SCHNEIER B. Applied cryptography: protocols, algorithms, and source code in C[M]. John Willey, 1996.

[5] LEITOLD H, HOLLOSI A, POSCH R. Security architecture of the Austrian citizen card concept[C]//Proceedings of 18th Annual Computer Security Applications Conference. 2002: 391-400.

[6] STRANACHERK, TAUBERA, ZEFFERERT, ET AL. The Austrian identity ecosystem: an E-government experience[J]. IGI Global, 2013: 288-309.

[7] ZWATTENDORFER B, SLAMANIG D. The Austrian eID ecosystem in the public cloud: how to obtain privacy while preserving practicality[J]. Journal of Information Security and Applications, 2016, 27: 35-53.

第 8 章

机构网络身份标识———电子印章的管理与应用

机构网络身份标识包括身份标记类、身份鉴别类、意愿证明类，其中电子印章作为电子数据表现形式的印章，是较为典型和应用较为广泛的意愿证明类机构网络身份标识。本章从印章管理现状与发展、印章防伪技术概览、印章印文防伪一体化解决方案、电子印章分类与标准、电子印章载体与数据格式、电子印章发行、电子印章应用等角度，对电子印章的管理与应用进行介绍和分析。

| 8.1　印章管理现状与发展 |

8.1.1　印章管理政策要求

印章作为确认机构（法人机构和非法人组织）身份和意志行为的基本信用凭证，在我国社会经济生活中一直发挥着不可或缺的作用。确保印章及盖章文件的真实性、有效性是保证机构正常开展活动、实现社会目的和价值的必要条件。印章管理一直受到高度重视，其政策要求的演进可划分为 3 个阶段。

（1）第一阶段：1949—1999 年

1951 年，公安部发布了《印铸刻字业暂行管理规则》，该规则主要对传统印章的"刻制"环节加以规范，围绕加强印章管理的核心思路，确立了印铸刻字业特种许可制度，明确公安机关为监管机构，将印章管理纳入治安管理范围，并一直延续至今。

1979 年，国务院发布了《国务院关于国家行政机关和企业、事业单位印章的规定》（国发〔1979〕234 号），对国家行政机关和企业、事业单位印章的规格、制发和管理办法进行了规定。1993 年，国务院又印发了《国务院国家行政机关和企业、事业单位印章的规定》（国发〔1993〕21 号），进一步完善了国家行政机关和企业、事业单位印章的管理规定。

自 1990 年起，公安部及相关部门陆续发布了一系列加强印章管理、打击涉章犯罪等方面的通知要求。主要包括：1990 年，颁布《公安部、民政部、国家工商行政管理局关于加强社会团体、企事业单位公用印章管理的通知》；1993 年，发布了《公安部关于加强刻字业治安管理打击伪造印章犯罪活动的通告》；1994 年，发布了《国家工商行政管理局、公安部关于刻制商品交易市场管理机构印章有关问题的通知》；1995 年，国家工商行政管理局、公安部发布了《关于坚决取缔非法刻制印章摊点严厉查处伪造印章违法犯罪活动的通知》。

（2）第二阶段：1999—2015 年

1999 年，国务院发布了《国务院关于国家行政机关和企业事业单位社会团体印章管理的规定》（国发〔1999〕25 号），在《国务院关于国家行政机关、企业事业单位印章的规定》（国发〔1993〕21 号）的基础上，明确规定了国家行政机关和企业事业单位、社会团体的印章形状、特征，以及发放、收缴和管理办法，衔接了《印铸刻字业暂行管理规则》，规定国家行政机关和企业事业单位、社会团体刻制印章，应到当地公安机关指定的刻章单位（刻字社）刻制，并要求公安部会同有关部门制定印章社会治安管理办法。

2000 年，民政部、公安部联合发布了《民办非企业单位印章管理规定》（第 20 号令）。在《民办非企业单位登记管理暂行条例》和《国务院关于国家行政机关和企业事业单位社会团体印章管理的规定》的基础上，该规定对民办非企业单位印章的规格、式样，以及印章的名称、文字、文体进行了规定；印章的刻制审批程序与印章的管理和缴销方面，要求印章经登记管理机关、公安机关备案后，方可启用。

在此期间，各地基于《印铸刻字业暂行管理规则》《国务院关于国家行政机关和企业事业单位社会团体印章管理的规定》等，结合印章治安管理信息系统标准化、信息化发展情况，制定了本地区的"印章刻制业治安管理办法"，对刻制、发放、管理等方面做出了具体规范。

以《印铸刻字业暂行管理规则》《国务院关于国家行政机关和企业事业单位社会团体印章管理的规定》为核心，以《民办非企业单位印章管理规定》等以及各地印章刻制业治安管理办法为配套，形成了我国印章的刻制、发放、收缴和管理体系，由公安机关承担印章行业管理、刻制备案管理和涉章案件查处等职能。

（3）第三阶段：2015 年以后

自 2015 年起，随着"放管服"改革的推进，印章管理由行政许可为主转变为备案管理为主，相关规定和意见陆续颁布，主要包括：2015 年，国务院发布《国务院关于取消和调整一批行政审批项目等事项的决定》（国发〔2015〕11 号），将公章刻制业特种行业许可证由工商登记前置审批修改为后置审批；2017 年，国务院发布《国务院关于第三批取消中央指定地方实施行政许可事项的决定》（国发〔2017〕7 号），要求修订《印铸刻字业暂行管理规则》，取消公章刻制审批，实行公章刻制备案管理，继续保留公安机关对公章刻制企业的审批；2018 年，国务院办公厅印发《关于进一步压缩企业开办时间的意见》（国办发〔2018〕32 号）要求"将公章刻制备案纳入'多证合一'，提高公章制作效率。""实行公章刻制备案管理，并将其纳入'多证合一'改革涉企证照事项目录。"

8.1.2　电子印章管理与应用要求

数字经济已成为推动当前我国经济社会发展的新引擎，电子印章作为数字应用基础设施，重要性日渐凸显，我国大力推进电子印章应用，相关管理与应用要求陆续发布，主要包括以下内容。

① 2018 年 5 月 23 日，中共中央办公厅、国务院办公厅印发《关于深入推进审批服务便民化的指导意见》，在主要任务"着力提升'互联网+政务服务'水平"中指出："明确电子证照、电子公文、电子印章法律效力，建立健全基本标准规范，实现'一次采集、一库管理、多方使用、即调即用'。"

② 2018 年 7 月 31 日，国务院印发《关于加快推进全国一体化在线政务服务平台建设的指导意见》（国发〔2018〕27 号），明确提出："制定政务服务领域电子印章管理办法，规范电子印章全流程管理，明确加盖电子印章的电子材料合法有效。应用基于商用密码的数字签名等技术，依托国家政务服务平台建设权威、规范、可信的国家统一电子印章系统。各地区和国务院有关部门使用国家统一电子印章制章系统制发电子印章。未建立电子印章用章系统的按照国家电子印章技术规范建立，已建电子印章用章系统的按照相关规范对接。"

③ 2019 年 4 月 10 日，市场监管总局、国家发展和改革委员会、公安部、人力资源社会保障部、税务总局联合发布《关于持续深化压缩企业开办时间的意见》（国市监注〔2019〕79 号），提出"进一步规范印章刻制服务""积极推广电子印章广

泛应用"等要求。

④ 2019 年 4 月 30 日，国务院发布了《国务院关于在线政务服务的若干规定》（国令第 716 号），该规定明确了"国家建立权威、规范、可信的统一电子印章系统"的目标，说明了"电子印章与实物印章具有同等法律效力，加盖电子印章的电子材料合法有效"。

⑤ 2020 年 7 月 14 日，国家发展和改革委员会等 13 个部门联合发布《关于支持新业态新模式健康发展 激活消费市场带动扩大就业的意见》（发改高技〔2020〕1157 号），提出"鼓励发展便捷化线上办公。打造'随时随地'的在线办公环境""推动完善电子合同、电子发票、电子印章、电子签名、电子认证等数字应用的基础设施，为在线办公提供有效支撑。"

⑥ 2021 年 4 月 16 日，市场监管总局、公安部、人力资源社会保障部、住房城乡建设部、人民银行、税务总局六部门联合发布《关于进一步加大改革力度不断提升企业开办服务水平的通知》（国市监注发〔2021〕24 号），要求"扩大电子营业执照和电子印章同步发放和应用试点范围。""鼓励各地完善并推广电子印章标准规范及应用场景。"

⑦ 2021 年 7 月 27 日，市场监管总局、公安部、人力资源社会保障部、住房城乡建设部、人民银行、税务总局六部门联合发布《关于开展企业开办标准化规范化试点工作的通知》（国市监注发〔2021〕44 号），要求"大力推进企业开办要素电子化。""完善并推广电子印章、电子发票、电子签名标准规范及应用场景。"

⑧ 2022 年 2 月 22 日，国务院办公厅印发《国务院办公厅关于加快推进电子证照扩大应用领域和全国互通互认的意见》（国办发〔2022〕3 号），提出"制定电子证照签章、电子印章密码应用等规范""提升电子印章的支撑保障能力。依法推进企事业单位、社会组织、个人等各类主体电子签名、电子印章的应用和互认。""推动实现电子营业执照和企业电子印章同步发放、跨地区跨部门互信互认，拓展电子营业执照、电子签名和电子印章在涉企服务领域应用；加快建设形成事业单位、社会组织、个人等各类主体电子签名、电子印章的服务机制和体系，鼓励第三方电子认证服务机构加快创新，实现不同形式的电子证照与电子签名、电子印章融合发展；鼓励企事业单位、社会组织、个人等各类主体开展电子签名、电子印章社会化应用。"

上述电子印章管理与应用要求的发布，为电子印章应用的快速推进提供了有力保障，主要体现在以下方面：明确了电子印章的法律效力，加盖电子印章的电子材料合法有效；建立起由全国一体化在线政务服务平台和各地在线政务服务平台组成的政务电子印章系统，实现了各级行政机关电子印章的制发与应用；各类数字应用基础设施的融合发展和创新成为趋势，鼓励电子营业执照和企业电子印章同步发放、跨地区跨部门互信互认，电子证照与电子签名、电子印章创新发展。

8.1.3　电子印章发展问题分析

从 8.1.2 节的电子印章管理与应用要求可以看出，电子印章的应用与普及已成为必然趋势，但是电子印章的发展仍然受到一些问题的影响和制约。

1.　各方对电子印章的认识和理解存在差异

（1）将电子印章作为辅助手段的观点

西方国家虽然也有印章，但在应用广度和社会生活中的作用方面相差甚远，往往只是作为签名的辅助手段。在《关于内部市场电子交易的电子认证和信任服务的第 910/2014 号条例》（即 eIDAS 法规）中，并未对电子印章本体给出定义，而是对电子印章的签章结果，即"电子签章"给出了定义：电子签章是附加到电子文档或其他数据的数据，可确保数据来源和完整性，可作为电子文件由特定机构（法人）签发的证据。电子签章类似于电子签名，区别在于，电子签章通常由法人制作，而电子签名则由自然人制作。

（2）将电子印章视为电子签名的观点

我国《电子签名法》通过第二条、第三条、第十四条分别确立了电子签名的定义条款、效力认可条款、效力内容条款，明确了可靠的电子签名与手写签名或者盖章具有同等的法律效力。《电子签名法》推出后，一直有将电子印章视为电子签名的观点。一些地方在推进电子印章时，也沿用了这一观点，如《上海市电子印章管理暂行办法》（沪府办规〔2018〕29 号）提出："电子印章，是可靠电子签名的可视化表现形式，以密码技术为核心，将数字证书、签名密钥与实物印章图像有效绑定，用于实现各类电子文档完整性、真实性和不可抵赖性的图形化电子签名制作数据。"

但是，将电子印章视为电子签名的结果是：仅从技术角度考虑电子印章，无法实现与实物印章盖章同样的可信度和安全保障。

（3）将电子印章作为印章电子数据表现形式的观点

近年来，社会各界越来越认识到电子印章也是印章的本质。例如，《北京市人民政府办公厅转发市公安局〈关于电子印章管理工作意见〉的通知》（京政办发〔2019〕8 号）提出："电子印章是指电子数据表现形式的公章和具有法律效力的个人名章""公安机关对电子印章实行属地管理，按照依法、公开、公正、便民的要求，建立健全相关制度，保障电子印章规范管理""电子印章由经公安机关许可的公章制作单位制作，其规格、式样、存储介质要符合国家有关规定"。

将电子印章作为印章电子数据表现形式，符合印章在我国社会经济生活中的地位和作用，符合印章管理要求和方法，也符合数字经济时代对在线确认机构（法人机构和非法人组织）身份和意志行为的内生需求。

2．电子印章管理制度和机制尚未建立

国务院印发的《关于加快推进全国一体化在线政务服务平台建设的指导意见》（国发〔2018〕27 号）中，提出制定政务服务领域电子印章管理办法。在政务领域的电子印章管理方面，印章制作式样和标准、制发和管理仍沿用《国务院关于国家行政机关和企业事业单位社会团体印章管理的规定》（国发〔1999〕25 号）中关于国家行政机关印章管理部分的规定，但在电子印章的制作方面，如何与印章刻制监管衔接等方面的具体运作方式尚不明确。

2019 年，国务院发布的《国务院关于在线政务服务的若干规定》（国令第 716号）中明确"电子印章与实物印章具有同等法律效力，加盖电子印章的电子材料合法有效"，之后，各部门纷纷从行业角度对电子印章及盖章材料的有效性予以认可。但是，这些办法和规定的范围仅限于政务服务领域，且尚未明确与现行印章管理体系的衔接方式。

我国现行印章管理体系是以《印铸刻字业暂行管理规则》《国务院关于国家行政机关和企业事业单位社会团体印章管理的规定》为核心，以《民办非企业单位印章管理规定》等规范以及各地印章刻制业治安管理办法为配套的完整体系。随着国家"放管服"政策的实施，各地开始对其印章管理的具体办法做出相应调整。

（1）北京等地尝试将电子印章纳入印章管理

这些地方的共同特点如下。

① 明确职责：参照现行印章监管模式，由公安机关承担监管职责。

② 属地管理：对电子印章实行属地管理，电子印章须由经公安机关许可的公章制作单位制作。

③ 信息备案：电子印章制作完成后，应当将规定的信息向公安机关备案。

（2）上海等地尝试实施电子印章多方共管模式

这些地方的共同特点如下。

① 多头职责：信息化部门负责电子印章运维管理和监督，公安部门负责电子印章的治安管理，密码管理部门负责电子印章的密码使用管理。

② 分段管理：公安的监管职责主要保留在电子印章制作前，实物印章刻制的许可环节，以及电子印章制作完成后的信息备案环节；对于制作电子印章的电子印章服务机构的监管，主要由信息化部门、密码管理部门通过电子认证服务许可来监管。

总体上看，相较于实物印章管理，我国电子印章的监管机制尚不完善，存在监管部门不明确、职责不清晰、各地政策不统一等问题。

3. 电子印章发行和应用体系尚不完善

根据《国务院关于在线政务服务的若干规定》（国令第 716 号）所建立的全国一体化在线政务服务平台和各地在线政务服务平台组成的政务电子印章系统，实现了各级行政机关电子印章的制发与应用。

但是，在线政务服务平台仅覆盖了政务领域的国家行政机关电子印章应用需求，对于企业、事业单位、社会团体、民办非企业单位等的电子印章需求尚无法满足。一些地方根据电子印章需求现状，先行先试，发布了相关工作意见和暂行办法，并尝试建立本地电子印章系统。其发行方式主要特点如下。

① 先"实物"后"电子"：申请电子印章，按照实物印章相关管理规定刻制实物印章后，向电子印章服务机构或经公安机关许可的公章制作单位申请制发。

② 保障印模信息一致：制作电子印章的图形化特征，应与在公安机关印章管理部门备案的印模信息（包含实物印章图像）的规格、式样保持一致；印模信息应从印章治安管理信息系统获取，无法获取的，可由申请人提供，电子印章服务机构或经公安机关许可的公章制作单位应核查申请人提交的印模信息真实性，并与印章治安管理信息系统获取已备案的印模信息进行比对。

③ 电子印章信息备案：电子印章制发完成后，电子印章服务机构应立即将相关制作信息向公安机关印章管理部门提交备案。

以上发行方式存在以下几个主要问题。

① 实物印章与电子印章的一致性难以保证：通过印模信息查询比对仅能保证制作阶段实物印章与电子印章印模的一致性，无法保障二者全生命周期的一致性；并

且，对印模信息的要求缺乏规范，也会导致实物印章盖章和电子签章印文的不一致。

②　印章安全风险增大：实物印章印模中往往包含多种防伪特征，主要用于后期现场鉴定环节；而在电子签章时直接使用实物印章印模，容易导致印模防伪特征泄露，增大了印章被伪造的风险。

③　影响申领和应用积极性：实物印章与电子印章管理系统是两套独立的系统，相应地拉开了实物印章与电子印章的距离，使得这些地方申领电子印章的积极性普遍不高；并且，往往是重发行轻应用，支持的在线应用很少，真正使用电子印章的就更少。

④　难以互认互通：这些系统都只在区域范围内有效，互认互通很困难，难以满足电子印章跨地区、跨行业应用需求。

从以上分析可以看出，各方对电子印章的认识和理解不统一、电子印章管理制度和机制缺乏、电子印章发行和应用体系不完善等已成为电子印章发展的瓶颈。

| 8.2　印章防伪技术概览 |

印章、印文伪造是印章管理与应用面临的主要威胁，近年来，制贩假印章和利用假印章进行各类违法犯罪的活动频繁出现，涉案金额动辄数亿乃至数十亿元规模，造成了巨大经济损失和严重社会危害。

印章防伪技术可分为两大类：针对印章本身的防伪技术和针对盖章印文的防伪技术。以下按此分类介绍各种防伪技术，分析其适用场景并探讨如何降低印章、印文伪造风险。

8.2.1　针对印章本身的防伪技术

针对印章本身的防伪技术主要分为编码防伪、芯片防伪、物电防伪 3 类。

（1）编码防伪

2000 年，《印章治安管理信息系统标准》发布，印章管理进入信息化时代，针对印章本身的防伪技术得到了长足的发展。

根据《印章治安管理信息系统标准》，印章管理信息系统为每枚印章生成唯一的编码，称之为印章编码；印章编码被刻制在印章表面上，类似于印章的"身份号码"。据此，形成了编码防伪技术，即各地印章管理信息系统推出了在线服务机制，可通过网络、电话等方式查验印章编码的真伪。这种方式的实际防伪效果有限，只能在伪造者对印章编码未知的情况下起作用；在编码已知情况下，印章很容易被伪造。

（2）芯片防伪

随着印章治安管理信息系统的发展，一些地方推出了将芯片嵌入印章防伪方法，使用时可通过芯片的无线接口进行安全验证，从而确认印章真伪。

印章内部嵌入的芯片卡主要为 Mifare One 非接触式集成电路卡（M1 卡）。M1卡采用了荷兰恩智浦（NXP）公司私有的密码算法来完成认证和加解密运算。由于在报文产生奇偶校验位和嵌套认证方面的漏洞以及算法采用的密钥长度过短（只有6 byte）等，研究人员已经破解了 M1 卡的安全防护机制[1-3]，可以轻易地通过几十次试探攻击获得一张 M1 卡的所有密钥。因此，采用 M1 卡的印章存在严重的安全隐患，很容易被复制和伪造。

文献[4]研究了非接触式 IC 卡标准和 M1 卡的技术指标，在对 CPU 卡和 M1 卡进行测试和研究的基础上提出了基于 CPU 卡实现 M1 卡功能的方案。文献[5]针对Mifare 技术的安全风险，将基于国产 SM7 密码算法的电子标签作为信息载体与物理印章章体结合，通过印章信息的加密读写保证物理印章的唯一性。

文献[6]提出了基于国产密码算法的印章防伪方法，构建了基于国产密码算法的印章全生命周期管理架构及密钥管理体系，实现了印章安全发行及验证。

（3）物电防伪

近年来，一些行业和地方推出了加装控制装置的印章，这类印章被称为智能印章或物联网印章。其主要做法是将印章章面通过电子锁或机械锁隐藏在定制的箱体结构中，该箱体结构内含有可编程控制器（PLC）、无线传感器（蓝牙、Wi-Fi、NFC等）、键盘、屏幕等部件。PLC 能够接收键盘或无线信号输入，只有满足预先设定的授权条件才能控制其传动装置释放出章面完成印章的加盖，并且对每次加盖都保存日志记录。

印章控制装置在防止印章被盗用方面具有很好的效果，确保盖章操作可控，而且可以进行功能扩展：将芯片卡集成在装置内部，可支持印章真伪鉴别；集成定位或通信模块，可支持印章实时定位和轨迹监控；通过蓝牙、Wi-Fi、NFC、二维码等方式，可实现与智能手机 App 的交互。

但是由于控制装置成本偏高，比其他印章材料成本高出 1 个数量级以上，并且装置安全性方面缺乏统一规范和评估，存在良莠不齐现象，带有控制装置的印章被全社会广泛使用尚需时日。

总体来说，如果单纯应用某种印章防伪技术而缺乏统一的安全防护和密钥管理机制，即使采用了芯片防伪、物电防伪机制，也很容易导致印章（芯片）内部信息被窃取、复制或篡改，难以防止印章被复制或伪造。

8.2.2　针对盖章印文的防伪技术

印文是指排版生成的印模或印章加盖形成的印迹。本节主要介绍纸质印文防伪技术。纸质印文防伪技术主要有图文防伪、印泥/印油防伪两大类。

（1）图文防伪

图文防伪一般采用添加各种辅助识别特征的方法，主要有字体防伪、纹线或点阵防伪、图案防伪。

① 字体防伪：定制一般计算机中没有的特殊防伪字体，形成含特殊字库的印章排版、雕刻系统，使得雕刻出的印章具有特殊的字体。

② 纹线或点阵防伪：刻制印章时，在印章表面的文字、边框等处添加纹线或点阵，使得有纹线经过的文字、边框呈现出微小的断开或文字、边框上含有特定的点阵。

③ 图案防伪：采用激光全息雕刻技术，在印章表面雕刻全息图案，在盖章时形成清晰的全息印痕。

印章图文防伪技术示例如图 8-1 所示，其中包含专用的特殊防伪字体、印章边框上的防伪纹线，辅以印章表面上的印章编码，这样可以起到较好的防伪效果。

图 8-1　印章图文防伪技术示例

（2）印泥/印油防伪

印泥/印油防伪是通过印泥/印油中含有的可检测物质实现的，主要有热敏防伪、荧光防伪、红外防伪，即在印泥/印油中添加热制变色材料、可见荧光材料或紫外荧光材料、红外反应材料等。

文献[7]提出将多色反光材料、有机物质和印泥/印油精工合成新型防伪印泥/印油，这样既能保持印泥/印油的本质不变，又能在印文中显现出不同颜色和大小的反光点，可以判断文件盖章时间，有很好的防伪效果。

文献[8]对字体防伪、提高印章刻制精度、印泥/印油防伪、应用新型章体、印章信息系统及印鉴自动识别等传统印章防伪技术进行了综述，并指出采用多种加密技术，应用新型印章图文规范、雕刻技术、材料和工艺，建立全国印章查询和鉴别系统等是印章防伪技术的发展趋势。

以上方法增加了印章伪造的难度。但是，当前伪造印章手段不断升级，往往先通过扫描或者复印获取真实印章的印迹，根据印迹生成电子排版印模，然后采用与真实印章相同的制作方法和材料制作高仿真的假印章。假印章的制作方法和材料与真实印章一致，印文防伪添加的辅助识别特征及印油防伪材料都可以被仿造，导致印章真伪鉴别难度很高，往往需通过显微镜观察或化学方法才能检验，只能作为涉章案事件发生后的鉴定手段，无法实现事前预防或事中控制。

| 8.3　印章印文防伪一体化解决方案 |

8.2 节所述的印章、印文防伪技术都从某一方面提升了印章防伪能力，但难以解决当前伪造印章手段不断升级的问题。因此，本节对印章防伪工作实践中所形成的印章印文防伪一体化解决方案做简要介绍，主要包括印章全生命周期管理架构、印章密钥管理体系以及印章的安全发行和验证 3 部分。

8.3.1　印章全生命周期管理架构

印章全生命周期管理架构由印章专用安全芯片卡、印章密钥终端及印章验证终端、印章密钥管理系统组成[9]。

（1）印章专用安全芯片卡

印章专用安全芯片卡，也被称为公章专用安全芯片或公章专用安全芯片卡，是用于识别印章的身份及真伪的专用密码芯片卡，具有以下主要特性。

①　物理绑定：印章专用安全芯片卡以物理方式嵌入印章内部（如章面下方、章柄等位置）。一般将内部嵌入印章专用安全芯片卡的印章称为芯片印章。印章专用安全芯片卡在印章内部应安装牢固，不能以非破坏性方式取出。

②　信息绑定：印章专用安全芯片卡内存储所嵌入印章的相关信息，包括印章编码、印章名称、使用单位、印模信息等，与所嵌入印章一一对应。

③　安全防护：印章专用安全芯片卡通过 CCEAL4+检测和国密安全认证，内部具有芯片安全防护机制，通过预置的多条具有不同用途的主密钥实施强制访问控制，如用于卡内信息读取认证的芯片卡读认证主密钥、用于写入认证的芯片卡写认证主密钥、用于加/解密的芯片卡数据保护主密钥等；基于国产商用密码算法 SM4 分组密码算法[10]等实现所存储印章信息的访问控制和加/解密。通过以上安全防护机制，能够有效防止芯片印章被复制或伪造。

④　便捷访问：印章专用安全芯片卡内置射频接口，支持移动、桌面等各种终端环境下，通过非接触式方式（ISO 14443a 协议[11]）实现访问。

（2）印章密钥终端及印章验证终端

印章密钥终端内嵌安全控制模块、射频模块等部件。其中，安全控制模块存放密钥和密码算法，用于与印章专用安全芯片卡的双向身份认证与信息交换；射频模块以 ISO 14443a 协议方式实现印章专用安全芯片卡信息读写。

印章验证终端具有与印章密钥终端类似的功能，区别在于印章验证终端不具备对印章专用安全芯片卡写入信息的能力，主要用于验证印章专用安全芯片卡的真伪与有效性。

除用于芯片卡身份认证与信息交换的密钥外，印章密钥终端含有发行通信主密钥，印章验证终端含有验证通信主密钥，分别用于在芯片印章发行及验证过程中与印章密钥管理系统的双向身份认证和信息交换。

（3）印章密钥管理系统

印章密钥管理系统负责包括密钥生成、存储、分发、更新、备份、恢复等在内的印章各类密钥全生命周期的管理与审计。

8.3.2　印章密钥管理体系

印章全生命周期管理架构采用对称密钥管理体系，分为根密钥和主密钥两个级别。根密钥包括多种类型的芯片卡根密钥（芯片卡读认证、芯片卡写认证、芯片卡数据保护等）和安全控制模块根密钥（发行通信、验证通信等）；主密钥包括多种类型的芯片卡主密钥和安全控制模块主密钥，所有主密钥均由根密钥根据印章专用安全芯片卡的身份标识分散产生。

印章密钥管理体系如图 8-2 所示，负责管理所有的芯片卡根密钥和安全控制模块根密钥，所有根密钥均在专用密码机中生成和存储。根据每枚印章专用安全芯片卡的身份标识，为其分散出各不相同的多种类型芯片卡主密钥；根据印章密钥终端或印章验证终端内部安全控制模块的身份标识，分散出各不相同的多种类型安全控制模块主密钥，并将这些主密钥分别灌装到印章专用安全芯片卡和印章密钥终端（或印章验证终端）的安全控制模块中。其中，印章密钥终端具有多种类型的芯片卡根密钥，以对不同印章专用安全芯片卡进行双向身份认证和信息读写；相比印章密钥终端，印章验证终端不具有写入认证权限的芯片卡写认证根密钥。整个灌装过程中，密钥均以加密状态传输，在灌装到印章专用安全芯片卡和印章密钥终端（或印章验证终端）的安全控制模块后，再进行内部解密。

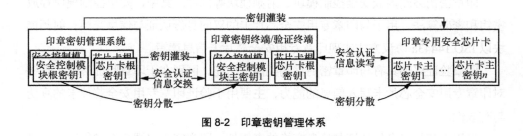

图 8-2　印章密钥管理体系

（1）密钥存储

除专用密码机、安全控制模块、印章专用安全芯片卡等密码设备外，在印章密钥管理系统数据库等环境中，密钥均以加密状态存在。

（2）密钥更新

所有密钥均具有类型、版本、索引、有效期等特定属性。在制作印章专用安全芯片卡和安全控制模块过程中，对每种类型密钥均可灌装一组连续版本的密钥，其中一个作为工作密钥，其余作为备用密钥，当前工作密钥有效期结束后，可方便地启用本组中下一个版本的密钥作为新的工作密钥。

（3）密钥备份与恢复

在密钥发生变化或增加密钥时必须对密钥进行备份操作，备份载体中的密钥均以加密状态存在。密钥丢失或系统受到损坏时，使用已备份的密钥恢复系统，使其重新恢复到可以正常运转的状态。

（4）密钥审计

对印章密钥管理系统、印章专用安全芯片卡、印章密钥终端及印章验证终端中的各类密钥操作记录日志，实现全生命周期审计。

8.3.3　印章的安全发行和验证

（1）芯片印章发行

芯片印章发行的主要任务是将印章相关信息（印章编码、印章名称、使用单位、印模信息等）安全写入印章专用安全芯片卡中，实现印章信息与印章专用安全芯片卡的唯一绑定。芯片印章发行过程如图 8-3 所示。

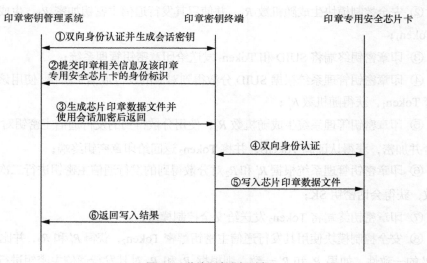

图 8-3　芯片印章发行过程

主要包括以下步骤：

① 印章密钥终端与印章密钥管理系统间使用发行通信密钥进行双向身份认证并生成会话密钥，建立安全通道；

② 印章密钥终端通过安全通道向印章密钥管理系统提交印章相关信息及该印章专用安全芯片卡的身份标识；

③ 印章密钥管理系统使用会话密钥校验信息完整性并解密获得印章相关信息，首先根据印章相关信息生成该芯片印章的发行凭证信息，然后根据印章芯片身份标识分散得到对应的芯片卡数据保护主密钥，使用该密钥加密印章相关信息中需要写入印章专用安全芯片卡的内容以及发行凭证信息，生成芯片印章数据文件，并使用会话密钥加密后返回给印章密钥终端；

④ 印章密钥终端和印章专用安全芯片卡间使用芯片卡写认证密钥进行双向身份认证；

⑤ 印章密钥终端向印章专用安全芯片卡中写入芯片印章数据文件；

⑥ 印章密钥终端向印章密钥管理系统返回写入结果。

印章密钥终端与印章密钥管理系统间双向身份认证主要包括以下步骤：

① 印章密钥终端读取安全控制模块的身份标识（SUID），并向安全控制模块发送获取认证码指令；

② 安全控制模块生成随机数 R_1，并使用其发行通信主密钥加密 R_1，生成认证码 $Token_1$；

③ 印章密钥终端将 SUID 和 $Token_1$ 发送给印章密钥管理系统；

④ 印章密钥管理系统根据 SUID 分散得到对应的发行通信主密钥，使用该密钥解密 $Token_1$，获得随机数 R_1'；

⑤ 印章密钥管理系统生成随机数 R_2，使用分散得到的发行通信主密钥对 R_1' 和 R_2 合并加密，获得认证码 $Token_2$，并将 $Token_2$ 返回给印章密钥终端；

⑥ 印章密钥管理系统根据 R_1' 和 R_2 对分散得到的发行通信主密钥进行二次密钥分散，获得会话密钥 SK；

⑦ 印章密钥终端将 $Token_2$ 发送给安全控制模块；

⑧ 安全控制模块使用其发行通信主密钥解密 $Token_2$，获得 R_1' 和 R_2，并比对 R_1 和 R_1' 的一致性，如果 R_1 和 R_1' 一致，则根据 R_1 和 R_2 对其发行通信主密钥进行二次密钥分散，生成会话密钥 SK；否则，认证失败。

印章密钥终端和印章专用安全芯片卡间双向身份认证主要包括以下步骤：

① 印章密钥终端读取印章专用安全芯片卡序列号（CUID），并向印章专用安全芯片卡发送获取随机数指令；

② 印章专用安全芯片卡生成随机数 R_1，并将其发送给印章密钥终端；

③ 安全控制模块根据 CUID 分散得到对应的芯片卡写认证主密钥，并使用该密钥加密 R_1，生成认证码 $Token_1$；

④ 安全控制模块将 $Token_1$ 发送给印章专用安全芯片卡；

⑤ 印章专用安全芯片卡使用其芯片卡写认证主密钥对 $Token_1$ 解密获得 R_1'，并比对 R_1 和 R_1' 是否一致，如果不一致则认证失败；

⑥ 安全控制模块接收到印章专用安全芯片卡返回的认证结果，如果认证成功则生成随机数 R_2 发送给印章专用安全芯片卡；

⑦ 印章专用安全芯片卡使用其芯片卡写认证主密钥对 R_2 进行加密获得认证码 $Token_2$，并返回给安全控制模块；

⑧ 安全控制模块使用分散得到的芯片卡写认证主密钥对 $Token_2$ 解密获得 R_2'，并比对 R_2 和 R_2' 是否一致，如果一致则双向身份认证成功。

（2）芯片印章验证

芯片印章验证的主要任务是验证印章防伪安全芯片卡的真实性和有效性，过程如图 8-4 所示。

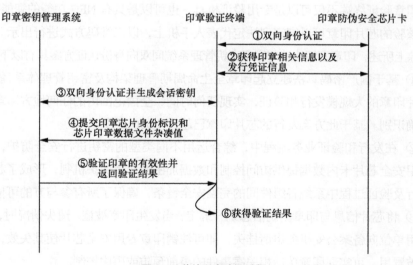

图 8-4　芯片印章验证过程

芯片印章验证过程主要包括如下步骤。

① 印章验证终端和印章防伪安全芯片卡间使用芯片卡读认证密钥进行双向身

份认证，其过程与发行过程的印章密钥终端与印章防伪安全芯片卡间双向身份认证基本一致。

② 印章验证终端读取印章防伪安全芯片卡中保存的芯片印章数据文件，根据印章芯片身份标识分散得到对应的芯片卡数据保护主密钥，并使用该密钥解密芯片印章数据文件获得印章相关信息以及发行凭证信息。

③ 印章验证终端和印章密钥管理系统间使用验证通信密钥进行双向身份认证并生成会话密钥，建立安全通道，其过程与发行过程的印章密钥终端与印章密钥管理系统间双向身份认证基本一致。

④ 印章验证终端通过安全通道向印章密钥管理系统提交印章芯片身份标识和芯片印章数据文件杂凑值。

⑤ 印章密钥管理系统使用会话密钥校验信息完整性并解密获得印章芯片身份标识和芯片印章数据文件杂凑值；然后根据印章芯片身份标识，查询并分散密钥解密系统数据库中存储的对应印章信息，以验证上传的芯片印章数据文件杂凑值的正确性及该印章的有效性，并返回验证结果。

⑥ 印章验证终端使用会话密钥校验信息完整性并解密获得验证结果。

印章验证终端不仅可以是专用验证机具，也可以是具有 NFC 功能的智能手机；通过核验的芯片印章可以绑定到法定代表人手机上，以二维码方式进行出示。

综上所述，印章密钥终端与印章密钥管理系统间双向身份认证方案具有以下特点。

① 基于国产密码算法建立起印章全生命周期管理架构及密钥管理体系，能够支撑芯片印章的大规模发行和验证，实现任何时间、全国范围内的任何地方印章真伪的准确识别。基于此方案发行的芯片印章已超过 1 000 万枚。

② 在发行和验证业务流程中，综合运用不同类型的密钥进行安全防护，对印章专用安全芯片卡内数据提供访问控制和数据加密的双重保护机制，形成了芯片印章发行及验证过程中系统各组件间的完整安全链条，确保了所有参与方的可信性。

③ 将芯片信息与印章刻制信息统一绑定，当发生印章被盗、遗失情况时，经印章使用单位向备案公安机关申请挂失，即可注销印章专用安全芯片使其失效，防止印章被冒用，可实现印章伪造相关案件的事前预防或事中控制。

此方案可以在以下方面实现进一步拓展。

① 盖章文件验证：可以基于芯片印章实现盖章文件防伪标记生成及验证[12]，安全、准确、快捷地解决文件中所盖印文的真伪验证问题。

② 与物联网印章集成：可以将印章专用安全芯片嵌入物联网印章（智能印章），实现印章、印文防伪和完整的印章全生命周期管理。

| 8.4 电子印章分类与标准 |

8.4.1 电子印章分类

电子印章作为电子数据表现形式的印章，可分为电子公章和电子私章两类，如图 8-5 所示。

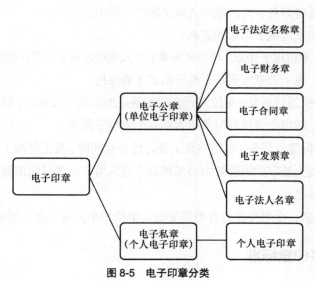

图 8-5 电子印章分类

（1）电子公章

电子公章也称单位电子印章，指党政机关、企事业单位、社团组织、民办非企业单位等使用的电子印章，主要包括电子法定名称章、电子财务章、电子合同章、电子发票章、电子法人名章等类型。

电子公章的基本要求包括：符合电子印章国家标准及印章治安管理信息系统行业标准的技术要求；保持与实物印章的信息一致和状态同步，"信息一致"并非指完全一样，而是电子印章信息来源于实物印章信息，可在此基础上进行符合在线应用需求的变换，但必须保证变换可溯源，即"物电同源"；实现类似于实物印章的信息备案；能够确认使用者身份和其享有代表权或代理权，即法人授权。

电子公章盖章（即电子签章）操作的发起者往往是个人，如同实物印章的盖章操作一样，个人在合同书上加盖公章的行为，表明该行为是职务行为而非个人行为，单位承担法律后果。而从事职务行为的前提是，盖章人需要享有代表权或代理权，即法人授权。

（2）电子私章

电子私章，也称个人电子印章，具体指具有法律效力的个人电子印章。

具有法律效力的个人电子印章的基本要求包括：符合电子印章国家标准的技术要求；实现类似于电子公章的信息备案；能够确认本人操作和意愿。如同线下个人私章的盖章操作一样，只有公民本人以本人的个人电子印章实施的民事法律行为才有效，如线上签署商务合同时盖个人电子印章（即电子签章）。

（3）电子公章与电子私章间关系

电子公章（单位电子印章）与电子私章（个人电子印章）之间存在很多内在联系。在很多场景下，电子公章需要基于电子私章才能使用。

① 商务合同签订场景：单位对外合同的签订加盖电子公章前，往往经过单位内部的审批流程，即每个审批环节负责人加盖个人电子印章。

② 劳务合同签订场景：单位与员工签订劳务合同时，员工可线上签字或加盖个人电子印章。线上签字的识别效力尚未得到广泛认可，一般只能依赖于个人真实身份鉴别加电子签名。

③ 财务报销、金融交易等各类需要确认单位和个人身份及意愿的场景。

8.4.2 电子印章标准

我国主要的电子印章相关标准如表 8-1 所示。

表 8-1 电子印章相关标准

序号	标准号	标准名称	类型	发布单位
1	GB/T 38540—2020	信息安全技术 安全电子签章密码技术规范	国家标准	国家市场监督管理总局、国家标准化管理委员会
2	GB/T 37231—2018	印章印文鉴定技术规范	国家标准	国家市场监督管理总局、国家标准化管理委员会

续表

序号	标准号	标准名称	类型	发布单位
3	GB/T 33481—2016	党政机关电子印章应用规范	国家标准	国家市场监督管理总局、国家标准化管理委员会
4	GM/T 0047—2016	安全电子签章密码检测规范	国密行标	国家密码管理局
5	GA/T 1106—2013	信息安全技术 电子签章产品安全技术要求	公安行标	公安部
6	GA 241.1—2000	印章治安管理信息系统 第1部分：印章信息编码	公安行标	公安部
7	GA 241.2—2000	印章治安管理信息系统 第2部分：印章信息代码	公安行标	公安部
8	GA 241.3—2000	印章治安管理信息系统 第3部分：印章图像的数据格式	公安行标	公安部
9	GA 241.4—2000	印章治安管理信息系统 第4部分：数据结构	公安行标	公安部
10	GA 241.5—2000	印章治安管理信息系统 第5部分：数据交换格式	公安行标	公安部
11	GA 241.6—2000	印章治安管理信息系统 第6部分：主页规范	公安行标	公安部
12	GA 241.7—2000	印章治安管理信息系统 第7部分：基本功能	公安行标	公安部
13	GA 241.8—2000	印章治安管理信息系统 第8部分：印章自动识别系统的性能指标和检测方法	公安行标	公安部
14	GA 241.9—2000	印章治安管理信息系统 第9部分：印章质量规范与检测方法	公安行标	公安部
15	ZWFW C 0118—2019	国家政务服务平台 统一电子印章 总体技术架构	政务服务平台标准	国务院办公厅电子政务办公室
16	ZWFW C 0119—2018	国家政务服务平台 统一电子印章 签章技术要求	政务服务平台标准	国务院办公厅电子政务办公室
17	ZWFW C 0120—2018	国家政务服务平台 统一电子印章 印章技术要求	政务服务平台标准	国务院办公厅电子政务办公室
18	ZWFW C 0121—2018	国家政务服务平台 统一电子印章 接入测试方法	政务服务平台标准	国务院办公厅电子政务办公室
19	ZWFW C 0122—2018	国家政务服务平台 统一电子印章 系统接口要求	政务服务平台标准	国务院办公厅电子政务办公室

　　上述标准，总体上可分为三大类：电子签章类（1、3～5）、印章系统及鉴定类（2、6～14）、政务服务类（15～19），以下分别进行介绍。

（1）电子签章类

电子签章类标准包括 GB/T 38540—2020《信息安全技术 安全电子签章密码技术规范》、GB/T 33481—2016《党政机关电子印章应用规范》两个国家标准，以及国密行标 GM/T 0047—2016《安全电子签章密码检测规范》和公安行标 GA/T 1106—2013《信息安全技术 电子签章产品安全技术要求》。

①《信息安全技术 安全电子签章密码技术规范》。该标准基于国密行标 GM/T 0031—2014《安全电子签章密码应用技术规范》等升级为国家标准，是电子印章基础技术标准，规定了采用密码技术实现电子印章和电子签章的数据结构定义，以及相应的生成与验证流程。GM/T 0047—2016《安全电子签章密码检测规范》是其配套的密码检测规范。

②《党政机关电子印章应用规范》。该标准定义了党政机关电子公文印章的应用要求以及申请、审批、制作和验证流程，规定了党政机关电子公文中应用电子印章的通用要求、制章要求、用章要求、验章要求以及相关的安全要求，在管理和使用流程方面参照实物公章的管理模式。

③《信息安全技术 电子签章产品安全技术要求》。该标准从信息安全等级保护角度，规定了电子签章产品的安全功能要求、自身安全功能要求、安全保证要求及电子签章产品的等级划分要求。

（2）印章系统及鉴定类

印章系统及鉴定类标准包括 GA 241《印章治安管理信息系统》的第 1 部分至第 9 部分共 9 个公安行标，以及国家标准 GB/T 37231—2018《印章印文鉴定技术规范》。

① GA 241《印章治安管理信息系统》的第 1 部分至第 9 部分。"第 1 部分：印章信息编码"规定了印章治安管理信息系统进行数据处理和交换时使用的印章信息编码结构；"第 2 部分：印章信息代码"规定了印章治安管理信息系统进行数据处理和交换时使用的印章信息代码；"第 3 部分：印章图像的数据格式"规定了印章治安管理信息系统进行数据处理和交换时使用的印章图像的数据格式；"第 4 部分：数据结构"规定了印章治安管理信息系统进行数据处理和交换时使用的印章信息数据结构；"第 5 部分：数据交换格式"规定了印章治安管理信息系统进行数据处理和交换时使用的印章信息数据交换格式；"第 6 部分：主页规范"规定了印章治安管理信息系统进行数据处理和交换时使用的印章主页种类、内容；"第 7 部分：

基本功能"规定了印章治安管理信息系统的基本功能实现要求；"第 8 部分：印章自动识别系统的性能指标和检测方法"规定了印章自动识别管理信息系统的技术指标、测试印章样品集和检测方法；"第 9 部分：印章质量规范与检测方法"规定了印章质量要求、检测方法、检测规则。

②《印章印文鉴定技术规范》。该标准从司法鉴定角度，规定了印文特征的分类、印章印文鉴定的检验步骤和方法、印文特征对比表的制作、鉴定意见的种类及判断依据和鉴定意见的表述。

（3）政务服务类

国务院办公厅电子政务办公室发布的 ZWFW《国家政务服务平台 统一电子印章》系列标准共 5 项。

《国家政务服务平台 统一电子印章 总体技术架构》规定了国家政务服务平台统一电子印章的组成、运行管理要求、电子印章业务环节的主要内容和办理流程。

《国家政务服务平台 统一电子印章 签章技术要求》规定了国家政务服务平台的电子签章数据格式、生成流程和验证流程。

《国家政务服务平台 统一电子印章 印章技术要求》规定了国家政务服务平台的电子印章数据格式和电子印章的验证流程。

《国家政务服务平台 统一电子印章 接入测试方法》规定了各地区各部门政务服务平台的电子印章制作系统、电子印章状态发布系统接入国家政务服务平台电子印章系统所需要的测试内容和方法。

《国家政务服务平台 统一电子印章 系统接口要求》规定了国家政务服务平台电子印章系统制作单位信息推送接口、电子印章信息备案接口、设备接口、电子印章状态信息推送接口、电子印章状态信息查询服务接口以及电子印章应用服务接口。

8.5　电子印章载体与数据格式

8.5.1　电子印章载体

（1）电子印章载体分类

电子印章载体即承载方式，主要包括桌面终端设备（可插拔）、移动终端设备

（可插拔）、移动终端设备（内嵌）、协同签名、云端服务器 5 类。

① 桌面终端设备（可插拔）：主要包括智能密码钥匙（如 USB 接口）、物联网印章（如 USB 接口）等含有智能安全芯片的桌面终端可插拔设备。

② 移动终端设备（可插拔）：主要包括 SIM 卡、智能密码钥匙（如 SD 接口、音频接口、蓝牙接口）等含有智能安全芯片的移动终端可插拔设备。

③ 移动终端设备（内嵌）：主要包括移动终端的安全芯片和可信执行环境。

④ 协同签名：由服务端（服务器密码机）和终端（移动和桌面）组成，共同完成私钥签名、解密等密码运算。

⑤ 云端服务器：即电子印章托管在云端，由服务器密码机根据用户需求完成密码运算。

（2）载体分类比较

表 8-2 从安全强度、使用难度、终端成本、实施难度等方面对各类电子印章载体进行比较分析。

表 8-2　各类电子印章载体比较分析

载体	安全强度	使用难度	终端成本	实施难度
桌面终端设备（可插拔）	安全强度高，电子印章信息和计算受到智能安全芯片保护	使用难度高，使用时需在桌面终端上插拔设备建立连接	终端成本高，需要桌面终端设备（可插拔）	实施难度高，需实现设备的大规模发放部署
移动终端设备（可插拔）	安全强度高，电子印章信息和计算受到智能安全芯片保护	使用难度中，使用时需建立移动终端与设备的连接（插拔或无线方式）	终端成本高，需要移动终端设备（可插拔）	实施难度高，需实现设备的大规模发放部署
移动终端设备（内嵌）	安全强度高，电子印章信息和计算受到安全芯片和可信执行环境保护	使用难度低，无须与额外设备建立连接	终端成本低，不需要额外设备	实施难度中，需得到移动终端厂商支持
协同签名	安全强度中，终端侧存在被复制等风险	使用难度低，无须与额外设备建立连接	终端成本低，不需要额外设备	实施难度低，无前提条件
云端服务器	安全强度低，电子签章过程与终端侧无直接关联，抗否认性差	使用难度低，无须与额外设备建立连接	终端成本低，不需要额外设备	实施难度低，无前提条件

从表 8-2 可以看出以下几点。

① 在安全强度方面，桌面终端设备（可插拔）、移动终端设备（可插拔）、移动终端设备（内嵌）方式受到智能安全芯片保护，高于协同签名、云端服务器方式；而云端服务器电子签章过程与终端侧无直接关联，容易出现用户否认签章行为的争议。

② 在使用难度方面，移动终端设备（内嵌）、协同签名、云端服务器方式无须与额外设备建立连接，易于使用；桌面终端设备（可插拔）、移动终端设备（可插拔）需建立终端与设备的连接（插拔或无线方式），需要更多用户操作。

③ 在终端成本方面，移动终端设备（内嵌）、协同签名、云端服务器方式无须额外设备，终端成本低；桌面终端设备（可插拔）、移动终端设备（可插拔）都存在设备成本。

④ 在实施难度方面，协同签名、云端服务器方式的实施无前提条件，实施难度低；移动终端设备（内嵌）实施的关键是得到移动终端厂商支持；而桌面终端设备（可插拔）、移动终端设备（可插拔）都需要实现设备的大规模发放部署，实施难度高。

综上所述，可得出以下结论：

① 桌面终端设备（可插拔）、移动终端设备（可插拔）方式使用难度、终端成本、实施难度均偏高，适合于安全要求高的中小规模场景应用；

② 移动终端设备（内嵌）方式在得到移动终端厂商支持条件下，安全强度高、易于使用、终端成本低，适合于各类大规模场景应用；

③ 协同签名方式，易于使用、终端成本低、实施难度低且安全强度适中，适合于各类非高安全要求的大规模场景应用；

④ 云端服务器方式易于使用、终端成本低、实施难度低，但必须配合有其他安全措施提升安全强度，方可进行大规模应用。

8.5.2　电子印章数据格式

（1）电子印章数据结构

电子印章数据结构由电子印章信息、电子印章制作服务系统证书、签名算法标识、签名值构成。

其抽象语法标记（abstract syntax notation one，ASN.1）定义为：

```
SESeal::=SEQUENCE{
    eSealInfo    SES_SealInfo,
    cert         OCTET STRING,
    signAlgID    OBJECT IDENTIFIER,
    signedValue  BIT STRING
}
```

其中，eSealInfo 为电子印章信息；cert 为电子印章制作服务系统的数字证书，宜按辨别编码规划（distinguished encoding rules，DER）编码格式存放；signAlgID 为电子印章制作服务系统对电子印章信息进行数字签名所使用的签名算法标识；signedValue 为电子印章制作服务系统对电子印章信息进行数字签名的结果。

（2）电子印章信息

电子印章信息包含电子印章头、电子印章标识码、电子印章属性、电子印章印文图像数据信息、自定义数据等基本信息。

其 ASN.1 定义为：

```
SES_SealInfo::= SEQUENCE{
    header       SES_Header,
    esID         IA5String,
    property     SES_ESPropertyInfo,
    picture      SES_ESPictrueInfo,
    extDatas     ExtensionDatas OPTIONAL
}
```

其中，header 为电子印章头。esID 为电子印章标识码。对于单位电子印章，为"印章使用单位_统一社会信用代码" + "顺序号"（或者"印章编码"）；对于个人电子印章，为个人的网络电子身份标识码。property 为电子印章属性。picture 为电子印章印文图像数据信息，包括电子印章印文图像类型、电子印章印文图像数据和图像尺寸。extDatas 为自定义数据。自定义数据包括印章制作单位信息、印章使用单位_单位少数民族文字名称、印章使用单位_单位英文名称、印章备案机关编码、电子印章芯片序列号、电子印章印文图像数据杂凑值、存储类型和印章备案状态代码等。

（3）电子印章属性

电子印章属性由电子印章身份标识格式类型、电子印章名称、电子印章身份标识列表类型、电子印章身份标识列表数据、制作日期、生效日期、失效日期构成。

其 ASN.1 定义为：

```
SES_ESPropertyInfo::=SEQUENCE{
    type           INTEGER,
    name           UTF8String,
    certListType   INTEGER,
    certList       SES_CertList,
    createDate     GeneralizedTime,
    validStart     GeneralizedTime,
    validEnd       GeneralizedTime
}
```

其中，type 为电子印章身份标识格式类型，分为电子公章身份标识格式和电子名章身份标识格式两类；name 为电子印章类型名称，如电子法定名称章等；certListType 为电子印章身份标识列表类型，1 表示证书列表，2 表示证书杂凑值列表；certList 为电子印章身份标识列表，分为电子印章身份标识列表数据、电子印章身份标识列表和电子印章身份标识杂凑值列表；createDate 为制作日期；validStart 为电子印章身份标识中的生效日期；validEnd 为电子印章身份标识中的失效日期。

（4）电子印章身份标识

电子印章身份标识由电子印章制作服务系统签发，采用数字证书形式，由一对非对称密钥和含有其公钥及相关信息的数字证书组成。电子印章身份标识符合 GB/T 20518-2018 中数字证书[13]的定义，宜按 DER 编码格式存放。电子印章身份标识的非对称密钥对由电子印章载体内部产生，包括公钥和私钥，其中私钥不可导出。密钥对产生算法应采用符合 GB/T 32918.4-2016[14]要求的 SM2 算法。

电子印章身份标识格式分为电子公章印章身份标识格式和电子名章身份标识格式两大类，当印章类型为电子法定名称章、电子财务专用章、电子发票专用章、电子合同专用章、冠以法定名称的其他类型印章时，采用电子公章身份标识格式；当印章类型为电子法定代表人名章或个人电子印章时，采用电子名章身份标识格式。组成电子公章身份标识格式的数据项如表 8-3 所示。

电子印章身份标识主体信息的数据项名称，对于单位电子印章，为"印章编码"（或"印章使用单位、统一社会信用代码"+"顺序号"）+"印章名称"；对于个人电子印章，为个人的网络电子身份标识码。

表 8-3　组成电子公章身份标识格式的数据项

数据项名称		数据类型
版本号		整型
序列号		整型
签名算法		字符串
颁发机构	名称	字符串
	组织	字符串
	国家	字符串
	序号	字符串
有效期	生效日期	时间型
	失效日期	时间型

续表

数据项名称		数据类型
电子印章身份标识主体信息	名称	字符串
	组织	字符串
	国家	字符串
电子印章身份标识主体公钥信息		位字符串
扩展项	颁发机构密钥标识符	字符串
	身份标识主体密钥标识符	字符串
	密钥用法	位字符串
	撤销列表分发点	字符串
	颁发机构信息访问	字符串
签名值		位字符串

8.6 电子印章发行

8.6.1 电子印章发行体系

根据 8.1 节的问题分析，地方性电子印章系统存在实物印章与电子印章一致性难以保证、印章安全风险增大、影响申领和应用积极性、难以互认互通等问题，电子印章发行体系不完善已成为制约电子印章发展的问题之一。

（1）全国电子印章管理与服务平台

2018 年，面向电子文书法律效力等困扰我国数字经济发展的问题，结合数字化社会管理与服务的迫切需求，国家发展和改革委员会设立了数字经济试点重大工程项目"电子印章管理与服务平台"（发改投资〔2018〕447 号），公安部第三研究所承担了项目建设任务，以全国印章数据库为基础，建设全国电子印章管理与服务平台。全国电子印章管理与服务平台由基础设施、平台支撑、基础数据、发行管理、服务管理等部分组成，提供物电同源电子印章的个人身份核验、企业法人核验、电子印章印模、电子印章制发、电子印章云签、电子印章时间戳等支撑服务。在此基础上，形成电子印章与实物印章一体化的发行、验证和应用服务体系，为各类电子商务市场主体提供电子印章查询、比对、验证等相关服务，为各类市场主体电子合同在线签署提供支撑。

（2）发行体系组成

电子印章发行体系主要包括：全国电子印章管理与服务平台、行业或地方电子印章系统、业务应用系统、业务应用系统客户端、电子印章制作终端、电子印章管理员密码钥匙、电子印章载体等。电子印章发行体系构成如图 8-6 所示。

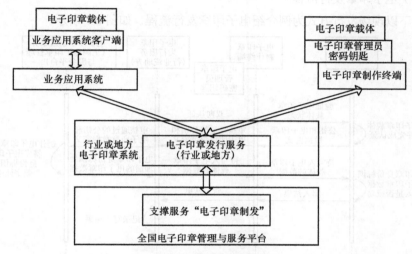

图 8-6　电子印章发行体系构成

全国电子印章管理与服务平台的支撑服务"电子印章制发"，负责电子印章数据制作（包括电子印章信息、载体信息等），以及电子印章身份标识的数字证书签发等。行业或地方电子印章系统的"电子印章发行服务"，基于全国电子印章管理与服务平台的电子印章制发服务，负责行业或区域范围内电子印章的发行管理与服务。电子印章发行服务可以集成到各地印章治安信息管理系统中，即地方电子印章系统成为本地印章治安信息管理系统的一部分，实现电子印章与实物印章一体化的发行。

电子印章发行方式主要包括在线发行和现场发行两种。

① 在线发行方式：由各类业务应用系统对接行业或地方电子印章系统的电子印章发行服务，通过安装在用户终端上的业务应用系统客户端（移动应用 App 或桌面应用程序）将电子印章相关数据写入电子印章载体。

根据电子印章载体类型，电子印章载体可以是可插拔设备也可以内嵌在用户终端中。

② 现场发行方式：主要对应电子印章与实物印章一体化的发行方式，在刻字社的电子印章制作终端连接到地方电子印章系统的电子印章发行服务，配以电子印

管理员密码钥匙，现场将电子印章相关数据写入电子印章载体。

8.6.2 电子印章发行及注销流程

（1）电子印章发行流程

以下以现场发行方式为例介绍电子印章发行流程，如图 8-7 所示。

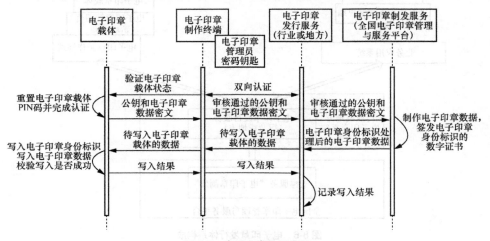

图 8-7 电子印章发行流程

电子印章发行流程如下：

① 刻字社在对电子印章申请人及相关申请材料现场审核无误后，启动电子印章现场发行（电子印章审核步骤可以与实物印章的审核同步，即同时申请发行电子印章和实物印章）；

② 电子印章制作终端（含软件）通过电子印章管理员密码钥匙，与电子印章密钥服务系统进行双向认证并生成会话密钥；

③ 电子印章制作终端验证电子印章载体状态，若当前状态为可制作则继续下述流程；

④ 电子印章制作终端通过电子印章管理员密码钥匙重置电子印章载体 PIN 码，并完成认证；

⑤ 电子印章制作终端驱动电子印章终端载体生成非对称密钥对并提取其中的公钥；

⑥ 电子印章制作终端向地方电子印章系统的电子印章发行服务提交公钥和所准备的电子印章数据（电子印章制作终端与电子印章发行服务之间的数据传输，均

使用会话密钥加密）；

⑦ 电子印章发行服务将收到的公钥和电子印章数据提交给全国电子印章管理与服务平台的电子印章制发服务，根据电子印章类型进行电子印章数据制作以及电子印章身份标识的数字证书签发，电子印章制发服务将制发数据返回给电子印章发行服务；

⑧ 电子印章发行服务将待写入电子印章载体的数据发送给电子印章制作终端；

⑨ 电子印章制作终端将待写入电子印章载体的数据写入电子印章载体，并向电子印章发行服务返回写入结果。

（2）电子印章注销流程

以下以现场注销方式为例介绍电子印章注销流程，如图 8-8 所示。

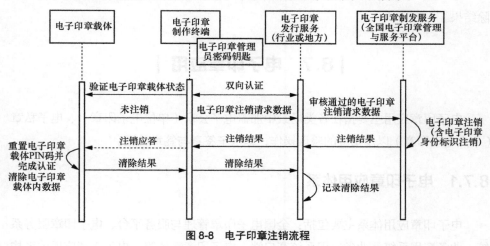

图 8-8　电子印章注销流程

电子印章注销流程如下：

① 刻字社在对电子印章注销申请人及相关申请材料现场审核无误后，启动电子印章注销（在用户申请实物印章注销时，如审核通过，则自动启动对应的电子印章注销，即满足保持与实物印章的信息一致和状态同步的要求）；

② 电子印章制作终端通过电子印章管理员密码钥匙，与电子印章密钥服务系统进行双向认证并生成会话密钥；

③ 电子印章制作终端验证电子印章载体状态，若当前状态为未注销，则继续下述流程；

④ 电子印章制作终端向地方电子印章系统的电子印章发行服务提交电子印章注销请求数据；

⑤ 电子印章发行服务将收到电子印章注销请求数据提交给全国电子印章管理与服务平台的电子印章制发服务，进行电子印章注销（含电子印章身份标识注销），电子印章制发服务将注销结果返回给电子印章发行服务；

⑥ 电子印章发行服务将注销结果发送给电子印章制作终端；

⑦ 若电子印章制作终端未连接电子印章载体，则完成注销，若电子印章制作终端已连接电子印章载体则继续进行下述流程；

⑧ 电子印章制作终端通过电子印章管理员密码钥匙重置电子印章载体 PIN 码，并完成认证；

⑨ 电子印章制作终端清除电子印章载体内数据，并向电子印章发行服务返回清除结果。

| 8.7　电子印章应用 |

电子印章应用主要指在各类场景中加盖电子公章（单位电子印章）、电子私章（个人电子印章）以及相应的验证操作，即电子签章与签章验证。

8.7.1　电子印章应用体系

电子印章应用体系主要包括：全国电子印章管理与服务平台、电子印章服务系统、业务应用系统、业务应用系统客户端、电子印章载体等。电子印章应用体系构成如图 8-9 所示。

① 全国电子印章管理与服务平台的支撑服务"电子签章服务"，负责单位电子印章、个人电子印章的状态查询与发布，以及签章电子档案服务。

② 电子印章服务系统，可以是发行体系中的行业或地方电子印章系统，也可以是专门的服务系统。电子印章服务系统中包含电子印章验证服务、云签服务、电子签章验证服务、协同签名服务等。

a. 电子印章验证服务：基于全国电子印章管理与服务平台的电子签章服务确认电子印章的有效性。

b. 云签服务：提供业务应用系统的电子印章云端托管和签章服务，通过与业务应用系统建立安全通道、电子档案等方式提升安全强度和抗否认性。

c. 电子签章验证服务：对各类业务应用系统涉及的电子文档中的电子签章进行验证。

d. 协同签名服务：协同签名服务端（服务器密码机）与用户终端（移动和桌面）上的电子印章载体（协同签名客户端），共同完成私钥签名、解密等密码运算。

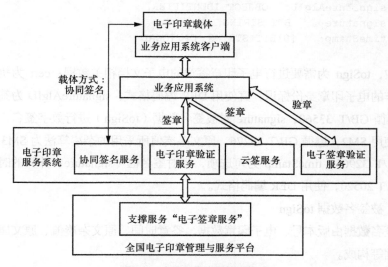

图 8-9　电子印章应用体系构成

云签服务、电子签章验证服务、协同签名服务都可以根据实际需要，在业务应用系统本地化部署。

③ 业务应用系统在签章时，需要对接电子印章验证服务，以确认电子印章的有效性；在其电子印章交给电子印章服务系统托管时，需要对接云签服务；在验章时，需要对接电子签章验证服务；如果电子印章载体方式为协同签名，则需对接协同签名服务。

④ 业务应用系统客户端访问用户终端的电子印章载体，完成终端侧签章相关操作；也可以不需要电子印章载体，通过业务应用系统完成签章验证。

8.7.2　电子签章数据格式

（1）电子签章数据结构

电子签章数据结构由被签名数据、电子印章身份标识、签名算法标识、签名值和时间戳（可选）等构成。

其 ASN.1 定义为：

```
SES_Signature::=SEQUENCE{
    toSign      TBS_Sign,
    cert    OCTET STRING,
    signatureAlgID    OBJECT IDENTIFIER,
    signature      BIT STRING,
    timeStamp     [0]BIT STRING  OPTIONAL
}
```

其中，toSign 为需要进行电子印章签章的电子文档相关数据；cert 为执行本次签章操作的电子印章身份标识，宜使用 DER 编码格式；signatureAlgID 为签名算法 OID，遵循 GB/T 33560；signature 对被签名数据（toSign）进行数字签名，其中签名算法使用 SM2，遵循 GB/T 35276，原文杂凑值所采用的杂凑算法为 SM3 算法，遵循 GB/T 32905；timeStamp 为可选项，是对签名值（signature）计算的时间戳，遵循 GB/T 20520，使用 DER 编码格式。

（2）被签名数据 toSign

被签名数据由版本号、电子印章数据、签章时间、原文杂凑值、原文属性和自定义数据等构成。

其 ASN.1 定义为：

```
TBS_Sign::=SEQUENCE{
    version       INTEGER,
    eseal         SESeal,
    timeInfo      GeneralizedTime,
    dataHash      BIT STRING,
    propertyInfo  IA5String,
    extDatas      [0]ExtensionDatas OPTIONAL
}
```

其中，version 为签章数据格式版本号；eseal 为生成电子签章的电子印章数据；timeInfo 为电子签章对应的时间，类型为 GeneralizedTime；dataHash 为待签名原文的杂凑值；propertyInfo 为原文数据的属性，如文档 ID、日期、段落、原文内容的字节数、指示信息、签名保护范围等，此部分受签名保护，propertyInfo 的具体结构可自行定义，但至少应包含签名保护范围；extDatas 为厂商自定义数据。

8.7.3 电子签章及签章验证流程

（1）电子签章流程

电子签章流程应至少包括电子印章印文图像获取、电子印章印文图像嵌入、电子印章数字签名、电子印章签章数据绑定 4 个阶段。

① 电子印章印文图像获取：指业务应用系统（含客户端）可通过电子印章印文图像数据读取接口，读取电子印章印文图像数据及相关信息，用于附加在待签章文档上。该操作首先通过电子印章验证服务确认电子印章的有效性，再进行读取。

② 电子印章印文图像嵌入：指业务应用系统（含客户端）通过指定的方式（手动或自动）将所获取的电子印章印文图像附加到电子文档中，形成待签名原文。

③ 电子印章数字签名：指业务应用系统（含客户端）计算待签名原文的杂凑值，形成被签名数据，使用电子印章身份标识的私钥，对已附加电子印章印文图像的被签名数据进行数字签名，并根据需要附加时间戳。其中，根据电子印章载体方式采用不同的签名方式：如果载体方式为桌面终端设备（可插拔）、移动终端设备（可插拔）、移动终端设备（内嵌）中的一种，则签名由终端设备完成；如果载体方式为云端服务器，即电子印章交给电子印章服务系统托管，则签名由云签服务完成；如果载体方式为协同签名，则签名由协同签名服务与业务应用系统客户端共同完成。

④ 电子印章签章数据绑定：指业务应用系统（含客户端）通过指定方式将签章数据附加到电子文档中，或以指定形式记录签章数据与电子文档的关联关系。签章数据与电子文档的关联关系宜采用电子档案（含时间戳）形式记录，作为电子印章服务系统对电子签章的见证。

（2）签章验证流程

电子印章验章应至少包括签章数据提取、签章数据验证两个阶段。

① 签章数据提取：从待验章电子文档中提取的数据包括电子印章印文图像数据、电子印章签章数据、电子文档原文数据。电子印章印文图像数据，由业务应用系统（含客户端）根据电子印章印文图像嵌入的方式，从待验章电子文档中提取；电子印章签章数据，由业务应用系统（含客户端）从待验章电子文档中或指定形式记录中提取签章数据；电子文档原文数据，为提取电子印章印文图像数据、电子签章数据后，待验章电子文档中剩余部分。

② 签章数据验证：包括数据完整性校验和数据有效性校验。数据完整性校验包括：电子文档原文数据校验、电子印章印文图像数据校验。电子文档原文数据校验，指由业务应用系统（含客户端）计算电子文档原文数据的杂凑值，与电子印章签章

数据中原文杂凑值进行比较，比较一致方可验证通过；电子印章印文图像数据校验指由业务应用系统（含客户端）通过电子签章验证服务比对电子印章印文图像数据。数据有效性校验由业务应用系统（含客户端）通过电子签章验证服务完成，包括电子印章身份标识信任链校验、电子印章身份标识吊销列表校验、电子印章身份标识有效期校验、签名值校验、签章时间有效性校验。当签章数据中时间戳字段不为空时，还要进行时间戳验证。

| 8.8 小结 |

本章首先从印章管理和服务现状与发展出发，介绍了各类印章防伪技术以及印章印文防伪一体化解决方案，接着对电子印章的分类、标准、载体、数据格式进行了介绍和分析，最后重点分析了电子印章发行体系与流程、电子印章应用体系与流程。

印章是确认机构身份和意志行为的基本信用凭证，在数字经济时代，电子印章更是数字应用基础设施，对推动我国经济社会发展有重大意义。因此，解决制约电子印章发展的问题，建设完善电子印章发行和应用体系，是一项极具重要性和紧迫性的工作。

| 参考文献 |

[1] OSWALD D, PAAR C. Breaking mifareDESFire MF3ICD40: power analysis and templates in the real world[M]//Cryptographic Hardware and Embedded Systems – CHES 2011. 2011: 207-222.

[2] GARCIA F D, VAN ROSSUM P, VERDULT R, et al. Wirelessly pickpocketing a mifare classic card[C]//Proceedings of 2009 30th IEEE Symposium on Security and Privacy. 2009: 3-15.

[3] GANS G D K,HOEPMAN J H,GARCIA F D. A practical attack on the MIFARE classic[C]// 2008 International Conference on Smart Card Research and Advanced Application. 2008: 267-282.

[4] 李鹏飞, 谢雪松, 万培元, 等. 兼容 Mifare1 功能的 CPU 卡芯片软硬件协同设计[J]. 固体电子学研究与进展, 2015, 35(5): 478-485.

[5] 翟惠林. 带有防伪芯片的物理印章信息管理系统的研究与实现[D]. 杭州: 浙江工业大学, 2013.

[6] 邹翔, 陈兵. 基于国产密码算法的印章防伪技术研究[J]. 信息网络安全, 2019(1): 76-82.

[7] 王闯.印章防伪技术探析[J]. 净月学刊, 2006, (3): 46-47.

[8] 崔立军.印章防伪技术及其发展趋势[J]. 安防科技，2003, (7)：3-4.

[9] 邹翔，陈兵，倪力舜，等．基于电子身份凭证实现印章全生命周期管理的方法[P].
2019-04-02.

[10] 国家质量监督检验检疫总局, 中国国家标准化管理委员会. 信息安全技术 SM4 分组密
码算法: GB/T 32907—2016[S]. 北京: 中国标准出版社, 2017.

[11] ISO/IEC 14443.2-2016, Identification cards-contactless integrated circuit cards part 2: radio
frequency power and signal interface[S]. Switzerland: International Organization for Standar-
dization.

[12] 邹翔，金波，黄胜华，等．基于芯片印章的盖章文件防伪标记生成及验证方法[P].
2021-10-08.

[13] 国家市场监督管理总局, 国家标准化管理委员会. 信息安全技术 公钥基础设施 数字证
书格式: GB/T 20518-2018[S]. 2018.

[14] 国家质量监督检验检疫总局, 中国国家标准化管理委员会. 信息安全技术 SM2 椭圆曲
线公钥密码算法第 4 部分：公钥加密算法: GB/T 32918.4-2016[S]. 2016.

第 9 章
网络实体身份管理总览与展望

本章对本书主要论述内容进行回顾和总结，并介绍和分析当前网络实体身份管理技术与应用发展热点，展望未来发展趋势。

| 9.1 网络实体身份管理技术与应用总览 |

本书第 1 章首先给出了网络实体身份管理的概念，将网络实体身份管理的对象按个人、机构、设备、物品、服务进行归类，并分析了各类网络实体身份的特点；接着，对个人网络身份及其他网络实体身份面临的威胁及威胁手段进行了分析；最后，将网络实体身份管理的主要技术问题归纳为标识、管理、服务、评估 4 个方面。

第 2 章至第 8 章对网络实体身份管理技术与应用涉及的主要方面进行了论述，可以分为网络实体身份管理的关键技术主题、典型应用实例两部分。

9.1.1 网络实体身份管理的关键技术主题

网络实体身份管理的关键技术主题"标识、管理、服务、评估"，在第 2 章到第 5 章中分别进行了论述。

（1）第 2 章 网络实体身份的标识

网络实体身份标识是网络空间中识别实体身份的最基本元素，具有多样性、唯一性、关联性、隐私性、可靠性 5 种基本特征。

个人网络身份标识根据个人信息生成与个人信息绑定，可以是字符串形式、数字证书形式或凭证文件形式，其中具有最高真实性和可靠性的标识被称为个人网络电子身份标识。

机构网络身份标识主要分为身份标记类、身份鉴别类、意愿证明类 3 类。身份标记类在网络中展示机构的真实身份；身份鉴别类提供机构网络身份真伪识别、认证的途径；意愿证明类保证机构实体网络行为的真实性与有效性。

设备网络身份标识主要分为基于地址实现、基于设备硬件标识码实现、基于密码芯片实现 3 类，设备网络身份标识在其应用范围内应具有唯一性、不可篡改性，并且能够防止被追踪或用户隐私信息泄露。

物品网络身份标识主要有电子产品代码和对象标识符。

服务网络身份标识主要包括域名、网站数字证书、移动应用证书等类型。域名由域名管理机构负责运行和管理，网站数字证书、移动应用证书由第三方权威证书颁发机构签发。

每种网络实体身份标识内部以及不同种类网络实体身份标识之间都存在着内在联系，个人网络身份标识与机构网络身份标识关系的确认与身份标识本身真实性的确认往往同等重要，个人网络身份标识与设备网络身份标识、物品网络身份标识之间往往存在拥有关系；网络实体身份标识的关联性有时可以通过解析获得，无法直接解析的则通过第三方服务来证明。

（2）第 3 章　网络实体身份的管理

网络实体身份管理主要涉及 4 个参与方：网络实体、身份服务依赖方、身份服务提供方、身份服务监管方。

网络实体身份标识管理是实现网络实体身份管理的基础，包括网络实体身份核验、网络实体身份标识发行、网络实体身份标识维护、网络实体身份标识注销等环节。

网络实体身份核验是申领网络实体身份标识的前提，线上方式的个人身份核验关键是确认用户身份信息的真实性和有效性，以及确认用户身份核验行为的真实性和有效性；机构身份核验包括机构身份证明材料核验、个人与机构关系核验以及个人身份核验。

网络实体身份信息处理主要指在个人身份信息采集、传输、存储等环节，采取相应的加密、去标识化等安全技术措施进行个人身份信息保护和处理，以防止未经授权的访问以及个人信息泄露、篡改、丢失。

网络实体身份标识发行指通过网络实体身份标识的申请、制作和发放过程，实现网络实体身份标识与网络实体身份的绑定。个人网络电子身份标识的真实性和可靠性，主要依靠其载体的安全性和密码能力实现；在确定个人网络电子身份标识的密钥生成方式后，执行个人网络电子身份标识载体初始化、个人网络电子身份标识签发等制作过程。

网络实体身份标识维护指发行身份标识后，通过发布、更新、挂起、解挂等操作保障其正常使用。

注销网络实体身份标识后，必须由网络实体身份标识发行方提供安全快捷的验证机制给身份服务依赖方使用，确保无法继续使用。

（3）第4章　网络实体身份的服务

网络实体身份的服务主要由身份服务提供方的网络实体身份鉴别方完成，所采用的身份鉴别技术主要可分为基于网络实体掌握的信息实现、基于网络实体特征信息实现、基于网络实体安全能力实现3类。

为提升身份鉴别的准确性、安全性和可靠性，往往需要采用多因子身份鉴别方法以适应不同应用场景的多样化安全需求，建立一个多层次的身份安全防御机制；线上快速身份鉴别是典型的多因子身份鉴别方案。

网络实体身份管理的参与方之间，需要使用规范的身份鉴别协议进行身份鉴别，身份鉴别协议可按链路层、网络层、传输层、应用层进行划分。

链路层身份鉴别协议包括挑战握手身份认证协议、可扩展认证协议、无线局域网安全协议（WEP、WPA 和 WAPI 等）；网络层身份鉴别协议主要有远程身份认证拨号用户服务（RADIUS）和互联网协议安全 IPSec 中的 IKE；传输层身份鉴别协议最为典型的是 SSL 握手协议；下一代网络身份鉴别的关键是在 NGN 网络体系中解决用户源地址验证问题和用户网络身份标识问题；应用层身份鉴别协议主要有简单验证和安全层、安全外壳协议和 Kerberos 协议。

联合身份鉴别是解决互联网上大规模分布式系统用户身份鉴别问题的有效方法，其主要特点是以用户为中心，具有跨域性、开放性、互操作性、集约性，在此基础上实现各类多域多形态的身份管理系统的统一管理，即异构身份联盟。

轻量级联合身份鉴别框架是 Web 身份鉴别的主流模式，主要有 OpenID、OAuth 及其衍生的 OpenID Connect；安全断言置标语言、可扩展访问控制标记语言、Web 服务安全等基于 XML 的身份鉴别协议框架更为完备。

（4）第5章　网络实体身份的评估

统一、有效的网络实体身份评估，是网络实体身份管理的重要环节，也是不同网域、不同场景下网络实体身份服务开展的重要保障，可分为前期评估阶段、发行评估阶段和后期评估阶段 3 个阶段。

网络实体身份的可信等级划分主要根据网络实体的软硬件环境层面、网络实体的应用需求层面、网络实体身份标识载体层面 3 个方面的身份安全评估结果，进行综合判定；通常可将个人网络身份标识可信等级从 ICL1 至 ICL4 划分为 4 个级别，并根据变化情况动态调整网络实体身份可信等级。

网络实体身份属性可信评价模型包括身份认证层、数据收集层、评价层、可信度聚合层、决策层；网络实体身份提供方信任管理及信任评估的两个基础模型是多节点动态信任模型和去中心化信任模型。

异构身份联盟可信管理框架由身份联盟链、基础资源库管理、统一身份标识管理、身份跨域管理、可信评价管理与数据安全管理等模块组成。异构身份联盟可信评价管理模型包括异构联盟实体身份等级要素划分、异构联盟实体身份分级评估、异构联盟实体身份静态定级与动态调整、异构联盟实体身份可信评价 4 部分。

异构身份联盟风险评估时将联盟用户风险行为纳入威胁识别作为威胁识别的附加值，在对联盟架构及联盟跨域访问的风险因素量化分析的基础上，建立异构身份联盟架构风险评估指标体系，使用有效的算法进行分值计算。

9.1.2　网络实体身份管理的典型应用实例

围绕网络实体身份管理的典型应用实例，即网络电子身份标识（eID）和电子印章，在第 6 章到第 8 章中分别进行了论述。

（1）第 6 章　网络电子身份标识的发展与应用

在各国公民个人网络身份管理推进过程中，国际主流的做法是由政府为公民颁发与其真实身份相关联的网络电子身份标识。

自 1999 年起，欧盟在历次战略计划中始终将建立和完善覆盖整个欧盟的网络身份管理体系作为重点工作，并主导各个项目、计划、战略、标准、法规的建立与实施，其重心在整个欧洲网络身份管理及网络电子身份标识的互操作性上；美国发布了《网络空间可信身份国家战略》，推动建立网络身份标识生态体系；澳大利亚、加拿大、日本等均将网络 eID 作为网络身份管理战略计划的核心。

网络 eID 发行方面，数十个国家及地区已发行 eID，用于替代传统的身份证件，其既具备现场身份识别功能，又具备线上身份识别功能。其中，欧盟成员国中多个国家网络 eID 已经全面普及，基本覆盖其所有居民，整个欧盟 eID 发行总量超过 2 亿张。

网络 eID 应用方面，以欧盟为代表，eID 广泛应用在电子政务、电子商务、金融支付等领域，在实现各国内部范围网络可信身份识别与验证的基础上，实现了欧盟范围的跨境网络身份识别与信任服务，其中通过欧盟跨境安全身份链接 STORK 项目完成了大规模试点和基础设施部署。

欧盟和美国等推出了面向移动互联网的 eID 形态——移动电子身份标识，其提升了易用性和安全性，发展速度超过卡片方式的 eID。

我国网络 eID，在国际网络电子身份标识主流技术的基础上做了进一步创新，具备开放性、便捷性、安全性、唯一性和跨域性，具有在线身份鉴别、签名验签和现场身份验证等基本功能，已在技术研究、标准体系、系统建设、载体发行、应用推广等方面取得长足的进展；eID 的应用推广，主要集中在数字金融服务、政务民生服务、数据合规流通、在线签约服务、智慧物流服务等领域。

（2）第 7 章　网络电子身份标识的技术架构与实现

德国 eID 采用非接触式 eID 卡形式，基于 eIDAS 令牌规范要求，未设置集中式组件，而是通过中间件集成模型集成到 eIDAS 互操作性框架中。比利时 eID 采用接触式 eID 卡形式，其技术架构由识别机制、认证机制、签名机制和信任机制 4 部分组成。

多国 mID 载体方式方面，主要包括支持 PKI 功能的 SIM 卡、智能手机的 SE/TEE、服务器密码机 3 种形态；发行方式方面，主要包括政府公共部门发行、电信运营商发行、银行发行 3 种方式；应用方式方面，主要包括建立在线身份鉴别、签名、验签服务和提供现场身份鉴别或属性证明两类。

eID 应用中的隐私保护问题一直被各国高度关注，采用数据加密、访问控制、最小化权限等技术机制保护个人身份信息隐私，其中奥地利创新性地提出了面向行业应用的身份识别模型，并基于该模型构建了具有内生隐私保护能力的 eID 系统架构。

欧洲数字身份架构和参考框架定义了欧洲数字身份钱包生态系统，即 EUDI 钱包的体系组成和功能架构。

我国网络电子身份标识 eID 标准体系可划分为 eID 基础标准、eID 管理标准、eID 服务标准、eID 应用标准 4 个层面。在此基础上形成了我国网络 eID 实现方法，包括网络电子身份标识码的生成方法、网络 eID 载体的安全机制、网络 eID 的应用接入与验证方式等。

（3）第 8 章　机构网络身份标识——电子印章的管理与应用

电子印章作为电子数据表现形式的印章，是较为典型和应用较为广泛的意愿证明类机构网络身份标识。印章管理纳入治安管理范围，已由行政许可为主转变成备案管理为主。电子印章是数字应用基础设施，加盖电子印章的电子材料已明确为合法有效。但是，各方对电子印章的认识和理解不统一、缺乏电子印章管理制度和机制、电子印章发行和应用体系不完善等制约了电子印章的发展。

印章防伪技术可分为两大类，针对印章本身的防伪技术和针对盖章印文的防伪技术，二者从某一方面提升了印章防伪能力，但难以适应当前伪造印章手段不断升级的威胁。为此，本章提出了印章印文防伪一体化解决方案，实现了印章全生命周期管理、统一密钥管理以及印章安全发行和验证。

电子印章作为电子数据表现形式的印章，可分为电子公章（单位电子印章）与电子私章（个人电子印章）两类。电子印章标准总体上可分为三大类：电子签章类、印章系统及鉴定类、政务服务类。

电子印章载体，主要包括桌面终端设备（可插拔）、移动终端设备（可插拔）、移动终端设备（内嵌）、协同签名、云端服务器 5 类，其安全强度、使用难度、终端成本、实施难度存在差异，应根据场景应用需求选择合适的载体方式。电子印章数据结构由电子印章信息、电子印章制作服务系统证书、签名算法标识、签名值 4 部分构成。

电子印章发行体系主要包括全国电子印章管理与服务平台，行业或地方电子印章系统、业务应用系统、业务应用系统客户端、电子印章制作终端、电子印章管理员密码钥匙、电子印章载体等。

电子印章应用主要指电子签章与签章验证，电子印章应用体系主要包括全国电子印章管理与服务平台，电子印章服务系统、业务应用系统、业务应用系统客户端、电子印章载体等。电子签章数据结构由被签名数据、电子印章身份标识、签名算法标识、签名值和时间戳（可选）等构成。

|9.2　网络实体身份管理技术与应用发展热点 |

由于网络实体身份管理的重要性日益凸显，其技术与应用处于高速发展中，本节将对当前网络实体身份管理技术与应用的 3 个发展热点（数字身份生态系统、去中心化身份、隐私保护计算）进行简单论述。

9.2.1 数字身份生态系统

通过本书的介绍和分析可以发现，网络实体身份管理的对象、参与方、技术方法、流程机制、应用场景、运行模式等方面，既具有复杂性、多样性，也有其自组织性、有序性，最终形成了数字身份生态系统，这一理念已越来越成为共识。

1. 数字身份生态系统组成

在 3.1 节"网络实体身份管理架构"中，网络实体身份管理参与方包括网络实体、身份服务依赖方、身份服务提供方、身份服务监管方。身份服务提供方根据侧重点不同，可分为网络实体身份标识发行方、网络实体身份鉴别方、网络真实身份核验方、网络实体身份评估方等角色。

在 7.4 节"欧洲数字身份架构和参考框架"中，EUDI 钱包体系包括 14 个实体角色：EUDI 钱包终端用户、EUDI 钱包发行方、个人识别数据提供者、可信资源注册提供者、合格的电子属性证明提供者、非合格的电子属性证明提供者、合格的电子签名/签章服务提供者、其他信任服务提供者、权威数据源、身份依赖方、合格评定机构、监管机构、设备制造商、属性证明提供者信息目录。

网络实体身份管理架构和 EUDI 钱包体系的角色对应关系如图 9-1 所示。各对应关系如下：

① EUDI 钱包终端用户即个人网络实体角色或机构网络实体角色；

② 身份依赖方角色含义一致；

③ EUDI 钱包发行方（含设备制造商）属于网络实体身份标识发行方角色，实现 EUDI 钱包（个人网络身份标识或机构网络身份标识）的发行；

④ 合格的电子属性证明提供者、非合格的电子属性证明提供者、合格的电子签名/签章服务提供者、其他信任服务提供者、属性证明提供者信息目录属于网络实体身份鉴别方角色；

⑤ 个人识别数据提供者、可信资源注册提供者、权威数据源属于网络真实身份核验方角色；

⑥ 合格评定机构即网络实体身份评估方角色；

⑦ 监管机构即身份监管方角色。

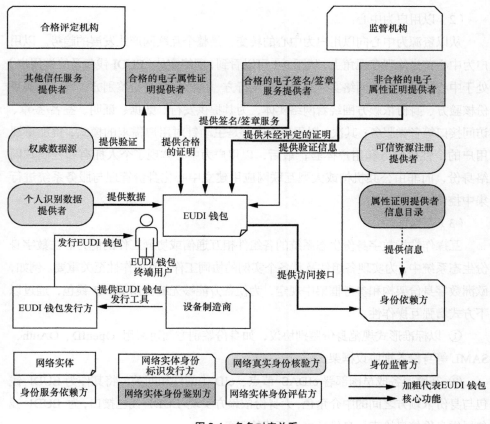

图 9-1　角色对应关系

2. 数字身份生态系统的特点

数字身份生态系统呈现专业化、以用户为中心、互操作性的特点。

（1）专业化

从图 9-1 所示的角色对应关系可以看出，网络实体身份鉴别方可细分为合格的电子属性证明提供者、非合格的电子属性证明提供者、合格的电子签名/签章服务提供者、其他信任服务提供者、属性证明提供者信息目录 5 类角色；网络真实身份核验方可细分为个人识别数据提供者、可信资源注册提供者、权威数据源 3 类角色。网络实体身份鉴别方、网络真实身份核验角色的细分代表着网络身份服务愈加专业化、精准化，只有这样才能满足网络实体和身份依赖方越来越多元化的应用需求。

（2）以用户为中心

从以资源为中心向以用户为中心的转变，是整个互联网产业发展的趋势。以用户为中心首先体现在视角上，从图 9-1 可以看到，网络实体（EUDI 钱包及终端用户）处于中心位置，各类网络实体身份标识发行方、网络实体身份鉴别方、网络真实身份核验方、身份依赖方围绕着网络实体，为其提供发行、数据、证明、签名/签章、访问接口等各类服务；其次，以用户为中心是主动针对用户需求的模式，更加重视用户的个性化服务和用户体验；最后，以用户为中心体现了个人拥有和控制其网络身份，而非由公共机构或大型互联网应用建立中心化身份管理与服务系统进行集中控制。

（3）互操作性

互操作性指数字身份生态系统的各组件相互通信或协同工作的能力。在数字身份生态系统中，为实现各组件及其各个实例的协同工作，互操作性至关重要。例如，欧洲数字身份架构和参考框架中规定，为使各方能够无缝使用 EUDI 钱包，通过以下方式增强互操作性。

① 以标准形式规范身份鉴别协议，如身份鉴别方面可采用 OpenID、OAuth、SAML 等身份鉴别协议框架。

② 在欧盟各成员国部署 eIDAS 节点、eID 中间件和网关，将其作为 EUDI 钱包与身份依赖方之间的中介角色，为身份依赖方实现 EUDI 钱包接口，为 EUDI 钱包提供身份信息检索、身份及属性证明等服务。

9.2.2　去中心化身份

去中心化身份（decentralized identity，DID）由联合身份鉴别发展而来，指个人、机构等网络实体以透明且安全的方式相互交互，由网络实体自行控制自己的数字身份和身份标识。DID 被认为是 Web3.0 时代的关键技术基础，其与数字身份生态系统的以用户为中心的特点理念一致。

1.　去中心化身份生态系统

根据去中心化身份基金会（Decentralized Identity Foundation，DIF）定义的层次模型，可将去中心化身份生态系统划分为 4 层。去中心化身份生态系统分层架构如图 9-2 所示。

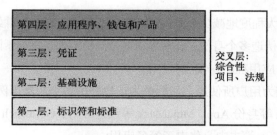

图 9-2　去中心化身份生态系统分层架构

（1）第一层：标识符和标准

该层为公共信任层，是生态系统的基石，包括标准、标识符和命名空间，以确保 DID 的标准化、可移植性和互操作性。并且，可以通过网络注册和管理 DID 方法，向开发者和用户提供网络身份系统的规则和背景。

该层包括去中心化身份基金会、万维网联盟（W3C）、数字身份联盟（ID2020）、互联网工程任务组（IETF）等。其中，DIF 是该层的关键角色，已成为开发、讨论和管理所有相关活动的中心，以创建和维护一个互操作的、开放的 DID 生态系统。

（2）第二层：基础设施

去中心化身份基础设施解决方案包括通信、存储和密钥管理等内容，主要实例有：去中心化数据网络 Ceramic 的分布式身份协议 IDX、以太坊域名服务（Ethereum name service，ENS）、本体 ONTology、自治身份 sovrin、serto 等。其中，Ceramic 和 ENS 是最主要的去中心化身份基础设施项目。

在基础设施及其代理框架支持下，应用可以直接相互交互以及与可验证的数据注册中心交互。

（3）第三层：凭证

身份凭证需要被有效管理、更新和交换。该层的目的是设法解决 DID 如何协商控制身份证明和身份验证，以及在身份所有者之间安全地传递数据。身份凭证解决方案主要实例有：civic 基于区块链的用户身份验证系统、nuggets 身份验证平台、全栈自治身份平台 trinsic、可验证凭证 Bloom、自治单点登录 tykn、社会身份网络 brightID、链上身份证明 IDENA、去中心化身份系统 Spruce 等。

其中，BrightID 是凭证领域的著名项目，其社会身份网络的用户可以为彼此担保，不同的应用程序可以建立自己的参数以分析产生的社交图谱，并确定哪些身份是唯一的，从而最大程度地减少 Sybil 攻击的机会。Sybil 攻击，即女巫攻击，指攻击者利用单个节点来伪造多个身份，违规地以多个身份出现，常见于区块链网络攻击。

（4）第四层：应用程序、钱包和产品

该层产品直接为用户所使用，目标是为用户提供各类场景用例和实际价值。主要实例有：helix id 等身份 App、MetaMask 等钱包应用、Goldfinch 与 TrueFi 等无抵押贷款应用、EthSign 等去中心化电子签名应用。

（5）交叉层

该层包括一些综合性项目、法规，其范围超越了任何单独层的内容，并在多个层面产生了影响。例如，欧盟《通用数据保护条例》对生态系统的所有领域都有影响。

2. 去中心化身份体系架构

去中心化身份体系架构如图 9-3 所示，主要包括以下部分。

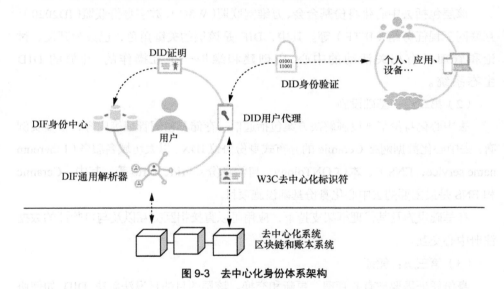

图 9-3　去中心化身份体系架构

（1）W3C 去中心化标识符[1]

去中心化标识符（decentralized identifier，DID）标识是用户自主创建、拥有和控制的全局唯一身份标识，可标识各类网络实体，链接到去中心化公钥基础设施（decentralized public key infrastructure，DPKI），旨在使 DID 的控制者能够证明对它的控制，并且可以独立于任何集中式注册机构、身份服务提供方而实施。一个实体可对应多个 DID，实体在通过注册申请后可获得一个或多个由自己进行维护管理的 DID，不同 DID 所代表的身份之间互不相关。

实体去中心化标识符由 URI 方案标识符、DID 域标识符、DID 域内标识符 3 部分组成，如 did:example: 0xC7F48214A080480 bb0f6a2AEfa9a6E6Fe788d8ca。

DID 对应唯一一个 DID 文档，DID 文档以 JSON 形式表示，包含公钥材料、身份鉴别描述符和服务端点等。DID 文档描述了如何使用该 DID。

（2）去中心化系统

去中心化系统包括各类区块链[2-3]和账本系统，DID 根植于去中心化系统，提供 DPKI 所需的机制和特性。例如，微软提供了身份覆盖网络（identity overlay network，ION）产品，ION 是基于区块链的专用公网，用户可通过 ION 创建其去中心化的身份标识，进而管理他们的个人数据与信息。

（3）DID 用户代理

用户代理帮助创建 DID，管理数据和权限，并签名/验证与 DID 相关的声明。例如，微软提供了一款类似钱包的应用程序 Microsoft Authenticator，可以作为管理 DID 和相关数据的用户代理。

（4）DIF 通用解析器

DIF 通用解析器承担 DID 解析服务的系统组件，它使用一组 DID 驱动程序来为跨系统的 DID 提供标准查找和解析方法，即将各个提供 DID 注册的 Registry 服务聚合起来，根据 DID 返回对应的 DID 文档。DID 解析器规范主要由 DIF 主导。

（5）DIF 身份中心

DIF 身份中心为保存和管理用户数据的服务的总称，可看作个人数据的加密存储网络，方便身份数据存储和身份交互。DIF 身份中心具有以下特性。

① 用户可控：Identity Hub 可以由用户选择部署于云、边、端任何位置。

② 数据加密：用户数据加密保存（不含私钥）。

③ 授权访问：用户数据的访问需要身份验证和授权，经过用户授权后可允许第三方访问。

（6）DID 证明

DID 证明基于标准格式和协议，它们使身份所有者能够生成、呈现和验证声明，这构成了系统用户之间信任的基础。

3. 可验证凭证

可验证凭证[4]（或可验证声明）是去中心化身份生态系统的重要组成部分，是一个实体给用户的某些属性做证明而签发的一个或多个声明的集合，并附加自己的数字签名以方便第三方验证。

（1）内容结构

可验证凭证内容结构如图 9-4 所示，主要包括：凭证识别码，用于唯一标识票据的标识符；声明，关于用户属性的证明；票据元数据，描述票据本身属性的数据，如颁发者、到期时间、代表性图像等；发行方数字签名，对发行方发送信息真实性的有效证明。

图 9-4 可验证凭证内容结构

（2）系统架构

可验证凭证系统架构[4]如图 9-5 所示，主要包括以下 4 个角色。

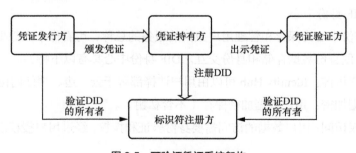

图 9-5 可验证凭证系统架构

① 凭证持有方：指拥有一个或多个可验证凭证的实体，如学生、员工和客户等各类用户。凭证持有方向标识符注册方注册 DID，向凭证发行方申请凭证，向凭证验证方出示凭证。

② 凭证发行方：指创建可验证凭证并将其与特定主题相关联的实体，如企业、

非营利组织、行业协会、政府和个人等。凭证发行方向凭证持有方颁发凭证，向标识符注册方验证 DID 的所有者。

③ 凭证验证方：指对可验证票据进行真实性、有效性验证的实体，如雇主、安保人员和网站等。凭证验证方接收凭证持有方的凭证并将验证结果返回给凭证持有方。

④ 标识符注册方：指通过创建和验证 DID 的实体，如区块链系统、各类身份数据库等。标识符注册方接受凭证持有方的 DID 注册，并为凭证发行方和凭证验证方提供 DID 验证服务。

9.2.3　隐私保护计算

隐私保护计算，也称隐私计算、隐私增强计算，指进行敏感数据分析挖掘计算时确保隐私保护的技术机制和能力。网络实体身份管理与服务中隐私保护一直是各方关注的重点，如何利用隐私保护计算技术，打破"数据孤岛"壁垒，确保数据（尤其是个人信息）处于有效保护和合法利用的状态，即数据可用不可见，已成为当前研究热点。

隐私保护计算有 3 个主流技术方向，即基于密码学的隐私保护计算技术、基于机器学习的隐私保护计算技术、基于可信环境的隐私保护计算技术。以下分别进行介绍和分析。

1. 基于密码学的隐私保护计算技术

基于密码学的隐私保护计算技术主要指安全多方计算（secure multi-party computation，SMPC）[5]，SMPC 是密码学领域中一个重要的基础研究课题，支持以保护隐私的方式进行联合计算，解决了在分布式计算环境中以安全的方式对多个参与者的私有数据进行协作计算的问题。

安全多方计算在实现参与方获得正确计算结果的同时，保证在整个计算过程中，参与方对其所拥有的数据始终拥有绝对的控制权，不泄露原始数据且无法获得计算结果之外的任何信息。安全多方计算具有以下特性[6]。

① 正确性：若各参与方均按要求完成了计算任务，那么所有参与方都应该收到正确的输出结果。

② 输入独立性：各参与方除自身拥有的数据以及既定函数计算输出结果外，无法获得其他任何信息。

③ 保证结果输出：遵守要求的参与方可以确保收到计算结果。

在安全多方计算中所应用的密码技术主要包括混淆电路（garbled circuit，GC）、秘密分享（secret sharing）、同态加密（homomorphic encryption，HE）、不经意传输（oblivious transfer，OT）、差分隐私（differential privacy，DP）等。

（1）混淆电路

混淆电路[7]的核心思想是将任何函数的计算问题转化为由"与"门、"或"门和"非"门组成的布尔逻辑电路，再基于布尔逻辑电路构造密码安全函数计算，使得参与方可以针对某个数值来计算结果进行分享交换，而不会泄露私有数据。

（2）秘密分享

秘密分享[8]指将秘密信息拆分成若干部分，每一个部分由不同的参与方持有和管理，各参与方协作完成计算任务。单个参与方只拥有部分的秘密分量，只有足够数量的秘密分量组合在一起时，通过特定算法才能够重新构造完整的秘密信息，从而保障秘密信息的安全性。

（3）同态加密

同态加密[9]是一种允许在加密密文上进行特定运算的加密方法，其特点是可直接在加密后的密文上进行计算，且计算结果解密后与明文的计算结果一致。在多方安全计算场景下，参与者可将数据加密后发送给统一的计算单元，计算单元直接对密文进行计算，并将计算结果（密文）发送给指定的接收方，接收方解密后得到最终结果。

（4）不经意传输

不经意传输[10]是一种保护隐私的多方计算协议，其特点是每次发送方发送多条信息，而不知道哪条消息被接收方接受；而接收方能确定自己是否收到了所需的信息，并且除了收到的信息外，无法获取剩余数据。不经意传输常用于隐私信息检索（private information retrieval，PIR），也称之为匿踪查询，即查询方对数据拥有方隐匿其查询条件和目的。

（5）差分隐私

差分隐私[11]指在统计结果中加入随机噪声，以避免攻击者难以从模型分析过程中交换的统计信息或者模型分析结果中反推出敏感信息，常用于个人相关数据分析时的隐私保护。差分隐私效果的关键问题是噪声对模型分析的可用性影响，即如何能够在安全性与可用性上找到平衡。

2. 基于机器学习的隐私保护计算技术

基于机器学习的隐私保护计算技术主要指联邦学习[12]（federated learning，FL），即在训练数据分布式部署条件下，实现参与方隐私数据保护的分布式学习方式。

联邦学习的核心思想是在多个数据源共同参与模型训练时，无须进行原始数据流转的前提下，仅通过交互模型中间参数进行模型联合训练，并获得与汇聚原始数据进行建模同样的结果。虽然在某些应用领域中，组合来自不同位置的数据集并使用中央数据存储进行模型训练不是问题，但在其他一些领域（如医疗健康）中存在诸多限制。联合学习将敏感数据留在原地，只在多方之间共享模型，因此能够在不侵犯患者权利的情况下进行跨机构的研究。

联邦学习中一般包括协调方、数据方和结果方3个基本角色。协调方是协调管理各参与方进行协作训练的参与方；数据方是提供联邦学习所需的训练数据的参与方；结果方是使用联邦训练模型结果的参与方。同一个参与方可以同时承担多个角色。

（1）联邦学习过程

以医疗健康为例，各个医疗健康机构进行联邦学习的基本过程如图9-6所示。

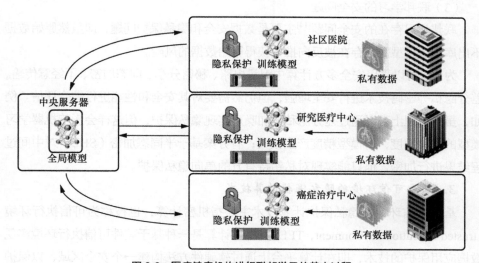

图9-6　医疗健康机构进行联邦学习的基本过程

① 医疗健康机构本地系统（作为数据方和结果方），从中央服务器（作为协调方）下载既有的训练模型，通过本地数据对模型进行训练，并将训练结果上传到中央服务器。

② 中央服务器对来自不同机构系统的模型训练结果进行融合，优化其全局模型。

③ 各医疗健康机构本地系统从中央服务器下载优化后的训练模型，用于日常业务处理，并不断重复这个"模型下载——本地训练——结果上传——融合更新"的过程。

（2）联邦学习分类

按数据分布方式划分，联邦学习可分为横向联邦学习（horizontal federated learning，HFL）、纵向联邦学习（vertical federated learning，VFL）和联邦迁移学习（federated transfer learning，FTL）3 类[13]。

横向联邦学习适用于各参与方拥有的数据标签（特征）重合较大但数据标识重合较小的场景，其本质就是通过扩充训练样本规模以达到提升模型效果的目的。

纵向联邦学习正相反，适用于各参与方数据标签（特征）重合较小但数据标识重合较大的场景，本质是通过丰富训练样本标签（特征）维度，实现机器学习模型的优化。

联邦迁移学习适用于各参与方数据的标签（特征）和标识重合度都很低的场景。

（3）联邦学习的安全问题

联邦学习存在的安全问题[14]主要是数据安全和隐私保护问题，即虽然原始数据不出库，但模型数据存在被反向推导获得原始数据的风险。

为此，可以采用安全多方计算中混淆电路、秘密分享、同态加密、不经意传输、差分隐私等密码技术进行安全增强，但仍然需要对其安全和性能进行综合评估。例如，虽然原理上可以通过差分隐私添加噪声实现隐私保护，但这样会影响机器学习模型的收敛速度，对模型精度产生损失；有方案基于半同态加密（SHE）对中间过程结果进行加密，但只能实现对私钥持有方的单向隐私保护。

3. 基于可信环境的隐私保护计算技术

基于可信环境的隐私保护计算技术主要指机密计算，也被称为可信执行环境（trusted execution environment，TEE）。机密计算是一种基于硬件可信执行环境实现数据应用保护的技术，即在计算平台上通过软硬件方法构建一个安全区域，以保护在安全区域内部加载的代码和数据的机密性和完整性，对于外部是不可见的。

（1）机密计算安全要求

机密计算应当在以下方面提供足够的安全保证（assurance）。

① 数据机密性：未经授权的实体无法查看在 TEE 中使用的数据。

② 数据完整性：未经授权的实体无法添加、删除或更改在 TEE 中使用的数据。

③ 代码完整性：未经授权的实体无法添加、删除或更改在 TEE 中执行的代码。

以上为机密计算基本安全要求，对于特定的 TEE，可以在以下方面进一步增强安全性。

① 代码机密性：除了保护数据机密性之外，某些场景还需要保护代码在使用过程中不被未经授权的实体查看。

② 经过身份验证的启动：某些场景可能要求在系统启动前强制执行授权或身份验证检查，拒绝未经授权或身份验证的启动。

③ 可编程性：一般场景下 TEE 内可执行任意授权代码，而有些场景下要求只支持一组有限的操作，甚至可执行代码完全由制造时固定。

④ 可证明性：TEE 可以提供其来源和当前状态的证据或度量，以便证据可以由另一方验证（此类证据可由制造商担保的硬件签名实现）。

⑤ 可恢复性：某些场景要求提供一种从不合规或可能受到损害的状态中恢复的机制。例如，如果确定固件或软件组件不再符合合规性要求，并且启动身份验证机制失败，则可以更新该组件并重试（恢复）启动。

（2）机密计算技术实现

机密计算技术实现方式以 x86 架构指令集架构的 Intel SGX（software guard extensions）和 ARM 架构指令集架构的 TrustZone 为代表。

Intel SGX 通过内置在 CPU 的内存加密引擎（memory encryption engine，MME）以及安全容器 Enclave 实现应用程序运行安全和数据安全。Intel SGX 允许在应用程序的地址空间划分出一块被保护的区域，即安全容器 Enclave，Enclave 为容器内的代码和数据提供机密性和完整性保护，使之免受拥有特权的恶意软件的破坏。在应用程序需要保护的部分加载到 Enclave 后，只有位于 Enclave 内部的代码才能访问，Enclave 之外的任何软件都不能访问 Enclave 内部数据。

TrustZone 将系统的软硬件资源划分为两个执行环境，即安全环境和普通环境，安全环境拥有更高的执行权限，普通环境无法对其进行访问，从而实现相互隔离的执行环境。当普通环境的应用程序需要获取安全环境的服务或应用程序想要进入安全环境中，操作系统需要检查其安全性，只有通过检验的程序才能获取安全环境的服务或进入安全环境，从而确保 TrustZone 的安全性。

以上介绍了隐私保护计算的 3 个主流技术方向，在实际应用中，3 类技术往往集成使用以达到更好的保护效果，如采用安全多方计算防止联邦学习模型数据反向推导，以可信执行环境作为安全多方计算、联邦学习的基本计算单元等。

| 9.3　小结 |

本书涵盖了网络实体身份管理的概念定义、关键技术主题、典型应用实例等方面。在数字化转型时代，网络实体身份管理已成为数字经济时代不可或缺的重要环节和基础设施，在社会经济发展与社会治理中发挥着越来越重要的支撑作用。很多国家和地区高度重视网络实体身份管理，持续性地以战略计划、基础设施建设、重点项目、标准法规等形式进行大规模部署和实施；我国在网络实体身份管理方面取得了长足进展，并且不断加大推进力度。

网络实体身份管理技术与应用发展热点表明，建立数字身份生态系统，不断提升网络身份服务的专业性、互操作性、以用户为中心已成为共识和发展趋势；而去中心化身份架构与中心化身份架构并存，相互补充、协调发展，重视网络实体对其数字身份的自主控制和管理，将成为数字身份生态系统的基本形态；身份管理的前沿技术应用探索将以隐私保护为重点，保障数据价值发现和利用过程中隐私安全，打造出了更加智能、更加安全、更加可靠的网络实体身份管理技术与应用生态。

| 参考文献 |

[1]　W3C. Decentralized identifiers (DIDs) v1.0 [J]. W3C Working Draft, 2020.

[2]　邹均, 于斌, 庄鹏. 区块链核心技术与应用[M]. 北京: 机械工业出版社, 2018.

[3]　魏翼飞, 李晓东, 于非. 区块链原理、架构与应用[M]. 北京: 清华大学出版社, 2019.

[4]　W3C. Verifiable credentials data model 1.0 [J]. W3C Editor's Draft, 2018.

[5]　ZHAO C, ZHAO S N, ZHAO M H, et al. Secure multi-party computation: theory, practice and applications[J]. Information Sciences, 2019, 476: 357-372.

[6]　ZHOU J P, FENG Y X, WANG Z Y, et al. Using secure multi-party computation to protect privacy on a permissioned blockchain[J]. Sensors (Basel, Switzerland), 2021, 21(4): 1540.

[7]　YAO A C. Protocols for secure computations[C]//Proceedings of 23rd Annual Symposium on Foundations of Computer Science. 1982: 160-164.

[8]　SHAMIR A. How to share a secret[J]. Communications of the ACM, 1979, 22(11): 612-613.

[9]　RIVEST R L, ADLEMAN L, DERTOUZOS M L. On data banks and privacy homomor-phisms[J]. Foundations of Secure Computation, 1978:169-179.

[10]　RABIN M O. How to exchange secrets with oblivious transfer TR-81[D]. Massachusetts Harvard University, 1981.

[11]　DWORK C, MCSHERRY F, NISSIM K, et al. Calibrating noise to sensitivity in private data analysis[C]//Theory of Cryptography. 2006: 265-284.

[12]　MCMAHAN H B, MOORE E, RAMAGE D, et al. Communication-efficient learning of deep networks from decentralized data[R]. 2016.

[13]　杨强, 刘洋, 程勇. 联邦学习[M]. 北京: 电子工业出版社, 2020.

[14]　KAIROUZ E B P, MCMAHAN H B. Advances and open problems in federated learning[J]. arXiv:1912.04977, 2019.

附录
网络身份管理类标准列表

表1　网络身份管理相关标准

序号	标准号	标准名称	类型	发布单位
1	GB/T 36632—2018	信息安全技术 公民网络电子身份标识格式规范	国家标准	国家市场监督管理总局、国家标准化管理委员会
2	GB/T 36633—2018	信息安全技术 网络用户身份鉴别技术指南	国家标准	国家市场监督管理总局、国家标准化管理委员会
3	GB/T 36629.1—2018	信息安全技术 公民网络电子身份标识安全技术要求 第1部分：读写机具安全技术要求	国家标准	国家市场监督管理总局、国家标准化管理委员会
4	GB/T 36629.2—2018	信息安全技术 公民网络电子身份标识安全技术要求 第2部分：载体安全技术要求	国家标准	国家市场监督管理总局、国家标准化管理委员会
5	GB/T 36629.3—2018	信息安全技术 公民网络电子身份标识安全技术要求 第3部分：验证服务消息及其处理规则	国家标准	国家市场监督管理总局、国家标准化管理委员会
6	GB/T 36651—2018	信息安全技术 基于可信环境的生物特征识别身份鉴别协议框架	国家标准	国家市场监督管理总局、国家标准化管理委员会
7	GB/T 36960—2018	信息安全技术 鉴别与授权 访问控制中间件框架与接口	国家标准	国家市场监督管理总局、国家标准化管理委员会
8	GB/Z 24294.3—2017	信息安全技术 基于互联网电子政务信息安全实施指南 第3部分：身份认证与授权管理	国家标准	国家市场监督管理总局、国家标准化管理委员会

序号	标准号	标准名称	类型	发布单位
9	GB/T 32419.6—2017	信息技术 SOA 技术实现规范 第6部分：身份管理服务	国家标准	国家质量监督检验检疫总局、国家标准化管理委员会
10	GB/T 33901—2017	工业物联网仪表身份标识协议	国家标准	国家质量监督检验检疫总局、国家标准化管理委员会
11	GB/T 34978—2017	信息安全技术 移动智能终端个人信息保护技术要求	国家标准	国家质量监督检验检疫总局、国家标准化管理委员会
12	GB/T 35273—2020	信息安全技术 个人信息安全规范	国家标准	国家质量监督检验检疫总局、国家标准化管理委员会
13	GB/T 37964—2019	信息安全技术 个人信息去标识化指南	国家标准	国家市场监督管理总局、国家标准化管理委员会
14	GB/T 35284—2017	信息安全技术 网站身份和系统安全要求与评估方法	国家标准	国家质量监督检验检疫总局、国家标准化管理委员会
15	GB/T 31501—2015	信息安全技术 鉴别与授权 授权应用程序判定接口规范	国家标准	国家质量监督检验检疫总局、国家标准化管理委员会
16	GB/T 31504—2015	信息安全技术 鉴别与授权 数字身份信息服务框架规范	国家标准	国家质量监督检验检疫总局、国家标准化管理委员会
17	GB/T 31072—2014	科技平台 统一身份认证	国家标准	国家质量监督检验检疫总局、国家标准化管理委员会
18	GB/T 30275—2013	信息安全技术 鉴别与授权 认证中间件框架与接口规范	国家标准	国家质量监督检验检疫总局、国家标准化管理委员会
19	GB/Z 28828—2012	信息安全技术 公共及商用服务信息系统个人信息保护指南	国家标准	国家质量监督检验检疫总局、国家标准化管理委员会
20	GB/T 29242—2012	信息安全技术 鉴别与授权 安全断言标记语言	国家标准	国家质量监督检验检疫总局、国家标准化管理委员会

序号	标准号	标准名称	类型	发布单位
21	GB/T 38540—2020	信息安全技术 安全电子签章密码技术规范	国家标准	国家市场监督管理总局、国家标准化管理委员会
22	GB/T 33481—2016	党政机关电子印章应用规范	国家标准	国家质量监督检验检疫总局、国家标准化管理委员会
23	YD/T 3453—2019	基于 eID 的多级数字身份管理技术参考框架	通信行标	工业和信息化部
24	YD/T 3454—2019	加载 eID 的多应用智能卡安全技术要求	通信行标	工业和信息化部
25	YD/T 3455—2019	基于 eID 的属性证明规范	通信行标	工业和信息化部
26	YD/T 3456—2019	网络电子身份标识 eID 载体安全技术要求	通信行标	工业和信息化部
27	YD/T 3327—2018	电信和互联网服务 用户个人信息保护技术要求 即时通信服务	通信行标	工业和信息化部
28	YD/T 3367—2018	移动浏览器个人信息保护技术要求	通信行标	工业和信息化部
29	YD/T 3082—2016	移动智能终端上的个人信息保护技术要求	通信行标	工业和信息化部
30	YD/T 3105—2016	电信和互联网服务 用户个人信息保护技术要求 电子商务服务	通信行标	工业和信息化部
31	YD/T 3106—2016	电信和互联网服务 用户个人信息保护技术要求 移动应用商店	通信行标	工业和信息化部
32	YD/T 3203—2016	网络电子身份标识 eID 术语和定义	通信行标	工业和信息化部
33	YD/T 3204—2016	网络电子身份标识 eID 体系结构	通信行标	工业和信息化部
34	YD/T 3205—2016	网络电子身份标识 eID 的审计追溯技术框架	通信行标	工业和信息化部
35	YD/T 3206—2016	网络电子身份标识 eID 的审计追溯接口技术要求	通信行标	工业和信息化部

序号	标准号	标准名称	类型	发布单位
36	YD/T 3207—2016	多应用 eID 载体商用密码算法接口技术要求	通信行标	工业和信息化部
37	YD/T 3208—2016	网络虚拟身份描述方法	通信行标	工业和信息化部
38	YD/T 3209—2016	网络虚拟身份数据存储与交换技术要求	通信行标	工业和信息化部
39	YD/T 3210—2016	网络虚拟资产描述方法	通信行标	工业和信息化部
40	YD/T 3211—2016	网络虚拟资产数据存储与交换技术要求	通信行标	工业和信息化部
41	YD/T 3150—2016	网络电子身份标识 eID 验证服务接口技术要求	通信行标	工业和信息化部
42	YD/T 3151—2016	网络电子身份标识 eID 桌面应用接口技术要求	通信行标	工业和信息化部
43	YD/T 3152—2016	网络电子身份标识 eID 移动应用接口技术要求	通信行标	工业和信息化部
44	YD/T 3154—2016	网络电子身份标识 eID 验证服务接口测试方法	通信行标	工业和信息化部
45	YD/T 3155—2016	网络电子身份标识 eID 移动应用接口测试方法	通信行标	工业和信息化部
46	YD/T 3156—2016	网络电子身份标识 eID 桌面应用接口测试方法	通信行标	工业和信息化部
47	YD/T 2781—2014	电信和互联网服务用户个人信息保护定义及分类	通信行标	工业和信息化部
48	YD/T 2782—2014	电信和互联网服务　用户个人信息保护　分级指南	通信行标	工业和信息化部
49	YD/T 2592—2013	身份管理（IdM）术语	通信行标	工业和信息化部
50	YD/T 2127.2—2010	移动 Web 服务网络身份认证技术要求　第 2 部分：网络身份 Web 服务框架	通信行标	工业和信息化部
51	YD/T 2127.3—2010	移动 Web 服务网络身份认证技术要求　第 3 部分：网络身份联合框架	通信行标	工业和信息化部

续表

序号	标准号	标准名称	类型	发布单位
52	JR/T 0098.8—2012	中国金融移动支付 检测规范 第8部分：个人信息保护	金融行标	中国人民银行
53	JR/T 0118—2015	金融电子认证规范	金融行标	中国人民银行
54	GM/T 0047—2016	安全电子签章密码检测规范	国密行标	国家密码管理局
55	GM/T 0057—2018	基于IBC技术的身份鉴别规范	国密行标	国家密码管理局
56	GM/T 0067—2019	基于数字证书的身份鉴别接口规范	国密行标	国家密码管理局
57	GM/T 0069—2019	开放的身份鉴别框架	国密行标	国家密码管理局
58	GM/Y5002—2018	云计算身份鉴别服务密码标准体系	标准研究	国家密码管理局

表 2　ISO 身份管理相关标准

标准编号	标准名称	主要内容
ISO/IEC 29115:2013	信息技术 安全技术 实体鉴别保证框架	基于风险评估，规定了实体鉴别保障的框架及4个保障级别，为每个级别规定了准则和指南。实体鉴别框架包含注册阶段、凭证管理阶段、实体鉴别阶段3个阶段。注册阶段涵盖身份证明、身份验证等；凭证管理阶段主要包括证书创建、发放、撤销等；实体鉴别阶段包括鉴别和记录。身份等级的划分考虑两方面的因素，即证据是否来自权威机构，证据是否真实有效，根据等级的身份验证严格程度，验证方式包括远程和本地两种方式
ISO/IEC 24760.1:2019	信息技术 安全技术 身份管理框架规范 第1部分：术语和概念	规定了实现信息系统身份管理的基本概念和业务架构，使信息系统能满足相关业务、合同、监管和法律法规要求
ISO/IEC 24760.2:2015	信息技术 安全技术 身份管理框架 第2部分：参考架构和要求	定义了身份管理系统的参考架构，包括针对身份管理部署模型进行描述的关键架构元素及其相互关系
ISO/IEC 24760.3:2016	信息技术 安全技术 身份管理框架 第3部分：实践	介绍了身份管理的实践。这些实践包括保证控制身份信息的使用，控制基于身份信息的身份信息和其他资源的访问，以及控制在建立和维护身份管理系统时应实施的目的

续表

标准编号	标准名称	主要内容
ISO/IEC 29003:2018	信息技术　安全技术　身份证明规范	在《实体鉴别保证框架》（ISO/IEC 29115）的基础上，针对实体鉴别框架汇总注册阶段的身份证明部分，给出了自然人身份证明标准以及身份分级的相关要求。身份证明的对象包含人、设备或安全模块、企业组织 3 类，主要以风险评估为出发点，以身份信息的可信度为分级原则，针对不同类型的个体和企业对身份进行分级，定义身份证明及验证原则、风险评估以及控制来满足身份管理相关需求
ISO/IEC 29100:2011	信息技术　安全技术　隐私保护框架	提供了信息和通信技术系统内个人可标识信息保护的高层框架，在整个隐私框架中考虑了组织结构方面的、技术的和规程方面的内容，有助于处理和保护 PII 的 ICT 系统的设计、实现、运行和维护